高度集成智能变电站技术

王芝茗　主　编
葛维春　张新昌　黄　旭　副主编

内 容 提 要

本书全面详细地介绍了高度集成智能变电站技术研究的最新成果，内容包括了智能变电站在智能电网中的作用、发展现状和发展趋势，智能变电站通信协议，智能变电站组成及关键技术，高度集成智能变电站的技术分析及关键技术，以及高度集成智能变电站的实际工程应用的方案及经济效益、动模试验和实际运维检修处理策略等。

本书内容全面丰富，技术先进，紧密联系实际，适合智能变电站方案研究、设计、运行维护专业人员和电力自动化设备厂家的产品技术开发设计人员阅读，也可供高等院校的电力系统自动化相关专业师生阅读、参考。

图书在版编目（CIP）数据

高度集成智能变电站技术/王芝茗主编. —北京：中国电力出版社，2015.5

ISBN 978-7-5123-6052-5

Ⅰ.①高… Ⅱ.①王… Ⅲ.①变电所—智能技术 Ⅳ.①TM63

中国版本图书馆CIP数据核字（2014）第131134号

中国电力出版社出版、发行

（北京市东城区北京站西街19号 100005 http://www.cepp.sgcc.com.cn）

汇鑫印务有限公司印刷

各地新华书店经售

*

2015年5月第一版 2015年5月北京第一次印刷

787毫米×1092毫米 16开本 11.25印张 268千字

印数0001—2000册 定价**30.00**元

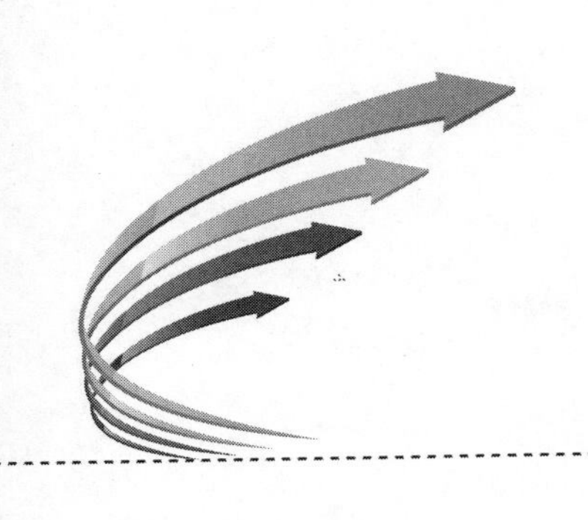

编委会

主　　编	王芝茗
副 主 编	葛维春　张新昌　黄　旭
编委会成员	隋玉秋　李春和　马　千　张项安 穆永强　于长广　张启华
编写组组长	葛维春　易永辉
编写组副组长	黄　旭　李保福　廖泽友　崔文军 邱金辉　李树阳　张海庭　张小辉
编写组成员	于同伟　耿宝宏　张军阳　李洪凯 张武洋　王城钢　李　鹏　陆光辉 高　强　吴兴林　张宏宇　刘劲松 姜　帅　刘永欣　朱　钰　王　天 邵宝珠　邵　峰　张延鹏　李籽良 宋云东　金世鑫　杨　飞　于永良 丛培贤　郑志勤　卢　岩　李华强 李　伟　牛　强　冯　柳　张宝善 席亚克

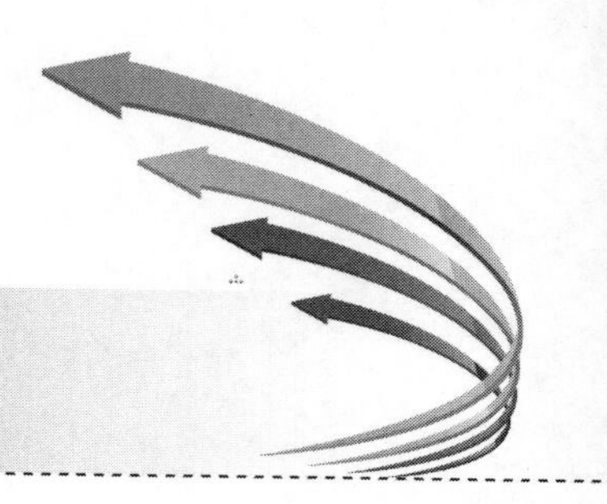

前　言

伴随着国家智能电网战略的整体推进，变电站技术领域出现了重大技术变革。状态监测及评价体系的建设，基于网络的保护测控技术发展，电子式互感器的试点应用等，发生了明显地变化。

2006年以来，国网辽宁省电力有限公司开展了智能变电站技术研究和实践工作，提出了以变电站为对象的保护和测控技术，先后在66kV小坨子变电站、220kV王铁变电站、220kV何家变电站实现了高度集成保护测控技术，并历经集中式保护测控结合罗氏线圈互感器在66kV变电站工程应用的初探，插件式集中保护测控结合磁光玻璃光互感器在220kV变电站工程应用的深化，高度集成保护测控结合磁光玻璃光互感器与纯光纤光互感器在220kV变电站工程应用的升华三个阶段，未来高度集成保护测控将体系化并向区域控制保护方向拓展。

本书全面总结了国网辽宁省电力有限公司开展的高度集成智能变电站技术研究成果，其内容包括智能变电站在智能电网中的作用、发展现状和发展趋势，IEC 61850通信协议的技术特点和核心技术，智能变电站的组成及关键技术，高度集成智能变电站的整体架构和关键技术，以及高度集成智能变电站的实际工程应用的方案及经济效益、动模试验和实际运维检修处理策略等。

本书是理论研究和实际工程建设经验的总结。编写过程中得到了许继集团的大力支持。由于篇幅限制，编者手中大量的资料没有写入书中，对书中阐述观点有疑问或者需要进一步了解的读者可以与编者联系。由于编者水平及阅历有限，不当之处还请各位读者不吝指正。

作者

2014.10

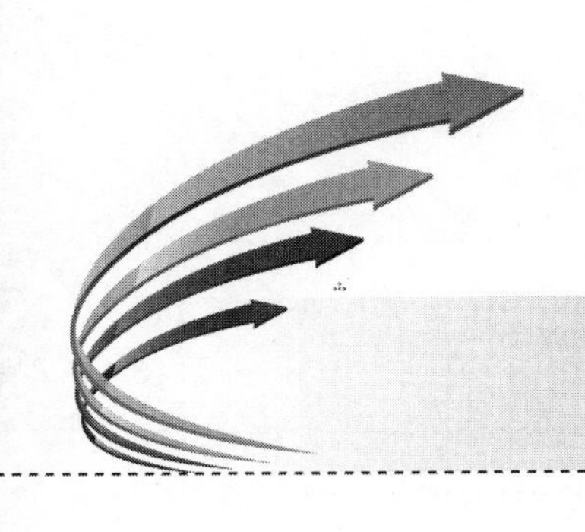

目 录

前言
第1章 概述 ………… 1
1.1 智能电网及国内外现状 ………… 1
1.2 变电站自动化技术在智能电网中的作用 ………… 5
1.3 电网发展趋势及新要求 ………… 8
第2章 智能变电站通信协议 ………… 12
2.1 变电站通信协议概述 ………… 12
2.2 IEC 61850标准的产生与发展 ………… 14
2.3 IEC 61850标准总体架构 ………… 14
2.4 IEC 61850标准的主要技术特点 ………… 15
2.5 IEC 61850标准的几个核心技术要点 ………… 17
2.6 IEC 61850标准在智能变电站应用的价值 ………… 24
第3章 智能变电站组成及关键技术 ………… 26
3.1 智能变电站的基本概念 ………… 26
3.2 智能变电站的结构 ………… 29
3.3 电子式互感器 ………… 33
3.4 对时同步技术 ………… 52
3.5 站内通信网络技术 ………… 57
3.6 一体化监控系统 ………… 59
3.7 智能变电站的国内外建设现状 ………… 83
第4章 高度集成智能变电站的技术分析 ………… 88
4.1 现有智能变电站系统局限性 ………… 88
4.2 高度集成智能变电站的研究 ………… 89
第5章 高度集成智能变电站关键技术 ………… 94
5.1 过程层三网合一技术研究 ………… 94
5.2 时钟源无缝切换方案 ………… 105
5.3 合并单元与对侧差动保护同步方案 ………… 109
5.4 集中式保护控制软硬件平台技术 ………… 114
5.5 集中式保护控制系统功能分解 ………… 119
5.6 检修方案 ………… 132
5.7 HGIS外卡式光学电流互感器 ………… 135
5.8 变压器油色谱检测“一拖二”技术 ………… 136

5.9　全无线式在线监测系统 …… 140
第6章　智能变电站实际工程实例 …… 145
6.1　辽宁何家变电站工程配置方案 …… 145
6.2　动模验证 …… 152
6.3　经济效益分析 …… 163
6.4　实际的运维检修处理策略 …… 164
参考文献 …… 172

第 1 章

概　　述

1.1　智能电网及国内外现状

1.1.1　智能电网

能源是经济发展和社会生活的重要物质基础，保障能源的长期稳定可靠供应是世界各国共同追求的目标。进入 21 世纪以来，能源短缺、资源紧张、气候变化等问题日益突出，过去十年世界能源消费累计增长 28%，比 20 世纪后十年消费增速高出近 1 倍，全球在能源安全、能源效率、能源环境等方面面临重大挑战。电网是国家能源产业链的重要环节，是国家综合运输体系的重要组成部分，其发展状况对以上问题有着直接的影响。与此同时，各行业对电力的依赖增强，用户对供电可靠性及电能质量的要求也日益提高，因此，世界各国都对电网建设提出了更高的要求。依靠现代信息、通信和控制技术，提高电网智能化水平，适应未来可持续发展的要求，是世界各国电力工业积极应对未来挑战的共同选择[1]。

智能电网是当今世界能源产业发展变革中，电网建设发展的最新动向，它体现了社会的进步，代表着电网未来发展的方向[2]。目前，建设智能电网的必要性已经在世界范围内被广泛接受，由于各国国情和发展现状的不同，对智能电网的概念和特征的总结不完全一致。但从技术发展和应用的角度看，世界各国、各领域的专家以及学者普遍认同以下观点：智能电网是将先进的传感测量技术、信息通信技术、分析决策技术和自动控制技术与能源电力技术以及电网基础设施高度集成而形成的新型现代化电网；同时，智能电网具备优越的透明开发与互动性，能够让用户了解更多的电源和电能质量信息，使得电网能够构建新型商业模式，发挥用户的积极性，向用户提供电力的优质和增值服务、节约用电和能源等，从而为拓展电网的战略发展提供更大的空间。

从世界能源的最新发展趋势和满足经济社会发展对电力的需求出发，结合我国经济发展布局和能源禀赋特点，我国的智能电网首先应当是一个坚强的电网。“坚强”是指电网的结构合理、运行安全，具有强大的资源配置能力和抵御风险能力。“智能”是指电网的运行控制更高效、更灵活，具有高度的自动化水平和自适应能力。坚强是智能电网的基础，智能是坚强电网充分发挥作用的关键，两者相辅相成、有机统一。坚强智能电网是一个完整的智能电力系统，包含发电、输电、变电、配电、用电、调度等各个环节，覆盖所有电压等级。各环节的发展要紧密衔接、相互协同，整体功能和优势才能充分发挥。

我国之所以发展坚强智能电网，主要基于以下四个方面[2]。

（1）我国作为发展中国家的基本国情。改革开放 30 年来，我国国民经济实现年均 9.8%的增长，创造了经济高速增长的奇迹。尽管受到国际金融危机的影响，但我国经济、社会发展的基本态势并没有发生改变，即经济、社会将长期处于快速发展的历史阶段。电力工业是国民经济基础产业，为经济、社会发展提供动力支持。根据全面建设小康社会的奋斗目标，预计到2020年，我国用电需求将达到7.7万亿kWh，发电装机将达到16亿kW左右，在目前基础上翻一番，未来电力发展空间巨大。而我国电网发展却相对长期滞后，优化配置资源的能力不强。因此，我国的智能电网首先应该是具有坚强网架结构的电网，能够实现能源资源的大范围优化配置。建设坚强智能电网，必须以坚强网架为基础。

（2）提升电网的大范围资源优化配置能力。我国能源资源贫乏，人均能源资源拥有量远远低于世界平均水平。能源结构以煤为主，能源资源分布与生产力布局很不平衡。随着能源开发重点逐渐西移和北移，能源的远距离、大规模输送是必然趋势。通过建设坚强的智能电网，可以促进新技术、新材料、新工艺的应用，有效提高线路输送能力和运行控制的灵活性，最大限度提高能源输送效率，提升电网大范围优化配置资源的能力；促进发电侧应用先进、高效的发电技术，提升发电设备综合利用效率，从而降低一次能源消耗，减少二氧化硫等污染物排放，促进能源的可持续发展。

（3）提升系统的清洁能源接纳能力。我国政府明确提出2010年可再生能源在能源消费中的比重达到10%，2020年达到15%的目标。我国太阳能、风能等资源大都远离能源消费中心，必须走“大规模集中开发”的发展道路，通过大电网在全国范围内消纳。根据规划，将在甘肃河西走廊、苏北沿海和内蒙古重点建设千万千瓦级风电基地，打造“风电三峡工程”；在西北部地区建设大规模太阳能光伏发电基地。通过建设坚强智能电网，可以实现清洁能源并网接入标准化和运行控制智能化，实现清洁能源的柔性接入和大规模、远距离输送。

（4）满足用户需求的多元化和不断提高供电可靠性。随着人民生活水平不断提高，对电力可靠性和电能质量的要求不断提高。同时，电网运行的环境日益复杂，影响电网安全的风险因素也不断增加。坚强的智能电网可以有效抵御自然灾害、外力破坏和网络攻击等各类突发事件给电力系统造成的影响，及时、准确地预测和处理各种故障；可以实现电网与电力用户双向互动，通过智能电能表等高级计量体系，为用户提供实时电价和用电信息，实现用电管理优化、能效诊断等增值服务。同时，智能电网通过引导用户将高峰时段的用电负荷转移到低谷时段，将减少电力用户的电费支出，具有显著的社会效益和经济效益。

智能电网具备以下七个特征[3]：

（1）坚强。在电网发生大扰动和故障时，仍能保持对用户的供电能力，而不发生大面积停电事故；在自然灾害、极端气候条件下或外力破坏下仍能保证电网的安全运行；具有确保电力信息安全的能力。

（2）自愈。具有实时、在线和连续的安全评估和分析能力，强大的预警和预防控制能力，以及自动故障诊断、故障隔离和系统自我恢复的能力。

（3）互动。实现电力公司与用户的交互，以及进一步地高效互动，让用户了解更多的电源和电能质量信息，满足用户多样化的电力需求并提供对用户的增值服务。

（4）兼容。支持清洁能源、可再生能源的有序、合理接入，适应分布式电源和微电网的接入。

（5）经济。支持电力市场运营和电力交易的有效开展，实现资源的优化配置，降低电网损耗，提高能源利用效率。

（6）集成。实现电网信息的高度集成和共享，采用统一的平台和模型，实现标准化、规范化和精益化管理。

（7）优化。优化资产的利用，降低投资成本和运行维护成本。

与现有电网相比，智能电网体现出电力流、信息流和业务流高度融合的显著特点，其先进性和优势主要表现在以下几方面[4]：

（1）具有坚强的电网基础体系和技术支撑体系，可提高抵御各类外部干扰和攻击的能力，能够适应大规模清洁能源和可再生能源的接入，电网运行的坚强性得到巩固和提升。

（2）信息技术、传感器技术、自动控制技术与电网基础设施有机融合，可获取电网的全景信息，及时发现、预见可能发生的故障。故障发生时，电网可以快速隔离故障，实现自我恢复，从而避免大面积停电的发生。

（3）柔性交/直流输电、网厂协调、电力储能、配电网自动化等技术的广泛应用，使电网运行控制更加灵活、经济；并能适应大量分布式电源、微电网及电动汽车充放电设施的接入。

（4）通信、信息和现代管理技术的综合运用，将大大提高电力设备使用效率，降低电能损耗，使电网运行更加经济和高效。

（5）实现实时和非实时信息的高度集成、共享与利用，为单位运行管理展示全面、完整和精细的电网运营状态图，同时能够提供相应的辅助决策支持、控制实施方案和应对预案。

（6）建立起电力公司与电力用户之间双向互动的服务模式，用户可以实时了解电源的供电能力、电能质量、电价状况和停电计划信息，合理安排电器使用；电力公司可以获取用户的详细用电信息，为其提供更多的增值服务。

总之，坚强智能电网是安全可靠、经济高效、清洁环保、透明开放、友好互动的现代电网，在经济、社会、能源、环境、民生等方面具有巨大的综合价值。坚强智能电网的发展，必将深刻改变传统电网的功能、形态和作用，深刻改变世界能源生产和利用格局，深刻影响经济发展方式和人们生活方式，在现代社会中发挥越来越重要的作用。

1.1.2 智能电网国外研究现状

发达国家对智能电网的研究，尤其是前期研究的起步相对较早。美国、欧洲主要发达国家以及亚洲的日、韩等国都已初步形成或正在抓紧研究与各自国情相适应的智能电网发展战略目标、发展路线图以及政策措施，试点工程建设和技术标准制定等实践工作也正在紧锣密鼓地进行中。由于各国经济社会发展阶段、电网发展现状、资源分布等情况不同，不同地区和国家在智能电网发展基础与技术侧重也有所区别。从本国资源分布和需求入手，以经济发展和电力发展的实际状况为基础，是目前各国开展智能电网建设的基本原则。

美国的电力行业面临着电力设施老化、可靠性差、管理模式多样以及环境保护制约等问题，世界恐怖活动和“8·14”美加大停电事故使电网安全问题备受关注。金融危机爆发后，美国新任政府希望以智能电网改造和建设推动经济复苏。改造电网基础设施、提升电网智能化水平、提高电网运行的安全可靠性、降低电网损耗，是美国智能电网建设的基本目标。在发展思路上，美国更注重商业模式的创新和用户服务的提升，通过技术创新占领智能电网技术制高点，促进新能源产业发展[5]。

欧洲的情况则不同，各国电力需求趋于饱和，其能源政策强调对环境的保护和可再生能源发电的发展，欧洲国家更关注可持续、经济、安全、优质的电力供应。欧洲智能电网采用集中式发电和分散式发电相结合的思路，吸纳了可再生能源、需求响应、需求侧管理和储能技术，特别强调分布式能源和可再生能源的充分利用，同时保持大范围的电力传输和能量平衡，注重跨越欧洲的电网国际互联。例如，丹麦因矿藏少，而风力充足，风电装机容量比居世界第一位，所以丹麦将建设智能电网的关键放在利用储能技术解决风电间歇性上，用电动汽车的电池来存储多余的风电，有需要时电池再将电力回输到电网中。意大利的国土面积和人口大致相当于我国一个中等省份，能源比较短缺，电力峰谷差不断拉大，因此他们发展智能电网的重点是推进智能电网计量项目，结合分时电价，削减高峰负荷，节省基础设施投资，提高服务水平[6]。

日本电网是世界上技术最先进的电网之一，电网结构坚强，安全可靠性水平高，但日本主要围绕大规模开发太阳能等新能源，同时确保电网系统稳定这一目标构建智能电网，强调节能与优质服务，注重用智能电网实现各种能源的兼容优化利用。日本电网经过多年的建设和改造，已经具备了一定的智能化水平，设备已达到世界一流水平。今后日本智能电网的发展将更偏重于提高资源利用率、降低电网损耗、提高供电服务质量以及开发储能技术、电动汽车技术等高科技产业，进一步提高电网的先进性、环保性和高效性。

智能电网已成为未来世界电网发展的必然趋势。美、欧、日、韩等国家和地区智能电网发展的动因及发展重点各有差异，推动智能电网建设的进程和模式也各具特点。总结和借鉴优秀经验，有益于探索和构建适合我国及地区特色的坚强智能电网发展模式，最大限度发挥坚强智能电网的社会经济效益。

1.1.3 智能电网国内研究现状

我国电力工业也面临着类似于欧、日、美等国家和地区的情况：在宏观政策层面，电力行业需要满足建设资源节约型和环境友好型社会的要求，适应气候变化；在市场化改革层面，交易手段与定价方式正在发展，市场供需双方的互动将会越来越频繁。

我国建设坚强智能电网是以特高压电网为骨干网架，各级电网协调发展的坚强网架为基础，相应的工程实践以特高压交直流输电示范工程和智能电网工程为主，有序开展研究实践活动。自2004年以来，我国立足自主创新，坚持统筹规划、统一标准，制定了特高压和智能电网发展规划，在发电、输电、变电、配电、用电、调度等各环节全面开展坚强智能电网建设，取得了重要成果[7]。

(1) 坚强网架建设取得重大突破。全面掌握了特高压交、直流输电核心技术，成功建设和投运了1000kV特高压交流工程和±800kV特高压直流工程，在我国实现了超远距离、超大规模输电。连接我国西部煤炭基地、北部风电基地、西南水电基地的多条特高压交、直流工程正在加快推进。

(2) 电网接纳新能源的能力显著增强。在风力发电和太阳能发电大规模并网、风光储输联合运行等方面取得重要突破，适应了新能源快速发展的要求。目前，国家电网接入的风电和太阳能发电装机分别达到3792万kW和44.6万kW。

(3) 电网智能化水平持续提高。建成投运了具有电网全景监控、动态分析、实时预警功能的智能调度系统，总体实现了220kV及以上电网的一体化调度。全面推广应用输变电设备智能巡检、状态监测等技术，正在23个城市核心区建设智能配电网。制定了电动汽车智能充换电服务网络发展规划，建设 108 座充换电站和 7200 多个充电桩；在青岛、杭州等城市建成了智能充换电服务网络。安装应用智能电能表 5850 万块。在天津建成了智能电网综合示范工程。在北京、上海等大城市建设了一批智能社区。

（4）电网试验研究能力全面提升。建成了特高压交流、直流、高海拔、工程力学试验基地，建设了大型风电并网、太阳能发电、智能用电技术等国家级研发（实验）中心，形成了具有国际领先水平的试验研究体系，在大容量输变电设备、储能电池等技术研究和设备研制方面取得一大批成果，获得专利 1529 项。

（5）电网技术标准体系不断健全。建立了系统的特高压与智能电网技术标准体系，发布企业级标准 267 项、行业标准 39 项、国家标准 20 项，受托编制国际标准 7 项。经过努力，坚强智能电网建设取得了实质进展和重大突破，进入了全面加快发展的新阶段。

我国政府已将发展特高压和智能电网纳入国民经济和社会发展第十二个五年规划纲要，将全面加快坚强智能电网建设。未来 5 年计划建设连接我国大型能源基地和主要负荷中心、“二纵二横”结构的特高压骨干网架；打造高度智能化的输配电网络，建设 110kV 及以上智能变电站 6100 座，新建电动汽车充换电站 2900 座和充电桩 54 万个，安装智能电能表 2.3 亿只。能够满足 2.6 亿 kW 电力大范围优化配置的需要，支撑 9000 万 kW 风电和 800 万 kW 太阳能发电的接入和消纳，保障 80 万辆以上电动汽车的应用，实现全部客户用电信息的自动采集。

到 2015 年，我国电网的资源配置能力、安全保障能力和公共服务能力将得到全面提升。到 2020 年，将全面建成坚强智能电网，形成“五纵六横”的特高压骨干网架，实现电网的实时状态监测和智能调度控制，形成电动汽车充换电服务网络。届时，我国电网将综合集成特高压等先进输电技术、物联网等现代信息技术以及云计算等高性能计算与控制技术，与电信网、广播电视网、互联网等紧密融合，成为功能强大、连接广泛的智能服务体系，成为现代社会和智能时代的重要物质基础，为高效利用能源、享受现代生活、推动社会发展提供有力支撑。

1.2 变电站自动化技术在智能电网中的作用

变电站自动化技术是将变电站二次设备（测量仪表、信号系统、继电保护、自动装置、远动装置等）经过功能的组合和优化，利用先进的计算机技术、现代电子技术、通信技术和信号处理技术，实现对全变电站的主要设备和输、配电线路的自动监视、测量、控制、保护以及远动信息传送等综合自动化功能的技术，是测量、自动化、计算机和通信等技术在变电站领域的综合应用[8]。

随着智能电网建设的逐步推进，远距离大容量输电线路和互联电网的发展，高压和超高压变电站在规模和容量方面日益增加，对变电站自动化技术的可靠性提出了更高的要求[9]。高压、超高压变电站自动化系统的主要作用有五个方面：

（1）当电力系统发生故障时，继电保护系统准确检测故障，跳开相应开关，迅速切除故障，不造成故障连锁反应，使故障造成的影响限制在尽可能小的范围。

（2）收集、处理各种设备的运行信息和数据，按要求发送到集控中心和远方调度控制中心，满足调度部门对电力系统的监视、控制和运行操作。

（3）收集设备的状态数据，支持设备的状态维修和实现以可靠性为中心的维修系统，提高设备可用率和使用寿命。

（4）在集控中心或调度控制中心对变电站失去监控的情况下，变电站的后备控制能对变电站进行控制。

（5）收集并及时传送电力市场实时交易所需的技术数据，促进安全交易，减少交易风险。

智能变电站是坚强智能电网的重要基础和支撑，是电网运行数据的采集源头和命令的执行终端，是数据的传输、分析、验证和存储、管理单元。提高智能变电站自动化系统的通信安全性、可靠性，提高系统集成度，使系统紧凑化、一体化，并增强其高级应用功能和一次设备智能化是建设“两型一化”智能变电站的重要内容[10]。

智能变电站自动化技术遵循 IEC 61850 标准，按照全站信息数字化、通信平台网络化、信息共享标准化的基本要求，通过系统集成优化，实现全站信息的统一接入、统一存储和统一展示，实现运行监视、操作与控制、综合信息分析与智能告警、运行管理和辅助应用等功能。

智能变电站自动化系统由一体化监控系统和输变电设备状态监测、辅助设备、时钟同步、计量等共同构成，按分层分布式来实现智能变电站内电气设备间的信息共享和互操作性，如图 1-1 所示。

智能变电站自动化技术不仅很好地解决了常规变电站所存在的诸多缺陷，同时也消除了变电站内的信息孤岛，提供了统一断面的全景数据采集，为电网的智能化打下了良好的信息基础，为智能电网的分析、决策系统提供了信息及功能支撑。智能变电站自动化技术对智能电网的支撑作用主要体现在以下几个方面：

（1）可靠性。可靠性是变电站最主要的要求，具有自诊断和自治功能，做到设备故障早预防和预警，自动将供电损失降低到最低程度。

（2）信息化。提高可靠、准确、充分、实时、安全的信息。除传统“四遥”的电气量信息外，还应包括设备信息、环境信息、图像信息等，并具有保证站内与站外的通信安全及站内信息存储及信息访问安全的功能。

（3）数字化。具备电气量、非电气量、安全防护系统和火灾报警等系统的数字化采集功能。

（4）自动化。实现系统工程数据自动生成、二次设备在线/自动校验、变电站状态检修等功能，提高变电站自动化水平。

（5）互动化。实现变电站与控制中心之间、变电站与变电站之间、变电站与用户之间和变电站与其他应用需求之间的互联、互通和互动。

（6）资源整合。通过统一标准、统一建模来实现变电站内外的信息交互和信息共享。将保护信息子站、SCADA、五防、PMS、DMS、WAMS 等功能应用或业务支持集于一身，优化资源配置，减少重复浪费现象。

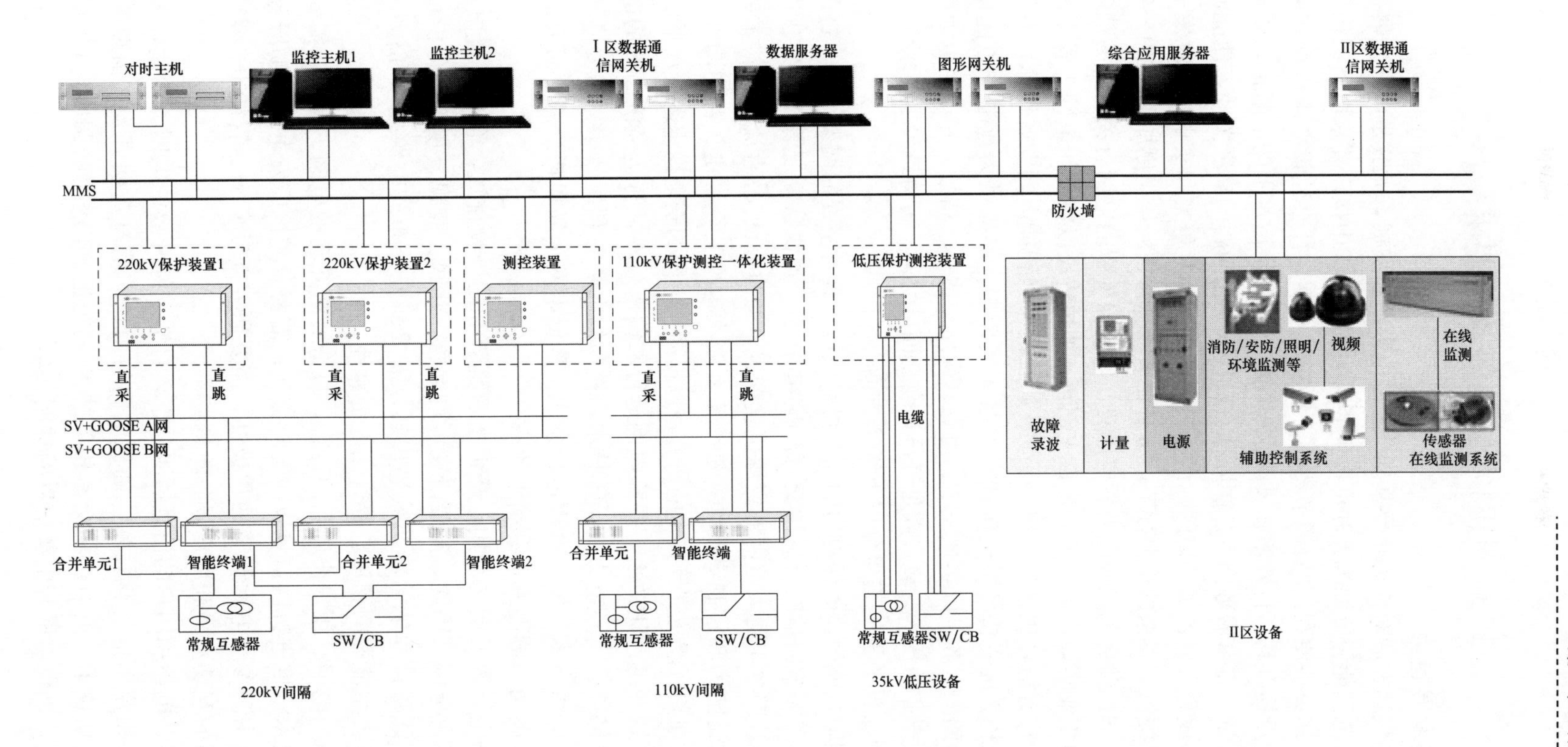

图1-1 智能变电站自动化系统

1.3 电网发展趋势及新要求

1.3.1 电网发展趋势

经济、社会的快速发展对作为重要基础产业的电力工业发展，尤其是电网发展提出了更高的要求。我国大范围能源资源配置和可再生能源的大规模集中接入要求电网结构更加坚强合理，控制管理更加灵活便利。“资源节约型、环境友好型”社会建设要求电网在确保安全可靠的前提下，着重提升其运行效率和灵活管理能力。人们生活水平的不断提高要求电网不断改善供电服务质量，丰富服务内容。国际社会对气候变化问题的高度关注，使能源结构优化和提高能源效率成为世界各国获得国际话语权、彰显国际竞争力和实现可持续发展的重要内容，电网作为能源供应体系的重要环节，势必在节能减排领域承担更加艰巨的任务。

我国在分析经济、社会和能源电力发展趋势，借鉴国外智能电网有关研究的基础上，结合基本国情和电力工业实际，提出了立足自主创新，加快建设以特高压电网为骨干网架，各级电网协调发展，具有信息化、自动化、互动化特征的坚强智能电网发展目标，力争使电网具备坚强的网架结构，能支持各类电源的友好接入及使用，能提供大范围资源优化配置能力，给用户提供全面的服务，以实现安全、可靠、优质、清洁、高效、互动的电力供应，推动电力行业及相关产业的技术升级，满足经济社会全面、协调、可持续发展要求。

我国智能电网建设的发展趋势分以下五个方面[11]：

（1）提高电网输送能力，确保电力的安全可靠供应，具备坚强的网架结构，打造坚强可靠的电网。因此，需要全面掌握特高压交/直流输电技术，加快特高压骨干网架建设，以构成坚强的电网构架，服务于更大范围的资源优化配置；通过灵活交/直流输电技术的研究和应用，提高电网输送能力和控制灵活性；进一步开展大电网安全稳定、智能调度、状态检修、全寿命周期管理和智能防灾等技术的研究，以提高大电网的安全稳定运行水平。

（2）提高能源资源的利用效率，提高电网运行和输送效率，打造经济高效的电网。因此，需要研究先进储能技术、电力电子等技术，提高发电资源利用效率；需要进一步深入研究各类电网优化分析技术，安排合理运行方式，降低电网全局损耗；需要研究需求侧智能化管理技术，提高用户侧能源资源利用效率。

（3）促进可再生能源发展与利用，降低能源消耗和污染物排放，合理配置电源结构，打造清洁环保的绿色电网。因此，需要研究可再生能源并网、监视、预测、分析、控制相关技术，服务于节能减排和清洁能源振兴规划；需要研究分布式电源接入和微电网等技术，促进用户侧可再生能源的利用，提升用电可靠性。

（4）促进电源、电网、用户协调互动运行，打造灵活互动的电网。因此，需要研究机网协调运行控制技术，推进机网信息双向实时交互；需要研究推广发电厂辅助服务考核技术，提高发电企业主动参与电网调节的积极性；需要研究互动营销、智能电能表等技术，提高电网、用户间的互动水平和用户服务质量。

（5）实现电网、电源和用户的信息透明共享，打造友好开放的电网。因此，需要研究用电信息采集技术和营销信息化技术，确保电网与用户间信息透明开发；需要研究多周期、多目标调度计划技术、电力市场交易相关技术，构建公正透明的调度计划运作平台、电力市场交易平台，确保电网与电源信息的透明共享。

1.3.2 调控一体化运行模式

电网调度机构是电力系统内部的一个负责保障电网安全、优质、经济运行的组织机构，是发、输、变、配、用的电网运行组织、指挥、指导和协调中心。

调度机构既是生产运行单位，又是电网经营企业的职能机构，它代表本级电网经营企业在电网运行中行使调度权。各级调度机构分别由本级电网经营企业直接领导。电网运行实行统一调度、分级管理。各级调度机构在电网调度业务活动中是上、下级关系。下级调度机构必须服从上级调度机构的调度。凡并入电网的各发电、供电、用电单位，必须服从统一调度管理，遵守调度纪律。各级调度机构按照分工在其调度管理范围内实施电网调度管理，依靠法律、经济、技术并辅之必要的行政手段，指挥和保证电网安全稳定经济运行，同时维护各利益主体的利益。

随着智能电网建设的迅速推进，我国电网生产技术、设备装备水平和人员水平有了显著提高，创新变电运行管理模式，利用“科技增效”的手段提高电网运行经济效益，提升电网综合管理水平，已成当务之急，大势所趋。调控一体化模式是对现有电网调度和设备运行集控功能实施集约融合、统一管理，促进各级调度一体化运作，优化调整管理体系和工作机制，提升整体管理水平和营运效率，以实现精益化管理、标准化建设和集约化发展的思路[12]，调控一体化系统如图 1-2 所示。

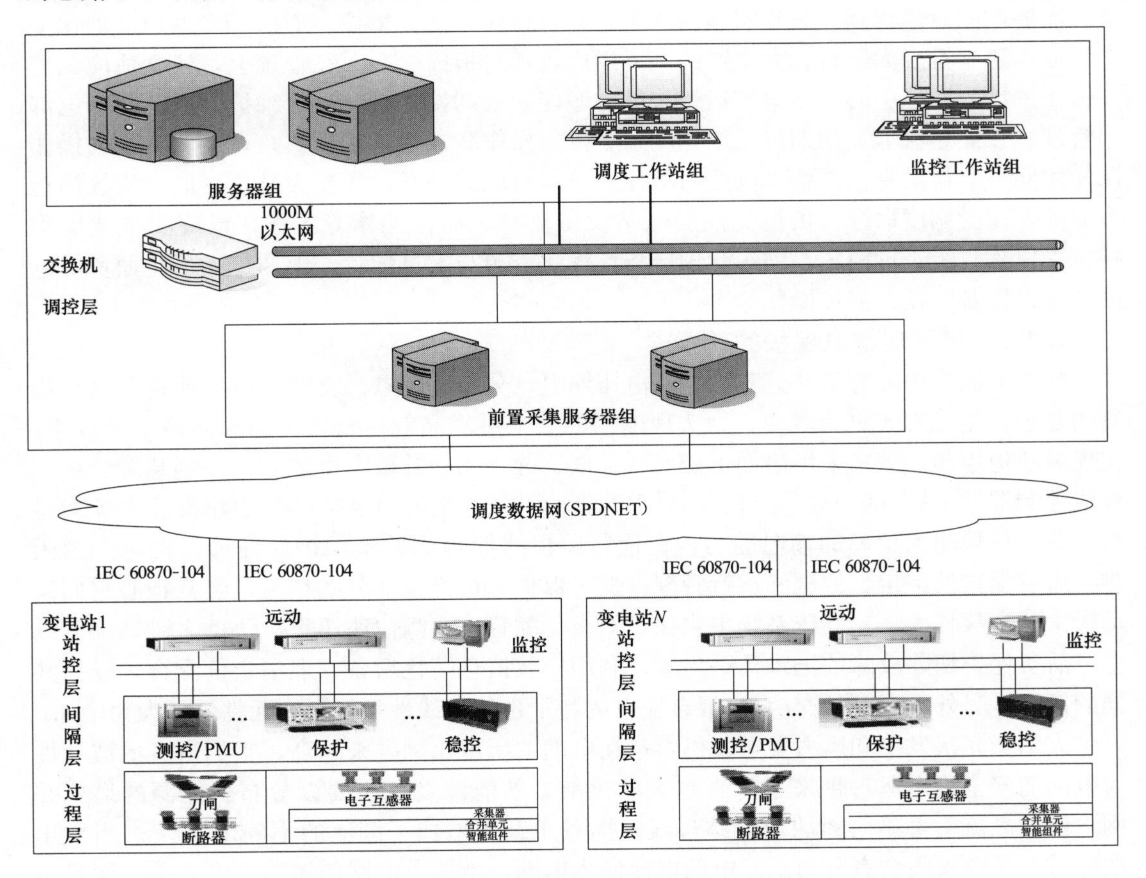

图 1-2 调控一体化系统

调控一体化运行模式将监控业务与调度业务融合，实现电网调度与电网监控一体化管理，形成“电网调度监控中心＋运维操作站”的调度运行管理模式[13]。调控人员负责电网调度和设备监控、遥控操作等工作，调度命令不再下达至集控中心，而是直接下达至运行维护操作人员，由运行维护操作人员负责设备巡视、消缺、现场操作及应急处置等，它具备以下优点[14]：

（1）调度掌握设备运行信息更加及时、全面、准确，事故异常处理快捷。

（2）提高自动化控制水平，实现智能化运行监控；简化组织机构，优化配置电网设备检修、运行维护资源，实现专业化管理，提高管理水平；节省投资，提高人力资源使用效率。

（3）融合了监控业务，对调控一体化系统的可靠性和处理容量要求较高。

如果把传统的、负责电网监测和基本分析工作的调度自动化称为“调度的眼睛”，那么智能的调控一体化则是“调度的大脑”。从电网集约化管理角度看，调控一体化模式将是智能电网变电运行管理的发展方向。

调控一体化模式的实施也使调度中心的责任加重，尤其对于变电站分布范围广的地区，电网调度任务加重更明显。调控一体化模式的运行管理应站在全局生产运行与管理的角度，优化资源与配置，制定管理规范，人员也按照大生产与大运行需求进行整合与配置。需要依照总体规划、分步实施的原则，整合目前调度、集控、通信、变电与自动化多个专业，建立符合大运行、大生产的调度生产管理与指挥中心。在管理上，建立适应调控一体化发展的调控中心，将集控运行人员与职能归入调控中心，运行维护操作队归变电部门管理。在业务流上，初期可采用调度、集控、操作队二级管理模式。调度、集控、操作队使用同一套技术支持系统，调度与集控人员运行职责分开，集控人员负责原有集控站运行业务，接受调度命令，负责受控变电站设备监视、遥控操作等工作；最终实现调度集控、操作队二级管理模式，缩短管理链条，优化资源与人员配置，由调控人员全面负责电网调度、设备监控、遥控操作等工作[15]。

1.3.3　电网对继电保护的新要求

智能电网采用大容量、远距离、高电压输电，分布式发电、交互式供电使得电网结构日趋复杂，运行方式更为多变。为实现电网的安全可靠高效运行，必须提高输电的效率，实现灵活地控制，大量采用诸如可控串联补偿、静止无功补偿、电能质量控制装置、统一潮流控制器及 STATCOM 等交流灵活输电技术[16]。智能电网复杂网架的建设提供了多运行方式下传输超大功率的输电能力，但使得阶段式原理的后备保护保证选择性越来越困难，后备保护的整定、调试和运行管理占据了保护人员绝大部分的精力，经常担心它们误动带来的事故扩大。超高压系统中主保护双重化配置，故障快速切除率已经达到99.5%以上，后备保护切除故障的记录几乎为零，利用广域信息简化后备、取消定值配合，成为共同的期盼。另外，电网的交/直流混合输电的特征也使非线性可控电力元件数量大大增加。

太阳能光伏发电和风力发电装机容量在电网中所占比例越来越高，它们自身的波动性对电网的安全稳定运行带来了越来越大的挑战。新能源发电主要以分布式能源的形式并网，使得潮流不再单向地从变电站母线流向各负荷，增加了潮流的不确定性[17]。当发生故障时，短路瞬间会有分布式发电的电流注入电网，增加了电网的短路电流水平，而且由新能源发电提供的电流大小也是随机的，这给继电保护装置的定值整定带来了很大的难题。传统继电保护“事先整定、实时动作、定期检验”的运行模式不能适应这种变化。继电保护需要具备在线自适应能力，即自动在线计算与保护性能有关的系统参数；自动在线计算整定值；实时判断系统运行状态，自适应调整保护动作方式。

综上所述，以电力电子器件的广泛应用为特征的智能电网的故障暂态过程与传统电力系统将有显著的不同，电网暂态过程的复杂性及电网运行方式灵活控制造成的多变性，对继电保护的运行管理模式、装置特性及保护算法提出了更高的要求[18]。为满足智能电网发展对继电保护的新要求，需要重新审视习以为常的配置配合方式，以极小的二次系统代价获取一次系统的很大效益，在广域信息网络条件下，解决以上问题是可能的[19]。充分利用广域信息条件，更新现有的主保护、后备保护的配置方式，不仅可以减轻整定、配合工作量，还可以简化保护配置。所提的集中式后备保护，具有很高的容错性和较高的可靠性。

要真正实现保护对系统运行方式和故障状态的自适应，必须获得更多的系统运行和故障信息，这就要求将全系统各主要设备的保护装置用计算机网络连接起来，即实现微机保护装置的网络化[20]。实现网络化，每个保护单元都能共享全系统的运行和故障信息的数据，各个保护单元与重合闸装置在分析这些信息和数据的基础上协调动作，从而保证全系统的安全稳定运行。

因此，在智能电网条件下，继电保护在运行管理模式、装置特性、算法研究等方面都面临更高的要求，具备智能化、网络化、功能高度集中特性的新型继电保护装置的研发必将成为未来智能电网建设的重点内容之一[21]。

智能变电站通信协议

2.1 变电站通信协议概述

变电站自动化系统最早都是单一功能的 SCADA（Supervisory Control And Data Acquisition，数据采集与监视控制）系统，其站内通信就是站控层的远动接口 RTU、就地监控主站与间隔层的测控装置、电能表接口等设备的数据通信；除电能表这样的标准设备外的其余设备包括采集电能表的电能表接口，通常全由一个厂家提供，因此，其通信协议完全是系统设备厂家的私有协议。通信接口介质也是从最先的 RS-232 过渡到 RS-422、RS-485。通信协议的报文结构简单、通信速率低、数据信息量较少，但系统基本没有协议转换器。

随着 20 世纪 90 年代的微机保护应用的逐步广泛，变电站自动化系统逐步接入了微机保护装置的运行监视信息和保护动作 SOE。由于站内不同种类的保护装置所处的电压等级和保护对象的不同，其保护功能方案与配置差别较大，因此，站内的保护装置也通常是来自于多家不同的生产厂家。尽管最先的微机保护装置的通信接口常常采用 RS-232 的标准串行通信接口，但其通信协议全都是各保护生产厂家的私有协议，差异较大，一般要经过规约转换器才能接入自动化系统。再之后随着微机保护的信息化管理要求提高，以及 RS-232 一对一接口数量太多，改用 RS-485 通信接口，出现了保护集中管理机，经通信接口连接若干台保护装置。保护装置经过保护集中管理机接入到变电站自动化系统。在这些过程中变电站自动化系统与间隔层的测控装置、保护管理机及电能表接口等的通信协议，基本上仍然是变电站自动化系统厂家的私有协议，保护装置与保护管理机之间的通信协议则通常是保护装置生产厂家的私有协议。

到 20 世纪 90 年代中后期，先后出现北美的 DNP3.0 协议和 IEC 60870-5-103 通信协议在变电站的逐步应用。DNP3.0 协议和 IEC 60870-5-103 通信协议都是基于 IEC 60870-5 系列标准，采用只包括物理、数据链路与应用层的 EPA 模型接口，支持 RS-232、RS-485 接口的串口通信协议；都支持数据优先级传输，变位数据优先主动上送。DNP3.0 协议传输 SCADA 数据支持数据组态；IEC 60870-5-103 则局限于只是一个继电保护数据的通信协议，后也被工程应用中扩展到可传输 SCADA 数据。这两个协议都只是面向数据点的。此期间通信接口已基本摒弃了一对一的串行通信接口，采用 RS-485 一对多的串行接口；后面又出现了 LonWorks、CAN 等现场数据总线型的工业控制用计算机的通信网络。整个变电站自动化系统则一直是两层结构，即站控层和间隔层。

2000 年左右，以太网开始在变电站自动化系统中逐步取代之前的各种通信介质，全面应用。通信协议出现了使用私有协议或 DNP3.0、IEC 60870-5-103、IEC 60870-5-101/104 应用层结合以太网的移植协议情况。但变电站自动化系统的各种设备之间的互操作性仍然很差；各种通信协议仍都只是面向数据点的；联调仍然是需要逐个对点确认；数据跟电力设备关联性差，实时性也较差，只能实现监视和操作层级的功能，不能支持实现快速实时的分布自动功能。但随着变电站自动化系统的发展，功能有所提高，相关的通信数据对象有很大地增加。

大概到了2006年国内开始建设数字化变电站，采用以太网和IEC 61850通信协议，过程层采用电子式互感器和开关数字化接口。变电站自动化系统出现了三层结构，即站控层、间隔层和过程层。之后进一步出现了智能变电站的提法和概念。

智能变电站的自动化功能通常分为三层结构：站控层、间隔层和过程层，如图2-1所示。三层之间用计算机局域网将自动化系统中的智能电子设备连接起来，实现相互的数据信息交互与共享。整个网络的通信协议都统一采用同一个国际标准，即IEC 61850标准。

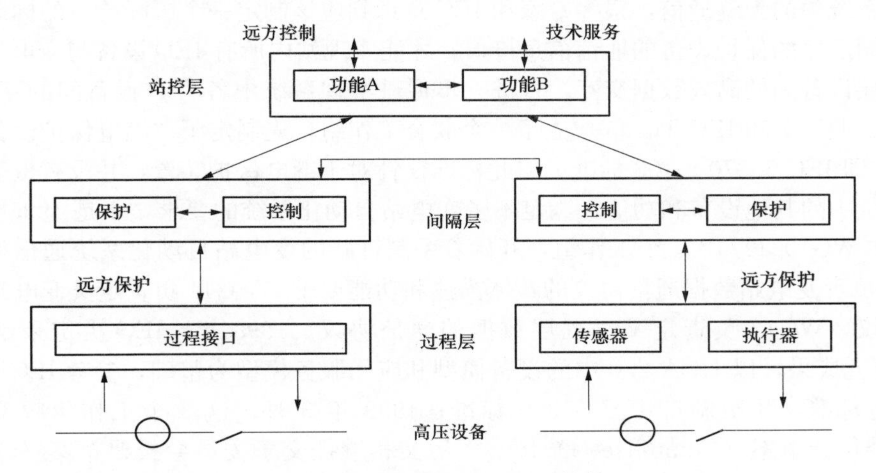

图2-1　智能变电站的三层结构

IEC 61850标准是国际电工委员会（IEC）标准化组织制定的《变电站通信网络和系统》系列标准。是用于变电站自动化系统通信的第一个国际标准，有效地解决了变电站自动化系统工程实施中来自于不同厂家的产品的通信接口协议的协调统一，实现了IED设备间的互操作性和没有规约转换的无缝通信。该标准基于通用网络通信平台，具有一系列特点和优点：根据电力系统生产过程的运行实际，制定了满足实时信息和其他信息不同传输要求的通信服务模型；采用抽象通信服务接口、特定通信服务映射以适应网络技术的迅猛发展；采用分层对象建模技术，面向电力设备及功能对象建模，以及采用自我描述的方式以适应应用功能的需要和灵活变化，满足应用开放互操作性的要求；面向通用变电站事件（GOOSE）快速传输变化数据，为实施自动化功能的分布式提供支持；采用配置语言和配置工具，在信息源定义对象数据和数据属性，定义传输控制参数，管理传输数据和设备功能及参数；传输采样值可适应电子式互感器的使用等。该标准还包含了变电站通信网络和系统的总体要求以及系统和工程管理、一致性测试等要求。IEC 61850标准是近年来我国数字化变电站、智能变电站研究设计的核心技术内容之一，是数字化变电站、智能变电站相比之前的变电站综合自动化系统的首个技术突破标志，也是迄今为止最为完善的关于变电站自动化系统的通信标准。

2.2 IEC 61850 标准的产生与发展

20 世纪 90 年代初，随着变电站自动化系统的研究和工程实施的不断向前推进，从之前单一的 SCADA 系统逐步演变为纳入了继电保护、备自投等安全自动化装置的变电站综合自动化系统，它所管理与通信的装置设备越来越多，出现了系统中需要接入来自多个厂家的保护、测控等自动化装置。这之前由于没有统一的通信协议标准，不同厂家的设备通信接口及协议是不一样的，因此，设备（例如，保护装置）的直接接入就变得非常困难，通常是需要通过规约转换器才能接入到变电站自动化系统的通信网络中，这样在通信接口中间就出现了一条本不希望的通信缝，既造成了设备成本和运维的浪费，又造成了信息交互的低效延时，甚至还会造成功能实现的限制。为了实现来自不同厂家的 IED 设备在变电站自动化系统中的无缝通信，很多专家和 IEC 意识到应该制定一个国际统一的标准，来统一规范不同厂家的保护设备的通信信息接口，才能实现站内所有 IED 设备与变电站自动化系统站控层设备间的高效数据交互，且进一步促进实现系统中各 IED 设备间的互操作性。为此，IEC TC 57 和 IEC TC 95 成立了一个联合工作组，先制定了“继电保护设备信息接口标准”，即 IEC 60870-5-103 标准。但此标准仅针对于继电保护装置，并没有覆盖变电站自动化系统中的其他设备和功能，满足不了变电站自动化系统的要求，于是 1995 年，IEC TC57 成立 WG10/11/12 三个工作组，开始着手制订新的变电站自动化系统通信标准，其中 WG10 负责变电站数据通信协议的整体描述和功能要求，WG11 负责定义变电站层数据的通信协议，WG12 负责定义过程层数据的通信协议。1998 年，IEC 决定采纳美国的 UCA 的研究成果，以 UCA 2.0 中的设备模型和应用服务模型为基础，参考 IEC 60870-5-101/103 等标准，开始制订 IEC 61850 标准；1999 年 3 月，这 3 个工作组提交了 IEC 61850 的委员会草案（Committee Draft）；而后又相继提交了委员会投票草案（Committee Draft for Voting，CDV ）、国际标准最终草案（Final Draft International Standard，FDIS ）；2000 年 6 月，IEC TC57 在 SPAG 会议上决定将 IEC 61850 作为变电站通信网络与系统的国际标准和电力系统无缝通信体系的基础，此次决定引起了人们对 IEC 61850 的关注；2003 年 9 月，标准的第 3、4、5、7 和 9-1 部分正式成为国际标准，2004 年至 2005 年 6 月，其余部分的正式版本也陆续全部颁布。

IEC 61850 标准的技术目标是在全球变电站自动化系统技术领域实现“一个世界、一种技术、一个标准”，从而保证 IED 的无缝接入和互操作性，为变电站自动化系统实现功能分布灵活与即插即用打下坚实的技术基础。

目前，IEC 61850 标准已广泛地应用在数字化变电站、智能变电站中，也广泛用于电力系统中分布式新能源发电，以及水电厂、配网自动化系统、电能量计量中。

2.3 IEC 61850 标准总体架构

IEC 61850 标准对变电站自动化系统的功能层逻辑结构和通信逻辑接口分类、通信服务与映射、对象建模，及变电站的自动化功能分类、配置语言和工程工具、一致性测试等做出了全面和系统的规范，包括理论原理、抽象的通信服务模型和分类的数据对象模型，3 种具体的特定通信服务映射（SCSM）以及报文相关的技术性能要求分析等。标准共分为 10 个部分，简介见表 2-1。

表 2-1　IEC 61850 标准系列

标准部分	名　称	内　容
第 1 部分	介绍和概述	IEC 61850 标准系列的总体介绍，包括标准制定的目的、方法和思想等
第 2 部分	术语	
第 3 部分	总体要求	质量要求包括系统的可靠性、可用性、可维护性、安全性、数据完整性以及环境条件及抗干扰要求等其他性能要求
第 4 部分	系统和工程管理	工程要求（工程过程及其支持工具、整个系统及其IED的寿命周期与质量保证）
第 5 部分	功能和设备模型的通信要求	变电站自动化功能的分类及接口分配，互操作性目标与要求，LN、PICOM 概念及报文性能、数据完整性要求
第 6 部分	与变电站有关的 IED 的通信配置描述语言	配置的工程过程，SCL 对象模型，文件类型，SCL 语言及句法
第 7-1 部分	变电站和馈线设备基本通信结构 原理和模型	变电站自动化系统的结构和通信接口，ACSI 模型及映射、信息建模的原理方法、应用分析、扩展规则
第 7-2 部分	变电站和馈线设备的基本通信结构 抽象通信服务接口（ACSI）	ACSI 的详细规范描述
第 7-3 部分	变电站和馈线设备基本通信结构 公共数据类	公共数据类的详细规范定义
第 7-4 部分	变电站和馈线设备的基本通信结构 兼容的逻辑节点类和数据类	变电站自动化功能的逻辑节点类和数据类的详细规范定义
第 8-1 部分	特定通信服务映射（SCSM）映射到 MMS（ISO/IEC 9506-2）和 ISO/IEC 8802-3	IEC 61850 的 ACSI 通信服务映射到 MMS 通信协议的通信服务与数据对象模型的详细规范定义
第 9-1 部分	特定通信服务映射（SCSM）通过串行单方向多点共线点对点链路传输采样测量值	IEC 61850 的采样值传输采用点对点单间隔数据方式的通信映射的详细规范定义
第 9-2 部分	特定通信服务映射（SCSM）通过 ISO/IEC 8802.3 传输采样测量值	IEC 61850 的采样值传输采用网络方式的通信映射的详细规范定义
第 10 部分	一致性测试	一致性测试的要求、准则和测试过程、内容，质量保证和评价

2.4　IEC 61850 标准的主要技术特点

2.4.1　分层建模

IEC 61850 将每个物理设备分成服务器、逻辑设备 LD、逻辑节点 LN、数据对象和数据属性的分层信息模型，如图 2-2 所示。服务器包含逻辑设备 LD，逻辑设备 LD 包含逻辑节点 LN，逻辑节点 LN 包含数据对象及其数据属性。这样，变电站的一个 IED 设备就可以在自动化系统中形成一个完整的有机的镜像，使得信息建模是面向设备的，方便了设备的运行控制。

2.4.2　独立于通信网络的抽象通信服务接口

当今的计算机网络技术发展速度很快，以往的变电站自动化系统的通信协议的设计都

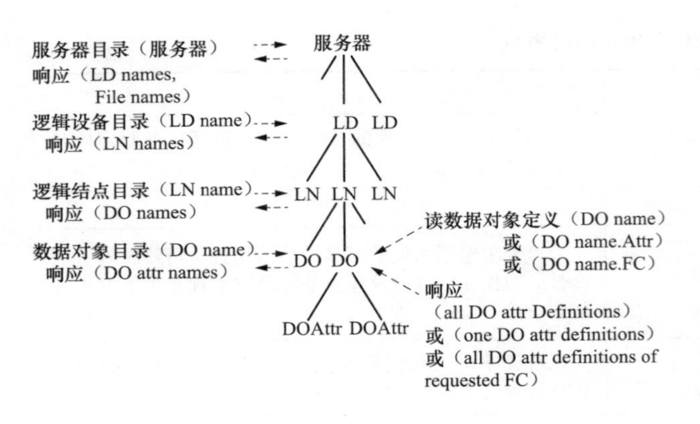

图 2-2 IEC 61850 的分层信息模型

是绑定在某一种具体的通信网络（接口）上。这样的设计在系统更换新的计算机网络时，整个通信协议都要重新从头设计和研发相关的产品通信软件，因而延缓了产品的升级换代，还造成了原有资源（例如，软件程序代码、对象模型数据）的不能继承（移植）的浪费。IEC 61850 总结了变电站的运行过程特点和要求，归纳出变电站运行控制所需的信息传输的通信服务需求，设计出抽象的通信服务接口（ACSI），它完全独立于具体的计算机通信网络。在具体的产品和工程实施中，通过通信服务映射到实际的通信网络及协议。这样，如果升级更换通信网络时，只需将相关的特定通信服务映射更换就可轻松实现移植。可以保留与电力自动化功能有关的 IEC 61850 数据建模和通信服务接口。这为系统的快捷升级换代和节约资产提供了强有力的支持。

2.4.3 面向对象的自我描述与统一建模

IEC 61850 标准首次在变电站自动化系统中采用源端统一建模，面向对象自我描述的数据建模思想。其数据对象命名描述方式如图 2-3 所示。这之前的变电站自动化系统中所有采用的通信协议的数据建模都是采用数据点的方法，模型只有一层数据对象，数据之间在模型上彼此不关联，不构成属性以及不能描述复杂的数据对象，更不可能描述设备对象。数据模型及通信传输只有数据对象的值，没有数据对象信息的自我描述。这样，数据模型必须在数据源端和数据接收端同时建立数据模型，约定隐含的数据对象含义，甚至报文中的位置，而且在通信之前要核对正确，才能正确反映现场设备的实际数据信息，因此，在现场验收时众多的数据对象属性必须逐个数据信息验收。无关联的数据点，也不利于在运行工作中对设备的信息状态的监控管理。之后的数据点修改，除了要约定外，可能还要涉及修改通信协议。而采用面向对象自我描述的数据建模技术很好地克服了这些不足，大大提高了数据建模的对象直观性和接收端建模的工作效率，充分保证了模型与源端完全一致，使得数据库的维护工作量大大减少，有利于缩短由于数据配置错误造成的系统停运时间。没有预先隐含约定数据含义的约束，通过自我描述可以很方便地管理和解释数据信息，数据传输不受限制，也能更好地适应自动化功能提升水平或增加时的更改需要，这为智能变电站研发和建设、运行中的智能变电站的功能提升提供了很大方便。这也意味着为智能电网的建设及功能升级提供了很大的方便，很大地节省资产投入。

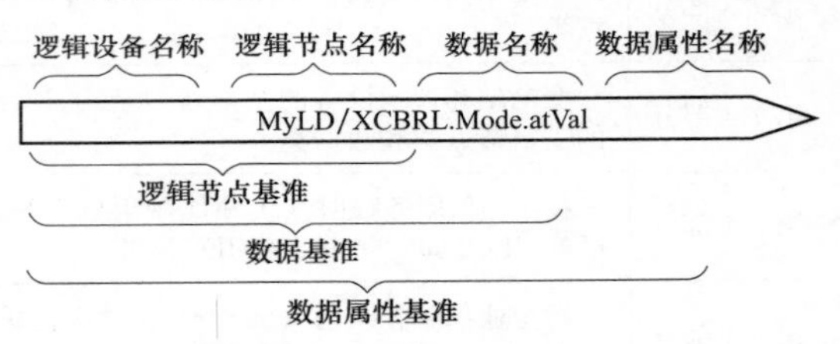

图 2-3 数据对象命名方式

2.4.4 配置语言与工具

之前的变电站自动化系统没有规范系统和设备功能及参数的配置。而随着技术的发展和电网运行的需要，变电站自动化系统的功能发展得越来越多，功能也更为高级，分布也更为广泛。IED设备集成的功能也越来越多，功能复杂则参数也更多，另外，IED功能的使用也趋向于即插即用。因此，在变电站自动化系统的设备互联和投运过程中，功能的投退及参数的设置修改、管理，将是复杂而重要的内容。同时，系统可能集成来自多个不同的厂商的IED。

IEC 61850的变电站配置描述语言允许将智能电子设备配置的描述传递给通信服务和系统配置工具，也可以以某种兼容的方式，将整个系统的配置描述进一步传递给智能电子设备的配置工具。这样做的主要目的就是使变电站自动化的通信系统配置数据可在不同制造商的智能电子设备配置工具之间，以及和集成商的系统配置工具之间均可相互交换。

2.5　IEC 61850标准的几个核心技术要点

2.5.1　逻辑节点、服务和通信映射

IEC 61850“变电站通信网络和系统”的目的是实现由不同供货商提供的IED之间的互操作性，更准确地说，应该是实现这些不同IED功能之间的互操作性。因此，IEC 61850的建模最主要就是要对IED的功能建模，建模它们的数据信息对象及其通信服务协议。由于一台自动化装置的功能常常含有多个功能，甚至子功能；每个（子）功能又含有较多的数据信息，如图2-4所示，例如，馈线保护测控装置，有过电流保护、测控功能，测控功能又包含开关量监视、模拟量测量和开关控制3个子功能。因此，IEC 61850采用分类分解的方法来建模。它将最小的功能单元定义为逻辑节点（LN），来建模各最基本的功能；之上再有逻辑设备包含若干个LN合成建模实际的各种复杂功能。如图2-4所示，此台馈线保护测控装置按照IEC 61850标准建模的逻辑节点LN就有：PTOC（过电流保护）、GGIO（开关量遥信）、CSWI（开关控制）、MMXU（模拟量测量）。

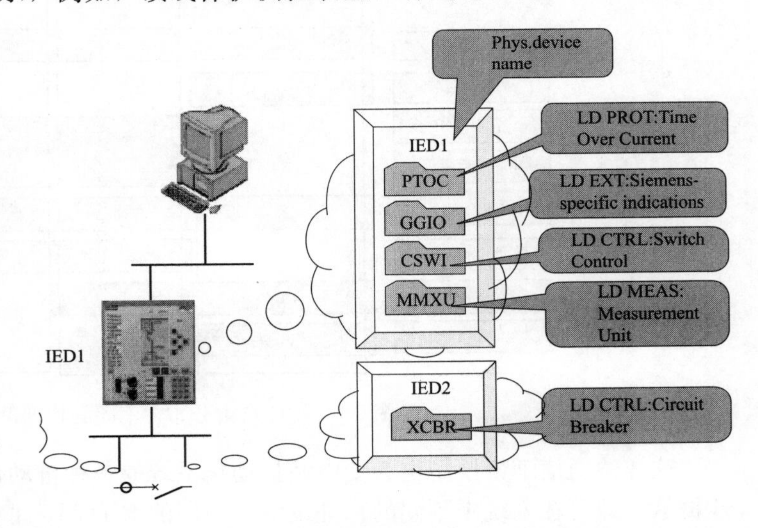

图2-4　馈线保护测控装置的LN建模例子

逻辑节点间则是通过逻辑连接（LC）相连，实现逻辑节点之间的数据通信交换，如图2-5所示。这样的通信理论模型设计带来的好处就是一个功能可以自由分布在不同的多个物理设备中。一个物理设备也可以实现或参与多个不同的功能。如图2-6所示就是这样的一个例子，具有三个功能：断路器同期控制、距离保护、过电流保护。这些功能被分解为若干逻辑节点，分属于7个不同物理设备：①人机接口；②同期切换；③距离保护（集成过电流/距离保护功能）；④断路器；⑤间隔TA；⑥间隔TV；⑦母线TV。信息交互通过物理设备间的物理连接（通信线）或装置内逻辑节点间的逻辑连接（软件接口）完成。

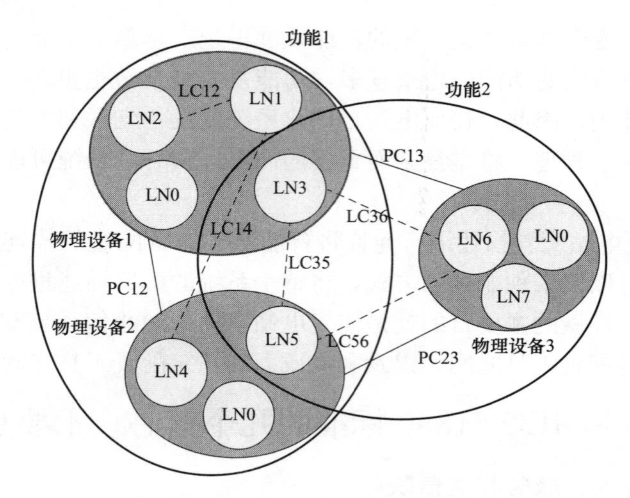

图 2-5　功能、逻辑节点和物理设备（IED）的关系

LNx—逻辑节点◯；PCxx—物理连接——；LCxx—逻辑连接 - -

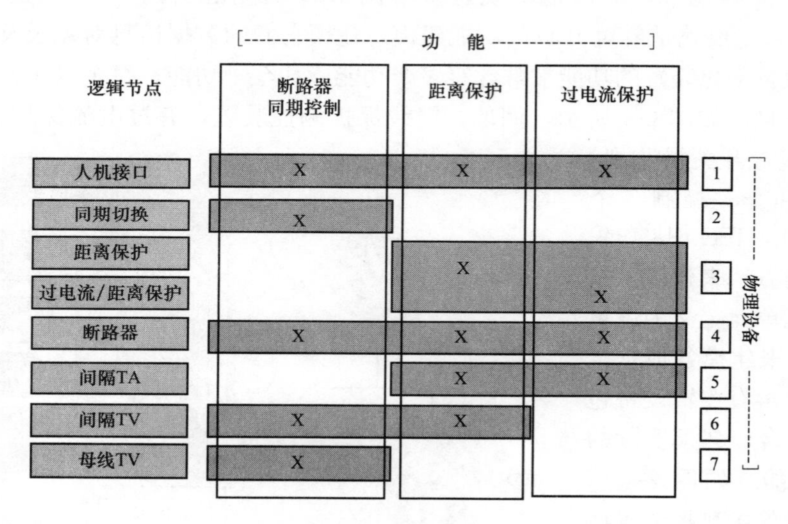

图 2-6　功能自由分布在不同的物理设备

这样的通信理论模型也为变电站自动化系统的各种自动化功能的实现带来了新的突破性贡献，即可在系统中不同的物理设备、不同的 IED 间，非常方便、灵活自由地分配布置一个自动化功能参与的各个子功能单元，也可灵活地集成不同的功能于同一物理设备之中。同样，这样的突破创新，也更加容易的支持实现更为先进复杂的自动化功能，推进变电站自动化向更高水平发展，为智能变电站的建设打下了坚实的理论基础。

IEC 61850 的通信服务的 ACSI 模型依据不同的变电站自动化功能应用及其信息交互的不同要求，分类建模了：①报告服务；②取代服务；③GOOSE 服务；④采样值服务；⑤保护定值服务；⑥文件服务。这些通信服务的通信方式则是采用了客户/服务器模式和订阅/发布模式两种通信机制，如图 2-7 所示。

客户/服务器通信服务模式就是 IED 需要数据信息时，作为客户机角色向拥有该数据信息的 IED（作为服务器角色）请求查询数据，服务器 IED 则响应请求回答相关的数据信息。这种模式用于变电站自动化系统中数据信息交互的实时性要求不是很高的情况，例如控制、读写数据值等服务。

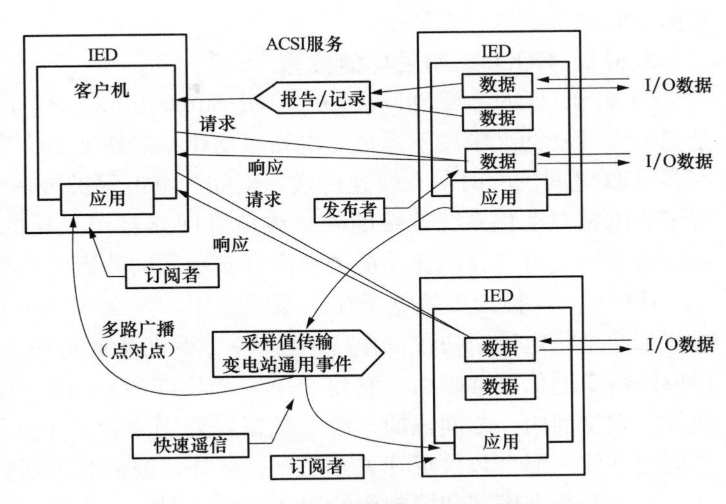

图 2-7　抽象通信服务 ACSI 的通信机制

订阅/发布通信服务模式则是通信前，需要数据信息的接收 IED 向可提供此数据信息的 IED 做订阅约定，则之后在实际运行过程中，提供此数据信息的 IED 就作为信息发布方，定期或是产生事件时发布约定的数据信息给订阅的 IED。这种模式可以做到主动、快速、实时地将信息发送给多个接收 IED，因此，这种模式特别适用于变电站自动化系统中数据信息交互的实时性要求高，需要主动发送的情况，例如，GOOSE、采样值等的主动发送通信服务。

IEC 61850 的通信服务模型是抽象独立于具体网络形式的，实际应用时则要将抽象的通信服务映射到具体的通信网络及服务协议上。ACSI 对通信服务模型的约束是强制和唯一的，而特定通信服务映射的方式却是多样和开放的。采用不同的特定通信服务映射方式，一方面，可以满足不同功能的通信服务对通信过程、通信速率以及可靠性的不同要求，解决了变电站内数据通信服务的多样性与之前实际通信网络单一之间的矛盾；另一方面，适时的改变特定通信服务映射方式，就能够应用最新的通信网络技术，而不需要改动 ACSI 模型，解决了标准的稳定性与未来通信网络技术发展之间的矛盾。

ACSI 向不同特定通信服务映射的过程，如图 2-8 所示。

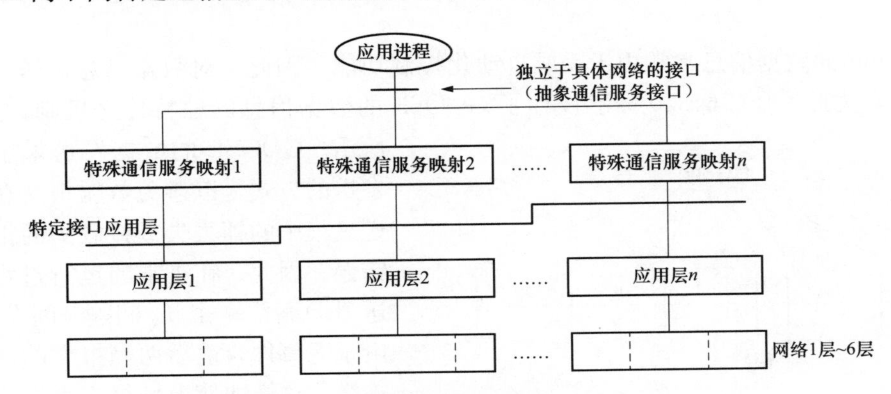

图 2-8　ACSI 向不同特定通信服务映射的过程

IEC 61850 针对于变电站信息传送的不同时间要求，采用了不同的通信映射。对于实时性要求快的 GOOSE 信息和采样值数据采用只通过物理层、数据链路和应用层的协议方式，即快速 MAC 直接访问协议，而其余变电站自动化系统的信息数据，则采用七层协议方式，通信映射到 MMS 协议栈。对于变电站自动化系统的时钟同步数据则是映射到了简单网络时间协议（SNTP）。

2.5.2 GOOSE 和采样值传输

GOOSE（Generic Object Oriented Substation Event，通用面向对象的变电站事件）是 IEC 61850 标准中用于满足变电站自动化系统快速报文需求的通信模型。主要用于实现在多 IED 之间的实时信息快速传递，例如，继电保护传输跳合闸命令。这样的通信模型实现了变电站自动化系统传统的硬接线信号回路被信息化的数据通信报文所取代的技术突破，有力地支持各自动化功能的自由分布和不同装置的功能单元间的联动。

IEC 61850 标准支持电子互感器的使用，定义了电子互感器输出的采样值传输模型，规范了两个特定映射协议。IEC 61850-9-1 标准是通过单向多路点对点串行通信链路的采样值的特定通信服务映射。它建立在与 IEC 60044-8 相一致的单向多路点对点连接之上的映射。它是面向一个间隔的，模拟数据对象固定为一个间隔的 12 个电流电压量。同时为了应用方便还混合包含了开关量信息。另外，通信服务则只有采样（开关量）数据值的报文，不支持数据模型和控制块的读写报文，因此，使用不灵活，它只是一种过渡性的通信协议方案。IEC 61850-9-2 标准则是完整依照 IEC 61850-7-2 中的抽象模型规范而定义的网络多路广播传输采样值的特定通信服务映射。它是一个基于混合协议栈的抽象模型，采样值传输直接访问 ISO/IEC 8802-3 链路，采样值传输控制块采用 MMS 客户/服务器协议访问。它的数据模型和通信服务模型完整，可通过网络灵活传输任意个数的任意采样值数据。这里特别要指出的是 IEC 61850-9-2 标准同样也支持单点传送采样值控制块（US-VCB），实现单点传输任意对象与个数的采样值传输任务。

GOOSE 和采样值的通信服务模型都是采用对等的订阅发布模型（如图 2-7 所示），这种通信模型采用多点组播方式，便于实现（大量）数据的共享便利。为了实现良好的实时性，这两种数据的通信服务映射还简化为应用层直接跳到数据链路层、物理层，剔除了 OSI 规范的七层通信模型中间的会话层和传输层；另外，在 GOOSE 的通信机制中，进一步采取了事件驱动的方式，使得新数据更新的传递及时，为实现自动化功能提供了很好的实时保证。

GOOSE 的数据信息常常用于完成自动化控制功能，因此，对数据信息传送的可靠性要求很高。为此，IEC 61850 标准设计了 GOOSE 的数据信息的独特传送机制，如图 2-9 所示。GOOSE 的数据发送采用了重复发送的方式，以避免数据报文在一次发送过程中的帧丢失或接收到的报文数据错误。因此，在正常的运行过程中，发送 IED 每隔一个 T_0 间隔时间发送一帧，由于无事件，前后两帧报文的内容完全一样，这样即使上帧报文丢失或传输错误，通过后一帧报文就可以弥补过来。为了不过多的占用网络带宽，此时间间隔 T_0 应该设计地较为长些。但是这种长间隔在出现事件发生时，可能会因等

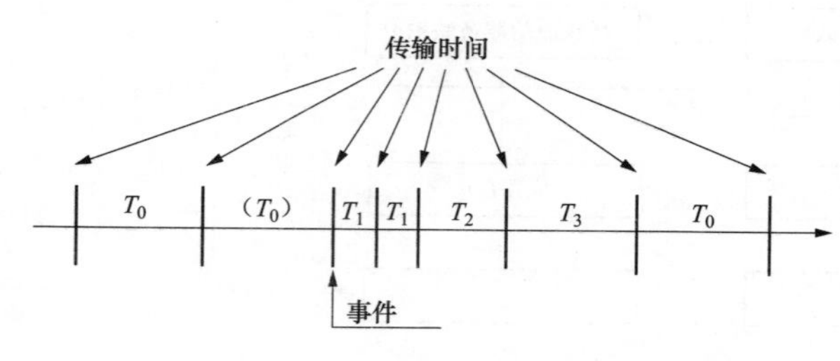

图 2-9 GOOSE 的重复发送通信机制

T_0—稳定状态下报文重发（长时间内无事件发生）时间间隔；(T_0)—由于事件发生导致变短的时间间隔；T_1—事件发生后最短的重发时间间隔；T_2、T_3—重发直到再次回到稳定状态时间间隔

待发送的延时太长而满足不了自动化功能所要求的 GOOSE 数据信息的快速响应时间。因而，GOOSE 通信服务模型在其传送机制中设计了事件驱动缩短发送时间间隔的方式，一旦监测到 GOOSE 数据对象出现变化事件，就采用很短的 T_1 时间间隔快速发送新的 GOOSE 报文帧，并且以 T_1 间隔连续两次，确保报文的可靠性。之后再采用较长时间的 T_2、T_3 间隔逐步过渡到正常的时间间隔 T_0 的方式下，将网络带宽释放出来。

另外，为了保证报文的可靠性和清晰的监视，以及实现报文数据的完整性、有效性检查，GOOSE 通信模型在报文参数中设置了以下几个重要参数：

（1）报文存活时间（Time Allowed to Live）。GOOSE 报文的发送采用了正常状况不断经 T_0 间隔时间重发。Time Allowed to Live 是因此而用于提示报文订阅 IED 等待正常接收下一帧 GOOSE 报文到来的最长时间。如果等待时间大于此参数的值仍然未收到新的报文帧，据此就可判断，此 GOOSE 通信失去了联系，出现了通信中断。GOOSE 信息要采用预先默认值取代，以防止相关的自动化功能出现不应有的动作事故，保证系统的安全运行，同时，也据此报警提示。

（2）报文序列计数器（sqNum）。订阅 IED 据此可检查所接收的报文中是否有丢失的报文帧及丢失的报文帧所在的序列位置。

（3）状态事件计数器（stNum）。订阅 IED 据此可检查所接收的报文中的数据对象值是否出现变位事件的情况。

（4）时标 T。告知订阅 IED 接收的报文中的数据对象值出现变位事件的第一帧报文的产生时间。

2.5.3　制造报文规范 MMS

制造报文规范（Manufacturing Message Specification，MMS）即 ISO/IEC 9506，是由国际标准化组织（ISO）分管工业自动化系统的第 184 技术委员会（TC 184）开发并维护的国际标准。它是一个用于在互联的设备或计算机应用间进行实时数据和监控信息交换的标准化的报文规范。该规范独立于应用功能的具体实现及设备制造商和应用开发商，主要用于规范各制造厂商的工业制造设备的通信，为不同制造商的制造设备提供互操作性，从而为在工程应用中的相互通信与联网提供方便，使得系统集成更为容易。由于 MMS 具有非常好的通用性和互操作性，提供了丰富的针对对等式实时通信网络的一系列服务，因此，已广泛应用于包括工业过程控制、工业机器人在内的工业自动化系统领域，目前在国外已广泛应用于汽车、航空、化工、电力等多个行业的工业自动化。鉴于 MMS 的成功应用的广泛性和标准化的权威性，电力系统中的 UCA、TASE.2、IEC 61850 等电力系统通信协议不约而同地都选择了 MMS 作为它们的应用层协议，如图 2-10 所示为 MMS 通信模型分层结构图。

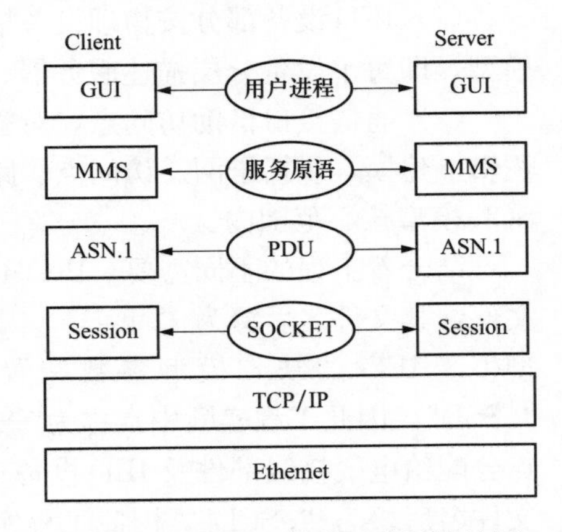

图 2-10　MMS 通信模型分层结构图

MMS 支持的是全双工、面向连接的对等通信系统。MMS 使用的参考模型是开放性系统互联（ISO 7498）的基本参考模型：① application-entity;

②application-process；③application service element；④open system；⑤(N)-protocol；⑥(N)-protocol-data-unit；⑦(N)-service-access-point；⑧(N)-layer；⑨system；⑩(N)-user-data。服务规范包含有：①虚拟制造设备（Virtual Manufacturing Device，VMD）；②网络节点间的信息交换；③与VMD有关的属性和参数。协议规范定义的通信原则，包括有：①信息格式；②通过网络的信息顺序；③MMS层与ISO/OSI开放模型的其他层的交互。

MMS运用抽象对象模型方法描述设备模型和服务过程，并在其中描述抽象对象及其属性对象，以及对抽象对象的操作（通信）。MMS将实际设备外部可见行为抽象成虚拟制造设备（Virtual Manufacturing Device，VMD）及其包含的对象子集，并通过定义与之对应的一系列操作（即MMS服务）实现对实际设备的控制。

由于MMS和IEC 61850都采用面向对象的抽象建模方法，因此，只要将IEC 61850的信息模型正确地映射到MMS的VMD及其MMS服务，并进行必要的数据类型转换，就可以实现ACSI向MMS的SCSM，映射方法准确、简单。

从IEC 61850的ACSI到MMS的映射可分为3部分，即基本数据类型映射、ACSI数据模型映射、通信服务映射。其中通信服务映射则主要是服务原语及参数的映射。

为了适应各种不同的应用需求，ISO/IEC 9506. 1定义了众多信息模型及服务，例如，虚拟制造设备（Virtual Manufacturing Device，VMD）、域（Domain）、变量（Variable）、程序管理（Program Invocation Management）Et志（Journal）、文件（File）、事件（Event）、信号量（Semaphore）等，IEC 61850的MMS映射只是采用了MMS中的一部分模型及服务，即IEC 61850采用了MMS的一个协议子集。

2.5.4 配置的文件描述

由于变电站自动化系统和IED的模型数据及通信接口参数较多，IEC 61850的工程实施中，系统的通信配置数据和IED的配置数据，均是采用数据文件的形式，在IED配置工具和系统配置工具间实现交互。

IEC 61850配置文件的SCL模型采用四个部分分别描述，即变电站、IED设备、通信接口和IED的LN模板。

(1) 变电站部分按电压等级、间隔、一次电气设备、子设备、连接点和端点分层描述变电站的一次电气对象及连接关系（即电气主接线），但并不建模这些一次设备的电气功能。

(2) IED设备部分按物理设备描述其功能的IEC 61850分层数据对象模型和通信服务模型，即每个设备分层描述服务器、逻辑设备LD、逻辑节点LN和数据对象。

(3) 通信接口借助访问点，对智能电子设备在子网或跨过子网间可能的逻辑连接以及逻辑上建模，包括子网、访问点、路由器等的描述。通信系统的物理结构描述和维护不在SCL模型核心范围内。

结合着工程的不同需要，IEC 61850定义了四种配置文件：①智能电子设备能力描述文件，其文件名后缀为“. ICD”，因此工程实际中常称为ICD文件，用于描述制造商的定型生产IED的缺省模型参数配置的文件；②系统规范描述文件，其文件名后缀为“. SSD”，因此工程实际中常称为SSD文件，用于描述变电站对应电气接线、连接点及端点分配给电气接线部件及IED设备功能性预配置的系统规范；③变电站配置描述文件，其文件名后缀为“. SCD”，因此工程实际中常称为SCD文件，用于描述确定IED设备选择分配后的实际的变电站配置，是分工指定各IED的功能和配置的文件，也是全站配置完成后的最终全站实际配置文件；④智能电子设备配置描述，其文件名后缀为“.CID”，因此工程实际中常称为CID文件，用于描述IED实际运行中所配置的功能的模型参数配置的文件。

2.5.5　一致性测试

要想实现IED间通信的功能互操作性的目标，必须要求不同厂家的各种IED设备所实现完成的IEC 61850通信协议功能真正完全符合标准的要求，即与标准的要求规范一致，这就是IEC 61850一致性的含义。由于IEC 61850标准要求IED实现的数据模型和通信服务、映射，总是数据对象多、内容复杂、环节多，再加上各个参与人对标准的解读常常不尽相同以及各不同IED软件实现的千差万别，因此，没有权威的规范的一致性测试验证，要想达成不同厂家的各种IED设备的IEC 61850实现与标准要求一致，事实上这是根本不可能实现的目标。这也就是IEC 61850一致性测试要求的缘由。

IEC 61850规范的一致性测试分为静态、动态两种。

（1）静态一致性测试。静态一致性测试是检查验证IED的模型实现一致性（MICS）和协议实现一致性陈述（PICS）的内容是否符合IEC 61850标准的规范要求。测试内容是检查相关文件，通常包括MICS、PICS文件，以及按照IEC 61850-6标准定义的Schema检查IED的配置ICD文件。

（2）动态一致性测试。动态一致性测试是通过测试设备与被测IED的通信用例，测试验证其数据模型和相关通信服务协议是否与其模型实现一致性（MICS）和协议实现一致性陈述（PICS）文件所描述一致，以及是否符合IEC 61850标准和相关特定通信映射的通信协议的规范要求，包括报文格式和应答响应等。这些内容的检查不与IED的功能、通信性能联系测试，完全只是测试验证单个IED的数据模型、ACSI通信服务模型及其映射是否和IEC 61850标准要求一致。

此外，一致性测试还可包括测试IED所提供的通信典型应用的性能是否和IEC 61850标准一致。但它只局限于IED的通信性能，仍然不关联IED的其他功能及性能的测试评价。IED的通信性能主要有2个，即通信延迟、时间同步和准确度。

IED通信延迟被测的性能指标决定于IEC 61850标准中的多个传递过程值。标准主要定义基本的测量：GOOSE、GSSE、报告和控制。

IED时间同步和准确度性能测试是检验IED关于事件通信时标的能力。一个准确的时标取决于几个分立的通信功能，包括接收信号译码时钟准确度、接收信号的IED时钟准确同步、状态变化IED及时检出和IED时钟值到时标数据的准确使用。

2.5.6　IEC 61850标准第2版变化

IEC 61850系列标准第1版2004年全部发布后，IECTC57技术委员会的3个工作组WG10、WG11、WG12合并，由WG10继续负责IEC 61850标准的修订、维护等相关工作。目前IEC 61850第2版已经陆续发布。

（1）IEC 61850标准第2版保留了第1版的框架，对工程实际中反映的模糊问题作了澄清，修正了笔误。例如：IEC 61850-4的5.3.1中增加了：项目需求工程师，项目设计工程师，IED参数化工程师角色的新设置及与制造厂、集成商的分工及责任的划分明确；IEC 61850-7-4增加了：LCCH物理通道监视、LGOS（GOOSE订阅）、LSVS采样值订阅、LTMS主时钟管理等LN；新增加或扩充了F组、Q组、S组、T组等数据模型。

（2）在网络冗余、服务跟踪、电能质量、状态监测等方面作了补充，增加了 IEC 61850-7-10 基于 Web 访问 IEC 61850 模型部分，删除了 IEC 61850-9-1 部分，增加了 IEC 61850-7-4××系列特定领域逻辑节点和数据对象类技术标准，目前制定了水电厂、分布式能源两部分逻辑节点类模型，还会继续增加配电网通信系统和网络设备的内容。

（3）正在研究和制定 IEC 61850-7-5××系列模型应用指南和 IEC 61850-90-××系列技术报告（Technical Report）、IEC 61850-80-××系列技术规范（Technical Specification）等诸多技术文件，除了变电站的数据模型应用和以太网工程实施指导外，还新涉及了变电站之间通信、变电站和控制中心通信、分布式能源、同步相量传输、状态监测、基于公共数据类模型的应用 IEC 60870-5-101/104 的信息交换等诸多方面。因此，该系列标准的适用范围已拓展，超出变电站自动化的范围，IEC 61850 第 2 版的名称也已从“Communication Networks and Systems in Substations（变电站通信网络和系统）”相应更改为“Communication Networks and Systems for Power Utility Automation（公用电力事业自动化的通信网络和系统）”，并已成为智能电网核心标准之一。

2.6 IEC 61850 标准在智能变电站应用的价值

相比于之前应用于变电站自动化系统的厂商私有通信协议，或 DNP3.0、IEC 60870-5-103 等标准通信协议，IEC61850 标准具有本章前述的多个技术特点和优点，因此，IEC 61850 在全世界的数字化变电站及中国的智能变电站建设中获得广泛的应用。

如图 2-11 所示，常规变电站中存在设备规约繁多、网络结构复杂、信息传输延时或堵塞、效率低下、可靠性低、后期维护不方便等问题，采用 IEC 61850 标准使得智能变电站具有以下几个方面技术性能的显著提高：

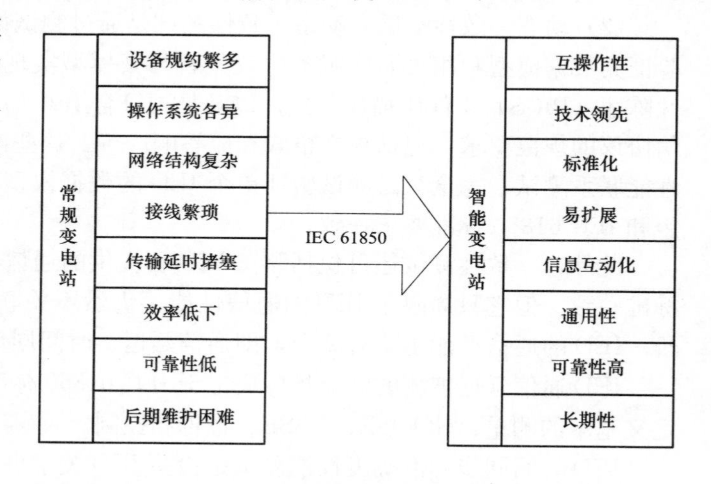

图 2-11 基于 IEC 61850 的智能变电站与常规变电站的特点比较

（1）互操作性。即来自同一厂家的不同类型 IED 或不同厂家的 IED 之间可以直接高效地交换和使用彼此的数据信息，实现了无缝通信，因此完全消除了之前所需进行的大量的协议转换工作和设备，用户也不必担忧 IED 设备之间的互联等问题，从而最大限度地保护了用户原来的软硬件投资，增加了用户对变电站智能电子设备的选择范围和使用配置的灵活性。

（2）技术领先。IEC 61850 标准充分吸收了计算机信息处理中的面向对象模型技术，并通过抽象通信接口等方法进行层次型设计，以及先进的通信映射思想、完善的配置等，使得采用 IEC 61850 的变电站自动化系统相对常规变电站自动化系统在技术上更加领先。

（3）标准化。IEC 61850 中的变电站描述语言规范了设备制造商和系统集成商间交换配置文件的标准格式和流程，实现了变电站自动化系统集成的标准化，缩短了设备、系统的互联调试与整个工程的建设时间。

（4）易扩展。IEC 61850 规定了严格的扩展方法（自描述体系、名称字典和命名空间），使得即使设备功能增加时也不会影响设备间的互操作性。这样当变电站增加配置新设备时，不会因为通信接口及协议而影响到原有设备的替换，只需更改变电站自动化系统的配置文件，有利于变电站自动化系统的改造和升级。

（5）信息互动化。基于 IEC 61850 标准，变电站内各类信息统一建模，通过标准中提供的接口与服务，使得变电站内、站与调控中心以及用户之间实现信息互动。

（6）通用性。IEC 61850 标准所带来的通信互操作性和功能模型标准化，首次在变电站自动化领域，从理论到实践上支持自动化功能在系统内的不同的设备间自由分布、自由分配和组合。这为智能变电站的自动化功能的集成、优化和提高，提供了更好的、充分的技术支持。

（7）可靠性高。变电站内各装置（例如，继电保护、故障录波）采用标准化信息实现各自功能，有利于装置功能的实现完成质量和相互配合质量，提高了装置和系统运行动作的正确性与可靠性。

（8）长期性。IEC 61850 标准致力于实现一个长期适用的电力系统通信标准，例如标准中客户采用 ACSI 并由 SCSM 映射到所使用的具体协议栈的通信栈结构，因而当网络技术发展时，可以只需在升级更换网络时，采取只改变相应的 SCSM 映射，而不更改 ACSI 的升级方式。所以，采用了 IEC 61850 的变电站自动化系统能在较长时期内存在，不必针对新技术频繁进行设备更新或替换，从而保障了用户的利益。

IEC 61850 标准经过多年的酝酿和讨论吸收了面向对象建模、组件、软件总线、网络、分布式处理等领域的最新成果，已成为智能变电站的重要内容，将对电力相关行业的信息共享、功能交互以及调度协调、网络化产生重大影响。

第 3 章

智能变电站组成及关键技术

3.1 智能变电站的基本概念

智能变电站是智能电网建设的重要节点之一，其主要作用就是为智能电网提供标准的、高效的、可靠的节点支撑。这种支撑应理解为是包含一、二次设备和系统在内的全方面的功能支撑。变电站的智能化应该理解为是变电站自动化功能的一个不断向前发展的过程。目前一般认为，智能变电站是由电子式互感器、智能化开关等智能化一次设备、网络化二次设备分层构建，建立在 IEC 61850 通信规范基础上，能够实现变电站内智能电气设备间信息共享和互操作的现代化变电站。

智能变电站的主要特征有以下几方面：

（1）一次设备智能化。采用数字输出的电子式互感器、智能开关（或配智能终端的传统开关）等智能一次设备。一次设备和二次设备间用光纤传输数字编码信息的方式交换采样值、状态量、控制命令等信息。

（2）二次设备网络化。二次设备间用通信网络交换模拟量、开关量和控制命令等信息，取消常规自动化系统一次设备和二次设备之间的控制电缆，采用光纤网络直接通信。

（3）数据交换标准化。

（4）设备检修状态化。

（5）管理运维自动化。包括自动故障分析系统、设备健康状态监测系统和程序化控制系统等自动化系统，提升自动化水平，减少运行维护的难度和工作量。

智能变电站与传统变电站的结构对比如图 3-1 所示。

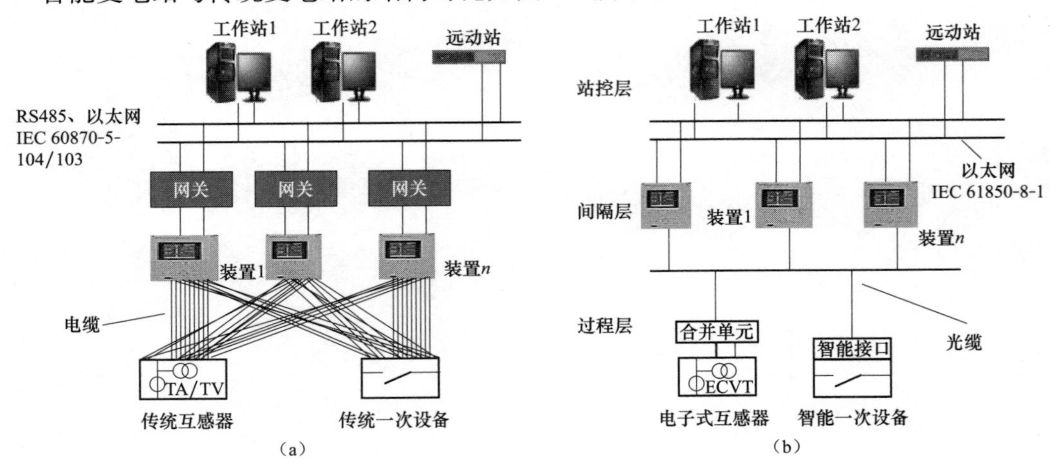

图 3-1　智能变电站与传统变电站的结构对比

（a）传统变电站；（b）智能变电站

国家电网公司在企业标准中明确地给出了智能变电站的定义为采用先进、可靠、集成、低碳、环保的智能设备，以全站信息数字化、通信平台网络化、信息共享标准化为基本要求，自动完成信息采集、测量、控制、保护、计量和监测等基本功能，并可根据需要支持电网实时自动控制、智能调节、在线分析决策、协同互动等高级功能，实现与相邻变电站、电网调度等互动的变电站。

智能变电站主要包括智能高压设备和变电站统一信息平台、智能调节控制两部分。智能高压设备主要包括智能变压器、智能高压开关设备、电子式互感器等。智能变压器与智能调节控制系统依靠通信光纤相连，可及时掌握变压器状态参数和运行数据。当运行方式发生改变时，设备根据系统的电压、功率情况，决定是否调节分接头；当设备出现问题时，会发出预警并提供状态参数等，在一定程度上降低运行管理成本、减少隐患、提高变压器的运行可靠性。智能高压开关设备是具有较高性能的开关设备和自我调节控制设备，配有电子设备、传感器和执行器，具有监测和诊断功能。电子式互感器是指罗氏线圈互感器、纯光纤互感器、磁光玻璃互感器等，它们具有数字采集和通信接口，可有效克服传统电磁式互感器的缺点。

智能变电站应以高度可靠的智能设备为基础，实现全站信息数字化、通信平台网络化、信息共享标准化、应用功能互动化。其基本技术原则如下：

（1）智能变电站设备具有信息数字化、功能集成化、结构紧凑化、状态可视化等主要技术特征，符合易扩展、易升级、易改造、易维护的工业化应用要求。

（2）智能变电站的设计及建设应按照DL/T 1092—2008《电力系统安全稳定控制系统通用技术条件》三道防线要求，满足DL/T 755—2001《电力系统安全稳定导则》三级安全稳定标准；满足GB/T 14285—2006《继电保护和安全自动装置技术规程》继电保护选择性、速动性、灵敏性、可靠性的要求。

（3）智能变电站的测量、控制、保护等单元应满足GB/T 14285—2006《继电保护和安全自动装置技术规程》、DL/T 769—2001《电力系统微机继电保护技术导则》、DL/T 478—2013《继电保护和安全自动装置通用技术条件》、GB/T 13729—2002《远动终端设备》的相关要求，后台监控功能应参考DL/T 5149—2001《220kV～500kV变电所计算机监控系统设计技术规程》的相关要求。

（4）智能变电站的通信网络与系统应符合DL/T 860标准。应建立包含电网实时同步实时信息、保护信息、设备状态、电能质量等各类数据的标准化信息模型，满足基础数据的完整性及一致性的要求。

（5）应建立站内全景数据的统一信息平台，供变电站各子系统统一数据标准化、规范化存取访问以及与调度等其他系统进行标准化交互。

（6）应满足变电站集约化管理、顺序控制、状态检修等要求，并可与调度、相邻变电站、电源（包括可再生能源）、用户之间的协同互动，支撑各级电网的安全稳定经济运行。

（7）应满足无人值班的要求。

（8）严格遵照《电力二次系统安全防护总体方案》和《变电站二次系统安全防护方案》的要求，进行安全分区、通信边界安全防护，确保控制功能安全。

一般认为智能变电站的设备智能化发展过程将大体经过如图3-2所示的三个阶段。

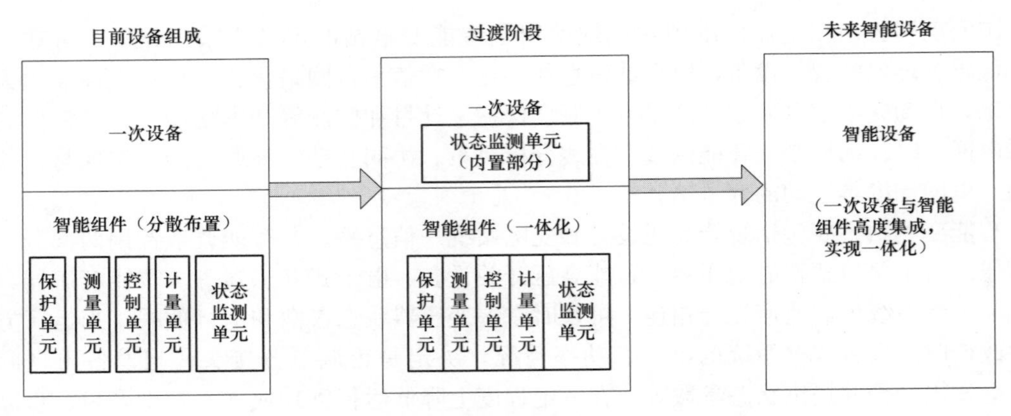

图 3-2　设备智能演变示意图

（1）初期阶段。属于智能组件的保护、测控、状态监测等装置都是外置独立，也是传统的二次设备，其与一次设备构成了一个松散的“智能设备”。而智能组件和一次设备之间的横线刚好划出了相当于过程层和间隔层的界限，其外在表现形式适合和接近智能化之前原有的变电站自动化系统的设备实现结构技术。由此可见该阶段的设备层带有明显的过程层、间隔层痕迹。技术的进步先着眼于自动化功能的智能化（局部）方案探索、实现、试用和经验累积，而不在于外在结构和由此带来的运行方式习惯的大变。

（2）过渡阶段。状态监测设备（主要指传感器）应逐步融入一次设备中，监测一次设备的诊断信息，其余的组件可独立于一次设备外部，也可安装在一次设备附近。各功能单元之间应尽可能集成，逐步实现智能组件的设备紧凑化，逐步实现过程层与间隔层的有机接合，形成智能组件设备层。

（3）随着技术发展，智能化功能逐步完善，智能组件和一次设备将进一步紧密结合，一次设备可以集成的智能功能也越来越多，最终形成紧凑型的一体化的智能设备。该阶段的设备层主要考虑过程层、间隔层的一体化设计，因而使得过程层、间隔层难以分清，以至于消融。

智能设备采用“一次设备＋智能组件”的模式。智能组件是各种保护、测量、控制、计量和状态监测等单元的有机结合，紧密宿主一次设备。智能组件的物理形态和安装方式可以是灵活的，既可以外置，又可以内嵌，同时在一定技术条件下智能组件既可以分散、又可以集中。

对于保护、测量、控制、计量、通信、状态监测等各种智能组件与一次设备的集成，需要充分考虑传统二次设备与一次设备融合的技术难度与复杂性。在技术发展的不同阶段，应考虑不同的技术方案，但原则上在保证安全可靠性的前提下，应尽可能采用设计紧凑的集成方案，同时兼顾经济性。

总体上，新一代智能变电站采用集成化智能设备和一体化业务系统，采用一体化设计、一体化供货、一体化调试模式，实现“占地少、造价省、可靠性高”的目标，努力打造成“系统高度集成、结构布局合理、装备先进适用、经济节能环保、支撑调控一体”新一代智能变电站。

3.2 智能变电站的结构

智能变电站的体系结构依据 IEC 61850 协议一般分为过程层、间隔层和站控层，三个设备层，如图 3-3 所示。

过程层：包括变压器、断路器隔离开关、电子式电流电压互感器以及合并单元、智能终端等附属的数字化设备。

间隔层：一般指保护、测控二次设备，通常实现一个间隔或一个电力主设备的保护和监视控制功能。还包括计量、备自投、安稳等其他自动化装置。这些设备通常采集过程层设备的数据，同时也有与站控层通信的通信接口。装置都是工控级的嵌入式计算机系统实现。

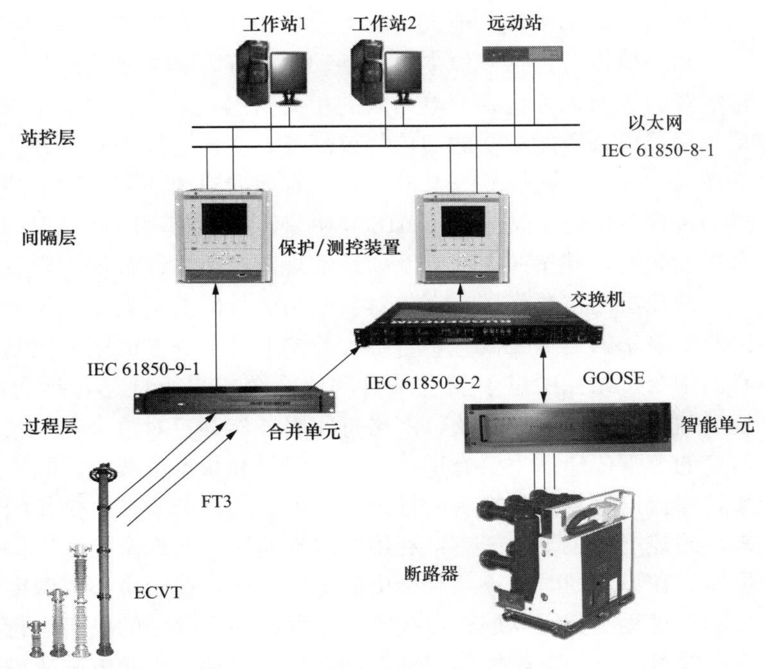

图 3-3　智能变电站的体系结构

站控层：包括自动化站级监视控制系统、站域控制、通信系统、对时系统等，实现面向全站设备的监视、控制、告警及信息交互功能，完成数据采集和监视控制（SCADA）、操作闭锁以及同步相量采集、电能量采集、保护信息管理等相关功能。站控层功能宜高度集成，可在一台计算机或嵌入式装置实现，也可分布在多台计算机或嵌入式装置中。

站控层包括站级计算机、维修站、操作站、人机设备、服务器或路由器等。它的功能是监视变电站控制、操作闭锁、记录和自诊断功能、继电保护的设定值的变化、故障分析和变电站的远程控制等。站控层与间隔层之间一般是通过光纤局域网络通信的。间隔层主要包括监控装置以及继电保护设备等，其功能是利用本间隔数据对一次设备进行控制、操作闭锁和继电保护。采用 GIS 控制柜，将保护、测控装置整合一体化，通过光纤，用以太网通信方式，节省了以往一、二次设备之间信号连接所需要铺设的大量电缆。设备层中的智能化一次设备采用光电技术。一次设备的智能化为间隔层和设备层之间的数字通信提供基础。三层的体系结构及其通信网络化使得变电站内的设备分层清晰也使得二次回路接线得以大大简化，并且基本上解决了变电站内一次电气设备数字化的问题；满足了电力系统实时性、可靠性要求，有效地解决了异构系统间的信息互通、数据内容与显示处理分离、自定义性和可扩展性的问题。

同时智能变电站数据源应统一、标准化，实现网络共享。智能设备之间应实现进一步的互联互通，支持采用系统级的运行控制策略。智能变电站自动化系统采用的网络架构应合理，可采用以太网、环形网络，网络冗余方式符合 IEC 61499 及 IEC 62439 的要求。

3.2.1 站控层

站控层是智能化变电站的应用“窗口层”，具有人机交互、实时监测、在线分析等功能，是运行人员了解、干预、分析变电站运行状态的平台。作为变电站的控制层，站控层通过路由器、主机及其他人机交互设备相互连接而成。

站控层设备包括监控主机、远动主机等。其主要功能是为变电站提供运行、管理、工程配置的界面，并记录变电站内的相关信息。远动、调度等与站外传输的信息可转换为远动和集控设备所能接受的通信协议规范，实现监控中心远方监视与控制。站控层设备应建立在 IEC 61850 协议规范基础上，具有面向对象的统一数据建模。与站外接口的设备，如远动装置等应能将站内 IEC 61850 协议转换成相对应远动规约格式。所有站控层设备均应采用以太网，并按照 IEC 61850 通信规范进行系统数据建模及信息的通信传输。

站控层的主要作用是完成对变电站运行的监测数据收集显示、存储，异常情况的报警以及变电站的运行控制等；将各种数据上送至远方的调度控制中心，以及执行调度控制中心的指令。站控层位于变电站自动化系统的最上层，包括自动化站级通信系统、对时系统、站域控制、监控系统、网络打印服务器等；对整个变电站的设备进行监控、报警以及信息的上下传递；主要有运行交流电气量和状态量数据、同步相量以及电能量等的数据采集，保护信息数据与报告的管理，变电站运行的监控、操作闭锁等功能。更具体的归纳起来，站控层的主要功能有：利用两级高速网络实现全站数据信息的实时汇总，刷新实时数据库，在设定的时间点登录历史数据库；接收控制中心或调度中心的控制指令，同时将其传输至过程层和间隔层；在线维护过程层和间隔层的设备运行，对参数实施在线修改；具有在线可编程的全站操作闭锁控制功能；自动分析变电站故障，可进行操作培训；根据规定将相关数据传输至控制中心或调度中心；可实现站内监控和人机联系；实现各种智能变电站高级应用。实时运行电气量检测；运行设备的状态检测；所有设备的操作控制执行与驱动等。

目前站控层的功能主要借助于一体化信息平台来实现。一体化信息平台主要用于将智能变电站内的实时监控子系统、故障录波子系统、电能计量子系统、状态监测子系统、视频安防等辅助子系统的各种数据进行统一接入、统一处理、统一存储，建立统一的变电站全景数据处理平台。为了给各种智能应用提供标准化、规范化的信息访问接口，一体化信息平台架构上各数据接入子系统和实时监控系统之间安全区的划分要满足电力二次系统安全防护规定。各子系统信息交互接口和功能应用模型的标准化和规范化建设，实现各系统、各应用之间信息的无缝交互和共享，提高各系统之间信息交互的效率。对采集数据进行挖掘、处理和加工，为各应用、各系统和调控中心提供丰富、高效的全景数据。

另外伴随着智能化变电站的技术发展，在站控层监控后台机上实现了顺控操作，给顺控操作的推广和使用提供了一个崭新的平台。顺控操作变电站打破了传统运行操作方式，通过倒闸操作程序化，在操作中尽量避免人为错误，达到减少或无需人工操作，减少人为误操作，提高操作效率，为实现真正意义上的无人值班，进而为应对人员缺少和变电站的日益增多的矛盾，提高变电站的安全运行水平，开辟了一条全新的出路。

3.2.2 间隔层

间隔层的主要功能有：汇总本间隔过程层实时数据信息；实施对一次设备保护控制功

能；实施本间隔操作闭锁功能；实施操作同期及其他控制功能；对数据采集统计运算及控制命令的发出具有优先级别的控制；承上启下的通信功能，即同时高速完成与过程层及站控层的网络通信功能，必要时上下网络接口具备双口全双工方式，以提高信息通道的冗余度，保证网络通信的可靠性。

间隔层设备由保护设备、测控设备、表计等二次设备组成。间隔层是智能化变电站的逻辑功能运算部分，本层的保护装置实现逻辑运算，测控装置实现实时数据的采集及控制命令的处理，录波单元实现故障前后模拟量、开关量的采集及存储，间隔层设备多具有中央处理器（Central Processing Unit，CPU）或数字信号处理器（Digital Signal Processor，DSP），可完成复杂的逻辑运算以及人机交互管理。间隔层的主要任务是利用本间隔的数据完成对本间隔设备的监测和保护判断，实现使用一个间隔的数据并且作用于该间隔一次设备的功能，即与各种远方输入/输出、传感器和控制器通信，同时还要遵守安全防护总体方案。要求所有信息上传均能够按照 IEC 61850 协议建模并具有支持智能一次设备的通信接口功能，还要具有完善的自我描述功能。在站控层及网络失效的情况下，仍能独立完成间隔层设备的就地监控功能。

单间隔设备应具有与合并器的过程层光纤通信接口，并具有与跨间隔设备间采样数据、控制数据交换能力。跨间隔设备由于受大数据量的限制，建议配置前置单元集中处理过程层数据交换。

目前间隔层装置有全下放的设计趋势，与现行的智能变电站二次方案相比，有着较多的技术优势：

（1）在变电站三层两网结构中，数据传输需要带宽最大的是过程层设备和间隔层设备之间，通信可靠性要求最高的也是过程层设备和间隔层设备之间。因此，将间隔层设备下放，缩短间隔层和过程层之间的通信距离，对于任何组网方式或者通信方式，都可有效减少光缆及线缆的用量，有利于提高系统的可靠性。

（2）间隔层装置下放，过程层功能则可不再依靠独立装置来实现，这样可简化二次设备的配置，减少二次设备数量，提高可靠性，节约变电站的投资。

（3）间隔层装置下放并采用少量短电缆，使得取消过程层通信网络成为可能，这样可有效避免过程层通信的可靠性“实时性”数据同步等技术难题，使得智能变电站更易于推广建设。

（4）间隔层装置下放，可以优化变电站的设备布置，减少电光缆数量，并使得取消继保室成为可能，有利于城市变电站减少土地和空间资源的占用。

综上所述，这种新趋势具有节约设备、节约投资、成熟可靠和便于推广等优点。

3.2.3　过程层

智能变电站中最为重要的是过程层的出现，没有过程层就不可能实现智能变电站的高级应用。

过程层包括变压器、断路器、隔离开关、电流/电压互感器等一次设备及其所属的智能组件以及独立的智能电子装置。过程层是一次设备与二次设备的结合面，主要由电子式互感器、合并单元、智能终端等自动化设备构成，主要完成与一次设备相关的功能，如开关量、模拟量的采集以及控制命令的执行等。过程层由合并单元和智能终端组成，实现各种实时信息的采集和控制命令的执行，面向设备/间隔单元配置，通过网络直连方式与间隔层智能组件互相通信。过程层由互感器、合并单元、智能终端等构成，完成一次设备相关的功能，包括实时运行电气量测采集、设备运行状态的监测、控制命令的执行等。

相对于传统变电站，智能变电站的一、二次设备发生了较大的变化，一次设备上电子式互感器取代了电磁式互感器，智能化开关取代了传统开关设备；多个智能电子设备之间通过 GOOSE、采样值传输机制进行信息的交互传递。这些特征有利于实现反映变电站电力系统运行的稳态、暂态、动态数据以及变电站设备运行状态、图像等的数据的集合，为电力系统提供统一断面的全景数据。

智能变电站自动化系统三层之间用分层、分布、开放式网络系统实现连接。过程层位于最底层，是一次设备与二次设备的结合面，主要完成运行设备的状态监测、操作控制命令的执行和实时运行电气量的采集功能，实现基本状态量和模拟量的数字化输入/输出。电子式互感器与数字化保护装置、智能化一次设备等的数据连接主要依靠合并单元（MU）完成，合并单元同步采集多路互感器的电压、电流信息并转换成数字信号，经处理发送给二次保护、控制设备。

具体而言，变电站中原来间隔层的部分功能下放到过程层，如模拟量的 A/D 转换、开关量输入和输出等，相应的信息经过程层网络进行传输，它直接影响变电站信息的采集方式、准确度和实时性，是继电保护正确动作的前提。

过程层信息传输基于光纤通信方式，其服务分采样值传输（SV）和 GOOSE 信息传输两类。对过程层的基本技术要求如下：

（1）采样值传输技术要求。采样值传输是变电站自动化系统过程层与间隔层通信的重要内容，智能变电站过程层上最大的数据流出现在电子式互感器和保护、测控之间的采样值传输过程中。采样值报文（以及跳闸报文）的传输有很高的实时性要求，即使在极端情况下也要确保报文响应时间是可确定性的。

对采样值传输的基本技术要求就是对传输流量大而且实时性要求高的采样值传输通信，采用发布者/订阅者结构。根据 IEC 61850 标准定义，采样值传输以光纤方式接入过程层网络，间隔层保护、测控、计量等设备不与合并单元直接相连，而是通过过程层交换机获取采样值信号，以实现信息共享；同时通过交换机本身的优先级技术、虚拟 VLAN 技术、组播技术等可以有效地防止采样值传输流量对过程层的影响。目前一种典型的接入方式是直接采样，即点对点方式，采样同步应由保护装置实现。

（2）GOOSE 实时性要求。GOOSE 是一种面向通用对象的变电站事件，其基于发布/订阅机制，能快速和可靠地交换数据集中的通用变电站事件数据值的相关模型对象和服务，以及这些模型对象和服务到 ISO/IEC 8802-3 帧之间的映射。智能变电站中 GOOSE 服务主要用于智能一次设备、智能终端等与间隔层保护测控装置之间的信息传输，包括传输跳合闸信号或命令，GOOSE 报文数据量不大但具有突发性。由于在过程层中 GOOSE 应用于保护跳闸等重要报文，必须在规定时间内传送到目的地，因此对其实时性要求远高于一般的面向非嵌入式系统，对报文传输的时间延迟要求在 4ms 以内。

（3）合并单元与智能终端的基本要求。合并单元主要是对来自二次转换器的电流、电压数据进行时间相关组合和处理的物理单元，是针对电子式互感器，为保护、测控等二次设备提供一组时间同步（相关）的电流和电压采样值，其主要功能是汇集以及合并多个电子式互感器的数据，获取电力系统电流和电压瞬时值，并以确定的数据品质传输到继电保护设备等；其每个数据通道可以承载一台或多台的电子式电流或电压互感器的采样值数据。它是过程层采样值传输技术的主要实现者，物理形式上可以是互感器的一个组成件，也可以是一个分立的单元。

在智能变电站中，合并单元的重要性与继电保护装置相似，因此要求其正常工作时的地点应无爆炸危险、无腐蚀性气体及导电尘埃、无严重霉菌、无剧烈振动源，同时有防御雨、雪、风、沙、尘埃及防静电措施等。

智能终端是过程层的另一个重要设备，逻辑上是一种智能组件，它与一次设备采用电缆连接，与保护、测控等二次设备基于GOOSE机制采用光纤连接，实现对一次设备（例如，断路器、隔离开关、主变压器等）的测量、控制等功能。智能终端适用于安装在户内柜或户外柜等封闭空间内，当安装在户外控制柜内时，装置壳体防护等级应达到IP42，安装在户内柜时，防护等级应达到IP40。

3.3 电子式互感器

3.3.1 电子式互感器简介

3.3.1.1 电子式互感器的定义

由连接到传输系统和二次转换器的一个或多个电流或电压传感器组成，现多采用光电子器件用于传输正比于被测量的量，供给测量仪器、仪表和继电保护或控制设备的一种装置，如图 3-4 所示为电子式互感器系统示意图。

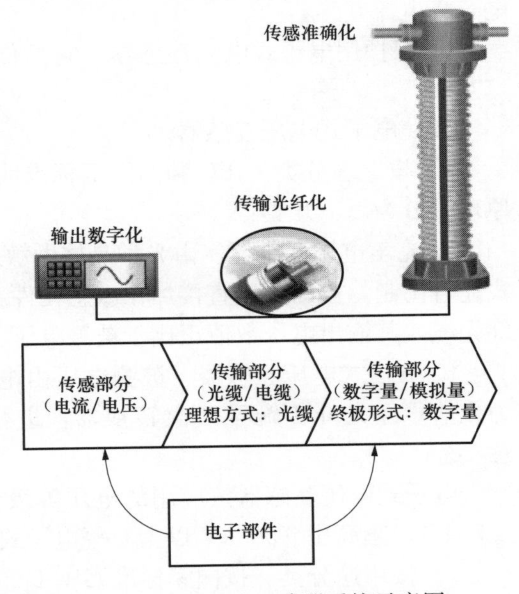

图 3-4 电子式互感器系统示意图

3.3.1.2 电子式互感器的作用

电子式互感器的主要作用有以下几个方面：

（1）将电力系统一次侧的电流、电压信息传递到二次侧与测量仪表和计量装置配合，可以测量一次系统电流、电压和电能。

（2）当电力系统发生故障时，互感器能正确反映故障状态下电流、电压波形，与继电保护和自动装置配合，可以对电网各种故障构成保护和自动控制。

（3）通常的测量和保护装置不能直接接到高电压、大电流的电力设备或回路上。互感器将一次侧高压设备和二次侧设备及系统在电气方面隔离，从而保证了二次设备和人身安全，并将一次侧的高电压、大电流变换为二次侧的低电压、小电流，使计量和继电保护标准化。

3.3.1.3 互感器分类

（1）电子式电流互感器

1）按原理分类。根据 IEC 和 GB/T 标准，明确指出电子式电流互感器可分为以下几类：

a. 空心线圈电流互感器，又称为 Rogowski 线圈式电流互感器。空心线圈往往由漆包线均匀绕制在环形骨架上制成，骨架采用塑料或者陶瓷等非铁磁材料，其相对磁导率与空气中的相对磁导率相同，这便是空心线圈有别于带铁芯的交流电流互感器的一个显著特征。

b. 光学电流互感器。是指依据磁旋光效应采用光角测量原理和光器件测量元件实现的电流互感器。光器件测量元件有光学玻璃、全光纤等几种。传输系统用光纤光缆，其输出电压数值大小正比于被测电流的大小。根据被测电流调制的光波物理特征、参量的变化情况，光学电流互感器可依据光波的不同调制分为光强度调制、光波波长调制、光相位调制和偏振调制等不同类型。

c. 铁芯线圈式低功率电流互感器（Low-Power Current Transformer，LPCT）。它是由传统电磁式电流互感器发展而来的。其按照高阻抗电阻设计，在非常高的一次电流下，饱和特性得到改善，扩大了测量范围，降低了功率消耗，可以无饱和的高准确度测量高达短路电流的过电流、全偏移短路电流，测量与保护可共用一个铁芯线圈式低功率电流互感器，其输出为电压信号。

2）按用途分类。按国家标准 GB/T 20840.8—2007《互感器　第 8 部分：电子式电流互感器》规定，电子式电流互感器可分为以下两类：

a. 测量用电子式电流互感器。它是传输信息信号至指示仪器、积分仪表和类似装置的电子式电流互感器。

b. 保护用电子式电流互感器。它是传输信息信号至继电保护和控制装置的电子式电流互感器。

（2）电子式电压互感器。

1）按原理分类。IEC 和 GB/T 标准明确指出，电子式电压互感器按一次电压传感器原理可分为以下几类：

a. 光学电压互感器。由光学晶体做敏感元件，利用电光效应、逆压电效应、干涉等方式进行调制，被测电压直接加在敏感元件上，是传感型电子式电压互感器。传输系统用光纤光缆，其输出电压数值正比于被测电压。

b. 分压式电压互感器。被测电压由电容器、电阻器或阻容分压后，取分压电压，变为光信号经光纤传输至二次转换器，进行解调的被测电压，也称传统型电子式电压互感器。

电子式电压互感器按应用的电压等级分类，可分为中压（10～35kV）、高压（110kV及以上）、超高压（500kV 以上）等电子式电压互感器。

2）按用途分类。按国家标准 GB/T 20840.7—2007《互感器　第 7 部分：电子式电压互感器》规定，电子式电压互感器可分为以下几类：

a. 测量用电子式电压互感器。它是将信息信号传输到测量仪器和仪表的电子式电压互感器。

b. 保护用电子式电压互感器。它是传输信息信号至继电保护和控制装置的电子式电压互感器。

3.3.1.4　电子式互感器的构成

（1）电子式电流互感器的构成。单相电子式电流互感器构成的通用框图如图 3-5 所示。

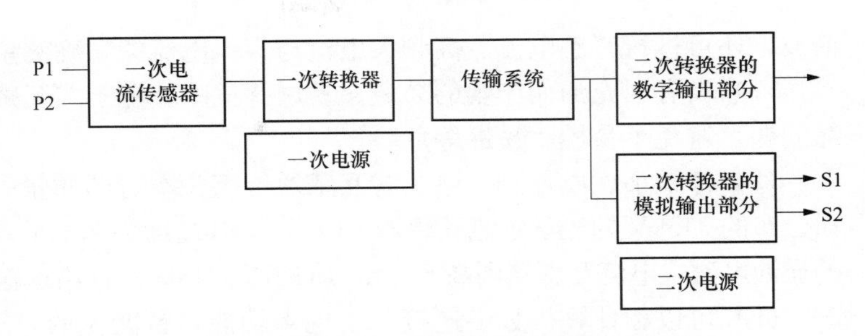

图 3-5 单相电子式电流互感器构成的通用框图

图 3-5 中各部分作用如下：一次端子 P1、P2 是被测电流通过的端子。一次电流传感器是电气、电子、光学或其他类的装置，产生与一次端子通过的电流相对应的测量信号，直接或经过一次转换器，通过传输系统传送给二次转换器。一次转换器是一种装置，其将来自一个或多个一次电流传感器信号转换成适合于传输系统的信号。传输系统是一次部件和二次部件之间传输信号的短距或长距耦合装置。一次电源指一次转换器和（或）一次电流传感器的工作辅助电源。二次转换器是一种装置，它将传输系统传来的信号测量转换为测量装置、仪表和继电保护、控制装置的输入测量量，该量与一次端子电流成正比。二次电源是二次转换器的工作辅助电源。

（2）电子式电压互感器的构成。单相电子式电压互感器通用框图如图 3-6 所示。

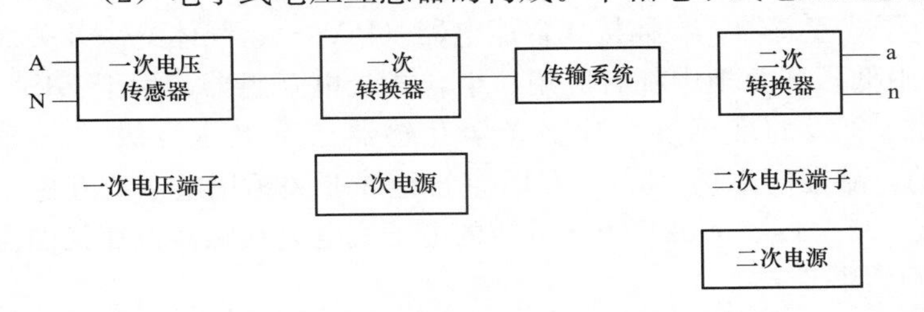

图 3-6 单相电子式电压互感器通用框图

图 3-6 中各部分作用如下：一次电压端子 A、N 指用以将一次电压施加到电子式电压互感器的接入端子。一次电压传感器是电气、电子、光学或其他类的装置，产生与一次电压端子间的电压相对应的信号，直接或经过一次转换器，通过传输系统传送给二次转换器。一次转换器是一种装置，其将来自一个或多个一次电压传感器的信号转换成适合于传输系统的信号。一次电源是一次转换器和（或）一次电压传感器的工作辅助电源。传输系统是一次部件和二次部件之间传输信号的短距或长距耦合装置。二次转换器是一种装置，其将传输系统传来的信号测量转换为测量装置、仪表和继电保护、控制装置的输入测量量，该量与一次端子间的电压成正比。二次电源是二次转换器的工作辅助电源。

3.3.1.5 电子式互感器的优点

与电磁式电流互感器相比，电子式互感器具有如下的一系列技术性能优点：

（1）绝缘性能优良，造价低。绝缘结构简单，随电压等级的升高，其造价优势更加明显。

（2）不含铁芯的电子式互感器消除了磁饱和、铁磁谐振等问题。

（3）电子式互感器的高压侧与低压侧之间只存在光联系，抗电磁干扰性能好。

（4）电子式互感器低压侧输出的弱电信号，不存在传统互感器在低压侧所产生的危险，如电磁式电流互感器在低压侧开路时所产生的高压的危险。

（5）动态范围大，测量精度高。传统电磁感应式电流互感器因存在磁饱和问题，难以实现大范围测量，同时满足高精度计量和继电保护的需要。电子式电流互感器有很宽的动态范围，额定电流可测到几百安培至几千安培，过电流范围可达几万安培。

（6）频率响应范围宽。电子式电流互感器已被证明可以很精确地测出高压电力线上的谐波，还可进行暂态电流、高频大电流与直流电流的精确测量。

(7) 没有因充油而产生的易燃、易爆等危险。电子式互感器一般不采用油绝缘解决绝缘问题，避免了易燃、易爆等危险。

(8) 体积小、质量轻。电子式互感器传感头本身的质量一般比较小。据前美国西屋公司公布的345kV的光学电流互感器（OCT），其高度为2.7m，质量为109kg。而同电压等级的充油电磁式电流互感器则高6.1m，质量达7718kg。这给运输与安装带来了很大的方便。

(9) 可以和计算机数字连接，实现多功能，智能化的要求，适应了电力系统大容量、高电压，现代电网小型化、紧凑化和计量与输配电系统数字化，微机化和自动化发展的潮流。

3.3.1.6 电子式互感器的开发及应用状况

由于电子式电流互感器具有多方面的优点，国外对于电子式互感器的研究已有30多年的历史，投入了较大的人力以及物力，不断推进电子式互感器的发展，相关行业的一些大公司已经迈向产品化、市场化的道路。

ABB公司作为国际上提供标准化光学电流和电压传感设备的领先者之一，已研制出多种无源电子式互感器及有源电子式互感器，在插接式智能电器（PASS）、气体绝缘开关（GIS）、高压直流（HVDC）及中低压开关柜中都有应用。组合式光电互感器，用于GIS中的复合式电子互感器已达到0.2级的准确度，数字光学互感器已有电压等级72～800kV、电流等级50～4000A的产品推向市场，33kV GIS空气绝缘开关柜用电子式互感器已应用于我国广州地铁二号线、三号线。500kV电压等级的电子式电流互感器也在我国的新建变电站中有了成功的实际应用。

法国AREVA（原ALSTOM）公司主要研究无源电子式互感器，包括OCT、OVT和CMO。自1996年以来，AREVA公司已有70多台电子式互感器在美国，法国、英国、加拿大，荷兰、比利时等多个国家的多个变电站运行，目前正在研究145～1100kV AIS用光电电流电压互感器和145～500kV GIS用混台式电子互感器。

日本三菱公司的伊丹工厂制造的6.6kV、600A的组合式光学零序电压、电流互感器，在中部（Chubu）电力公司的配电网中安装，经过长期户外运行试验，满足JFC 202-1885标准；日立公司研制的OCT和OVT（光学电压互感器），经过近两年的运行，满足JEC 1201要求。另外还有东芝、东电等公司都已经开发或正在开发一系列的OCT和OVT产品，并开始在现场挂网运行。

另外，加拿大NxtPhase公司，美国PhotonicPuwer Systems公司、德国的RITZ互感器公司也在电子式互感器方面进行了一系列研究；法国施耐德电气公司已有在组合电器中应用的户外MCI-145型光电式电流互感器、西门子光纤电流互感器在南方电网云广500kV直流输电工程的某变流站里已经可靠地运行了几年。德国斯尼文特公司与河南电力试验研究院，以及许继电气股份有限公司等联合研制的交流变电站用500kV组合型光电电子式互感器于2005年10月14日在我国500kV郑州小浏变电站投入运行，最高电压至1000kV、精确度由德国标准协会认证达到0.1级标准，填补了国内输变电500kV电压等级电子式互感器空白。

目前我国清华大学、华中科技大学、西安交通大学等高校以及电力科学研究院、武汉高压研究所等研究机构和上海互感器厂、沈阳变压器制造有限公司，西安高压开关厂、南瑞继保电气有限公司等单位在从事电子式互感器的研制工作，且已有多种样机研制出来，但绝大多数仅限于实验或者试运行阶段。

在无源方面，清华大学电子系早在20世纪80年代就研制出了全光纤型光纤电流互感器，通过了国家鉴定并有了户外连续运行实验；20世纪90年代又研制出测量脉冲电压的光电式电压互感器和闭环式混合型光电电流互感器；华中科技大学曾研制出110kV OVT，于1993年12月在广东省新会供电局试挂网运行，随后研制的“三相光纤电流互感器”也于1998年投入运行。西安同维公司主要研究磁光式电流互感器，已经有330kV和110kV无源式OCT先后于2002年和2005年挂网运行。

近年来，由于有源式电子互感器的技术较为成熟，国内多家研制单位已开始注重有源式电子互感器的研究，我国对于有源式电子互感器的研究已经走在无源式电子互感器的前面。清华大学电机系已有220kV混台式ECT在河南郑州索河变电站挂网运行两年多，实际运行结果达到0.5级标准，并且研制出0.2级110kV和220kV混合式电流互感器，并通过了武汉高压研究所和中国电力科学研究院的型式实验。南瑞继保电气有限公司已研制出可用于110kV及220kV GIS的有源电子式电流互感器，实验表明在－40℃～＋40℃范围内，其计量精度达到0.2级。2004年8月南自新宁公司“电子式互感器”通过了中电联的鉴定，成为我国第一家正式可以推广电子式互感器的单位。

3.3.1.7　电子式互感器的应用前景

无源式电子互感器一次侧不需供电电源，具有较大的优势，但光学装置制作工艺复杂，稳定性不易控制，而有源式电子互感器目前研究较为成熟、实际投入运行比较多，获得了大量的现场运行经验，有望首先得以推广应用。

国际电工委员会关于电子式互感器的标准已经出台，我国的电子式互感器国家标准已基本完成，近期将公布。国家电子式互感器的检测中心已经建立于武汉高压研究所，这预示着电子式互感器的产品化应用已经具备了行业规范，为其市场化提供了基础平台。

国内外的研究结构和生产厂家经过30多年的研究和探索，不少企业投资电子式互感器制造领域，在实验室和现场挂网都积累了一定的经验，推动了产品化、市场化的进程。

电网改造及数字化自动化的需求，在未来的几年内，将会在各种电压等级中大量安装和使用。由于电子式互感器的优点，电子式互感器全面代替传统的互感器是不可避免的。电子式互感器是满足电网动态可观测性、提高继电保护可靠性和数字电力系统建设的基础设备。电子式互感器以其特有的技术特点和价格优势将在未来的电力系统中发挥越来越重要的作用，它的推广和应用，将对电力系统，特别是变电站的二次设备产生极其深远的影响，加速变电站全数字化、自动化的进程。

3.3.1.8　有待研究的问题

（1）对于无源式互感器，要减小磁光材料或者晶体自身的双折射以及环境气候等的影响，必须对造成传感头误差的各种因素进行分析并研究减小其影响的办法。

（2）电子式互感器虽然具有绝缘等方面的优点，但在可靠性、稳定性及准确度等方面与传统的电磁测量方法相比还存在着一定差距，有待提高。

（3）电子式互感器在变电站属于一次设备，必须要为一、二次设备服务。但是现在国内外厂商多把目光放在了互感器本身，而很少顾及到与二次设备的兼容。如何解决电子式互感器与现有二次设备的兼容问题，是今后几年电子式互感器推广应用的重要课题之一。

3.3.2 电子式电流互感器

电子式电流互感器主要分为空芯线圈电流互感器和光学电流感器两类。

3.3.2.1 空芯线圈电流互感器

(1) 空芯线圈电流互感器工作原理。空芯线圈又称为 Rogowski 线圈（罗氏线圈），它由俄国科学家 Rogowski 于 1912 年发明，罗氏线圈依据电磁感应原理将一次导体上的大电流按比例转化为二次侧的小电流，广泛用于测量脉冲和暂态大电流。空芯线圈往往由漆包线均匀绕制在环形骨架上制成，骨架采用塑料或者陶瓷等非铁磁性材料，其相对磁导率与空气中的相对磁导率相同，这是空芯线圈有别于带铁芯的交流电流互感器的一个显著特征。

理想空芯线圈需要满足以下四条基本假设：

1）二次绕组足够多；

2）二次绕组在一定大小的圆形（或其他形状）非铁磁性材料骨架上对称均匀分布；

3）每一匝绕组的形状完全相同；

4）每一匝绕组所在的平面穿过骨架所在的圆周的中心轴。

罗氏线圈电流互感器结构如图 3-7 所示，圆柱形载流导线穿过空芯线圈的中心，两者的中心轴重合，空芯线圈上的漆包线绕组均匀分布，且每匝线圈所在的平面穿过线圈的中心轴，根据安培环路定律、电磁感应原理，依据被测量电流的变化量感应出相应信号来反应测量电流 i 值，理论证明，测量线圈所交链磁链与 i 之间存在着线性的关系。当测量线圈绕制极为均匀，且每个线匝所包含的面积极为细小时，感应磁通为

$$\Phi = \oint B \mathrm{d}s$$

N 匝线圈产生的磁链为

$$\Phi = N\varphi = N\oint B \mathrm{d}s$$

安培环路定律：恒定电流的磁场中，磁感应强度 B 沿一闭合路径 L 的线积分等于路径 L 包围的电流强度的代数和的 μ_0 倍（μ_0 为真空磁导率），如图 3-8 所示。

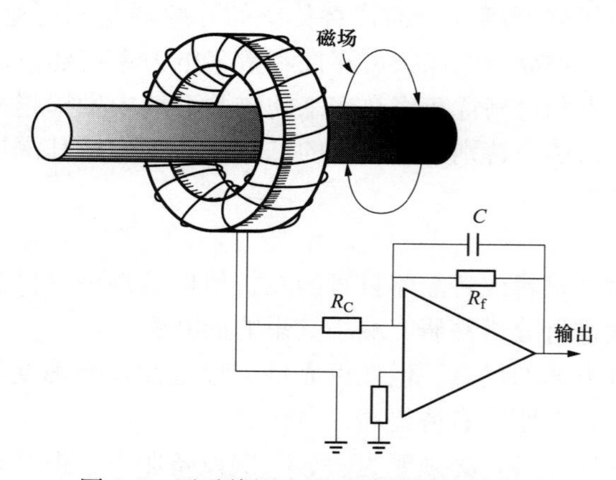

图 3-7 罗氏线圈电流互感器结构示意图

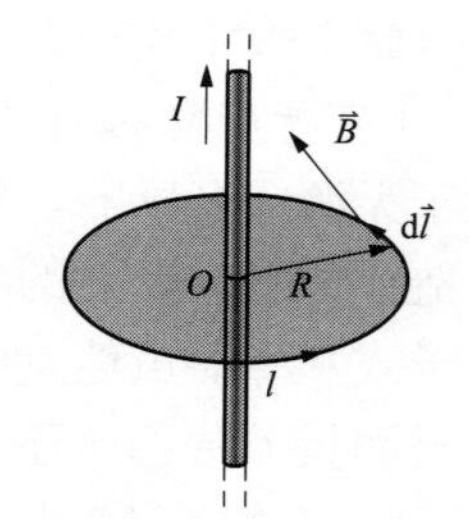

图 3-8 安培环路定律示意图

表达式为

$$\oint B \times d_1 = \mu_0 \sum_{L内} I$$

$$B = \frac{\mu_0 I}{2\pi R}$$

如果采用矩形截面环形骨架如图 3-9 所示，则矩形截面磁通

$$\varphi = \oint B \mathrm{d}s = \oint \frac{\mu_0 I}{2\pi r} \mathrm{d}s = \int_{r_1}^{r_2} \frac{\mu_0 I}{2\pi r} h \, \mathrm{d}r = \frac{\mu_0 I h}{2\pi} l_n \frac{r_2}{r_1}$$

N 匝线圈的磁链

$$\Phi = N\varphi = \frac{\mu_0 N I h}{2\pi} \ln \frac{r_2}{r_1}$$

又根据法拉第电磁感应定律，当一次导体通交变电流 $i(t)$ 时，线圈的磁链将发生变化，将会产生感应电动势。罗氏线圈结构如图 3-10 所示，中心导体通过电流 $i(t)$ 为

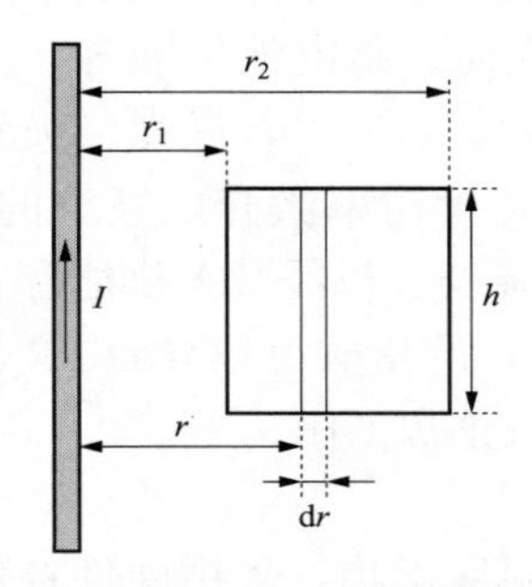

图 3-9　矩形截面骨架及导线相对位置示意图

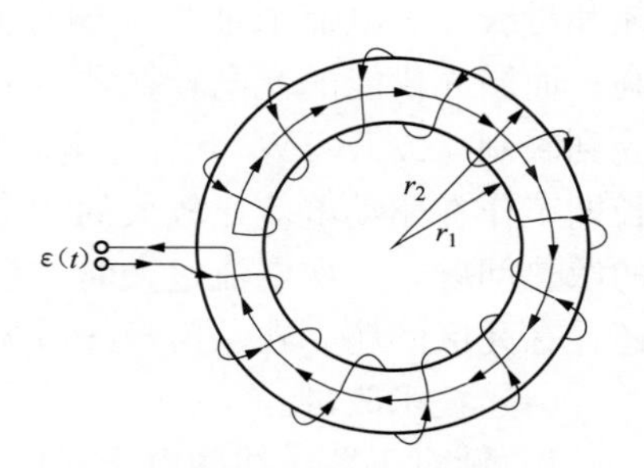

图 3-10　罗氏线圈结构图

$$i(\mathrm{t}) = I_0 \sin(\omega t + \theta)$$

则产生的感应电动势为

$$\varepsilon(t) = -\frac{\mathrm{d}\Phi}{\mathrm{d}t} = -\frac{\mu_0 N h}{2\pi} \ln \frac{r_2}{r_1} \frac{\mathrm{d}i}{\mathrm{d}t} = -\frac{\mu_0 N h}{2\pi} \ln \frac{r_2}{r_1} \omega I_0 \cos(\omega t + \theta)$$

式中：N、h、r_2、r_1 分别为线圈截面积、线圈高度、线圈骨架外径、项圈骨架内径。

则罗氏线圈的互感为

$$M = \frac{\mu_0 N h}{2\pi} \ln \frac{r_2}{r_1}$$

（2）空芯线圈电流互感器的优点。由于罗氏线圈在其结构和测量原理等方面的特点，与带铁芯的传统互感器相比，罗氏线圈互感器具有以下几方面的优点：

1）动态测量范围宽及测量精度高。由于不用铁芯，无磁饱和现象，能够测量大范围的电流，可以从几安培到几千安培，过电流范围可达几万安培，测量精度能够达 0.2S 级，满足新一代智能站对电子互感器的要求。

2）同时具有测量和继电保护功能。由于无铁芯结构，消除了磁饱和、高次谐振等现象，一只罗氏线圈能够同时满足测量和继电保护的需求，运行稳定性好，保证了系统运行的可靠性。

3）技术成熟。罗氏线圈技术已经发展了 100 多年，技术成熟可靠，性能稳定，制作成本相对其他原理互感器较低，实用化相对容易。

4）相应频带宽。可以设计到0～1MHz，特殊的可以设计到2000MHz通带。

5）易于以数字量输出。能够实现电力计量和保护的数字化、网络化和自动化。

6）安全可靠。没有由于重油而产生的易燃、易爆等危险，符合环保要求，而且体积小、质量轻、生产成本低、绝缘可靠。

（3）空芯线圈电流互感器的缺点。

1）易受环境影响。电子式电流互感器的Rogowski线圈受温度的影响，使Rogowski线圈尺寸发生变化，导致线圈互感发生改变，从而产生测量误差。

2）易受外磁、电场影响。外部的磁场、电场会对有源电子式互感器传感头的线圈产生电磁干扰，引起测量误差。

3）易受振动影响。由于Rogowski线圈的输出受其与一次导体相对位置的影响，当一次侧通过大电流时因传感头振动而对Rogowski线圈的输出造成影响。

4）供能电源可靠性较差。罗氏线圈电子式电流互感器比较常用的供能方式除激光供能和母线TA电流取能外，还有其他的方式如超声波供能、蓄电池供能等，实用性都不高；而激光供能的光电转换器（光电池）效率不高（30%～40%），激光二极管输出功率受到限制（0.5～1W），且光电转换器件造价较昂贵，且大功率激光二极管的寿命有限，长期工作在驱动电流比较大的状态容易退化，工作寿命降低。母线TA供能存在大电流时的散热问题，一次电流过大时，容易引起二次导线发热，严重时可以导致二次导线烧毁，还存在死区问题，在一次导线电流较小时，TA供电无法正常工作。

（4）技术改进。

1）针对于罗氏线圈电子式电流互感器精度易受到温度影响，采用硬件补偿办法，实现精度随温度变化的自适应能力，保证全范围－40～＋70℃电流互感器满足0.2S级。

2）针对于罗氏线圈电子式电流互感器易受到外界电磁场的影响，研制小信号屏蔽电缆技术、电磁屏蔽技术和电磁抗干扰技术，基本做到罗氏线圈电子式电流互感器工作时，从一次传感部件到二次传输部分均能保障不受外界电、磁场的影响。

小信号屏蔽技术采用专利技术的屏蔽技术，涉及一种新型屏蔽电缆，包括外层包带、外层包带外的外屏蔽结构及外屏蔽结构外面的外层护套，外层包带内捆扎有多组多芯线束，多芯线束由内至外依次由绝缘线芯组、内屏蔽结构构成，每个多芯线束的内屏蔽结构外均设有内层绝缘护套。电缆各屏蔽层可以依据需求分别接地，更加增强了屏蔽电缆的屏蔽性能。

3）针对于罗氏线圈电子式电流互感器易受振动影响。通过大量的研究分析发现，在罗氏线圈匝数密度、线圈骨架截面积均匀的条件下，有振动引起的一次导体偏心对罗氏线圈精度不产生影响。罗氏线圈匝数密度、线圈骨架截面积均匀是理想状态，一般现象由振动引起的误差主要来源于外磁场干扰导致，所以采用相应的屏蔽结构也能克服振动对电流互感器的影响。

4）由于罗氏线圈供能方式主要为激光供能和母线TA电流取能等有源方式，存在着可靠性差的问题。通过大量方案对比分析，提出一种全新的低压侧供电方式，结合电磁屏蔽技术，在互感器低压侧配置供电模块，实现对互感器的供能，不易受到外界干扰，可靠性极高，大大降低了罗氏线圈电子式电流互感器的故障率。

（5）典型结构。罗氏线圈电子式电流互感器典型结构如图3-11所示，该结构的互感器具有如下特点：

1）高压端罗氏线圈传感，技术成熟；

2）高压端无电子回路，高压部件寿命长；

3）采用 SF_6 绝缘技术，制造工艺成熟；

4）质量轻，只有传统同电压等级互感器的 1/3；

5）传感器和下引线隐藏于全屏蔽金属腔体内，防止外电场干扰；

6）可实现 SF_6 主绝缘介质的在线监测；

7）电子回路处于低压地电位，站用电源供电简单可靠；

8）电子回路环境优于顶部，运维方便，寿命延长；

9）电子单元能够实现精度无损互换；

10）易于实现接地设计，抗干扰能力强。

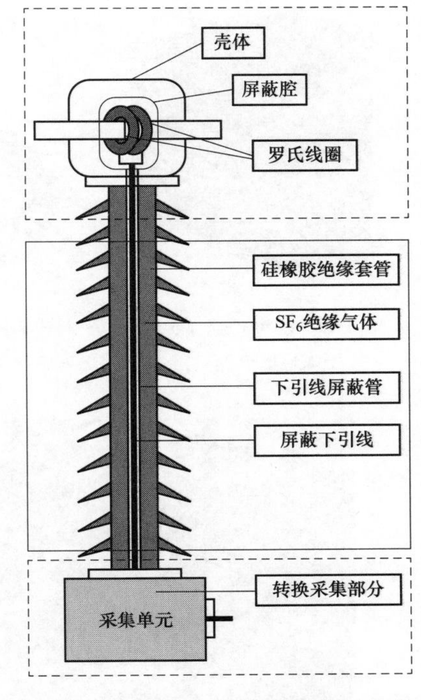

图 3-11　罗氏线圈互感器的典型结构

电磁屏蔽技术主要是磁屏蔽和电场屏蔽技术。磁屏蔽结构，是采用导磁材料，例如硅钢制成屏蔽结构，安装在罗氏线圈外，屏蔽外界磁场带来的干扰，确保互感器的精度。电磁屏蔽结构如图 3-12 所示，经分析得出，当匝数均匀时，外界磁场对罗氏线圈传变大电流是没有影响的，但是在匝数密度不均匀的情况下，可以通过增加电磁屏蔽的措施来减小一次导体偏心对线圈输出精度造成的不利影响。虽然这种电磁屏蔽措施不能完全消除偏心的不利影响，但在相当的偏心距离内，还是可以保证线圈满足工程使用的精度要求。

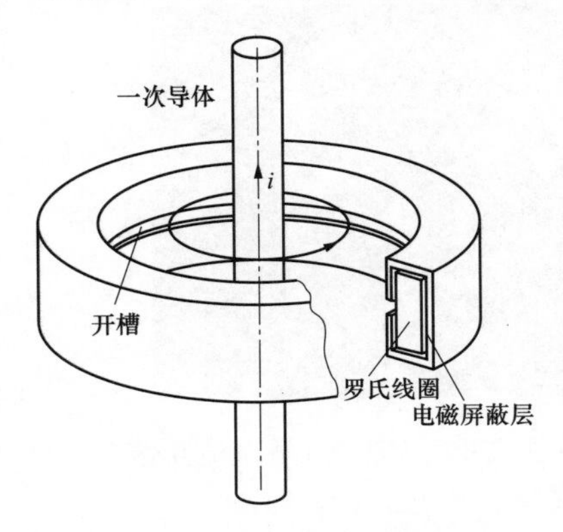

图 3-12　电磁屏蔽结构图

精度无损互换技术。由于生产工艺的局限性，互感器传感头结构参数无法达到完全一致，一次传感部件存在±1%的差异，为了保障整只互感器的精度，要求每只传感头有唯一的电子回路与之相匹配，电子回路参数也将存在差异。当电子回路故障时，维修更换需要现场调试配置参数，断电操作时间长，增加维护费用。

电子式互感器电子回路现场互换精度无损技术基于现有电子回路结构，调整电子回路程序配置，增加两级修正系数，出厂前完成调试并保存相应参数。当需要更换时，只需调出参数，写入新的电子回路，即可实现现场直接更换，操作简单，更换周期短，大大缩短停电时间，节省维护资金。

（6）应用运行实例。下列图片为罗氏线圈电子式电流互感器的产品实例，及其在新一代智能变电站中的应用图片。图 3-13 所示为环氧浇注的电子式电流互感器，应用于 10kV 开关柜中。图 3-14～图 3-19 是几种典型应用的罗氏线圈电子式电流互感器产品图片、挂网运行图片。

图 3-13　10kV 电子式电流互感器

图 3-14　35～500kV HGIS 用电子式电流互感器

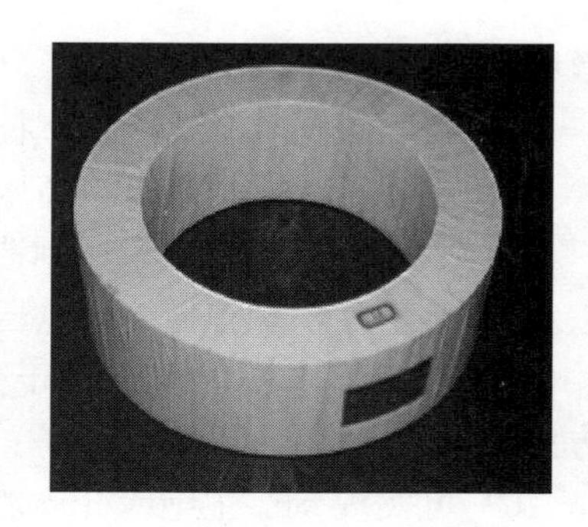

图 3-15　基于 GIS 的罗氏线圈电子式电流互感器

图 3-16　中性点零序电子式电流互感器在现场运行照片

图 3-17　GIS 用三相共箱电子式互感器

图 3-18　支柱式罗氏无源电子式电流互感器在灞陵变电站运行照片

图 3-19　支柱式罗氏无源电子式电流互感器在焦南变电站运行照片

除了罗氏线圈外，对于电子式电流互感器还有平板型空芯线圈、组合型空芯线圈、窄带型空芯线圈、螺旋线型空芯线圈。

平板型空芯线圈由一对或者多对印刷电路板制成的线圈串行连接而成。成镜像的印刷电路板成对出现，其作用是实现传统空芯线圈的功能，成对成镜像的印刷电路板为一组，引出一对出线端子。平板型空芯线圈的原理与传统空芯线圈的原理完全一样，都是在骨架上均匀地绕线。所不同的是，传统空芯线圈用漆包线手工绕制，而基于印刷电路板的平板型空芯线圈借助于过孔来穿越印刷电路板的上下表面。所有的印刷电路板均为双面板，该结构用现在的印刷电路板设计制造工艺制作起来非常简单，绕线密集匀称，可严格保证单匝线圈所在的平面穿过线圈的几何中心轴。如图 3-20、图 3-21 所示为一组镜向印刷电路板。

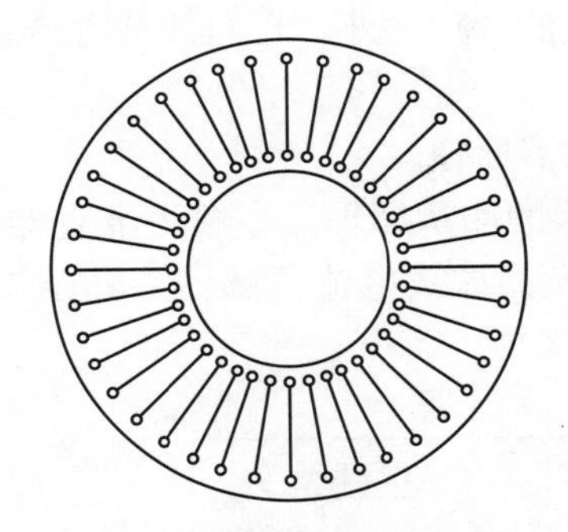

图 3-20　印刷电路板 1 的上表面

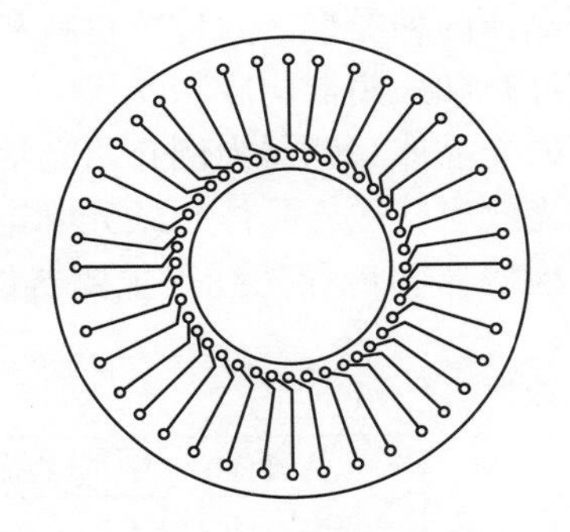

图 3-21　印刷电路板 2 的下表面

组合型空芯线圈由若干小贴片和一块住印刷电路板组合而成。小贴片的作用是获得被测电流磁场变化所产生的感应电动势，主印刷电路板的作用是给小贴片提供回路将它们串联起来。

组合型空芯线圈的绕线形状多变，不再像平板型空芯线圈一样仅限于矩形。组合型空芯线圈的绕线形状多变，不再像平板型空芯线圈一样仅限于矩形。组合型空芯线圈的绕线形状主要有矩形和圆形两种，理论上，三角形或者其他任意的规则或者不规则形状均可以实现，但是，构成一个组合型空芯线圈的所有小贴片都必须拥有相同的形状和尺寸。如图 3-22 所示，正面板布线为实线，虚线为反面板上布线，小贴片层与层之间的绕线通过过孔来连接，最终的输出端子为焊盘。

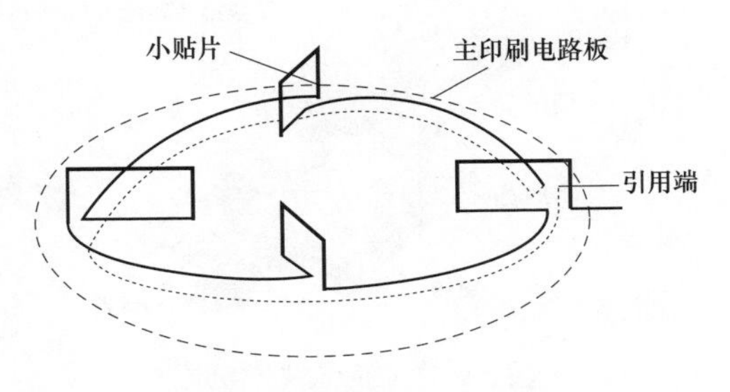

图 3-22　组合型空芯线圈

窄带型空芯线圈，是专门针对载流导线截面较大的应用领域。窄带，指的是构成该种空芯线圈的多块印刷电路板均为长方形，看起来就像一条条长长的“带子”，每条“带子”的正、反面上均匀密布的绕线通过过孔来实现连接。如图 3-23 所示为长条印刷电路板的示意图，每条印刷电路板上包含上、下两个绕组，它们的分布间隔、绕线长度均完全一致，但是两绕组的绕行方向相反。在机械固定上，将多条带状印刷电路板首尾相连并采用连接件固定即可；在电气的连接上，分别将多条带状印刷电路板上、下绕组首尾相连，形成总体的上绕组和总体的下绕组，然后将两个总体的绕组反向串联即形成窄带型空芯线圈。

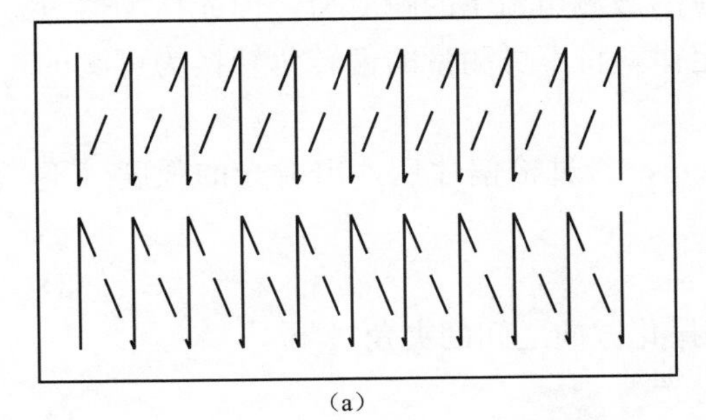

图 3-23　窄带印刷电路板示意图

(a) 正视图；(b) 侧视图

3.3.2.2　光学电流互感器

光学电流互感器都是基于法拉第磁旋光效应原理的传感器，按传感器材料形式可分为光纤和磁光晶体两种类型。除传感材料和测量方式的区别之外，它们都是由传感头部、绝缘传导（光纤）和采集器构成。

下文以磁光晶体互感器为例介绍光学电流互感器原理。

（1）磁光效应（磁光晶体）式光学电流互感器的测量原理。一般由准直器、起偏器、磁光晶体、检偏器和传导光纤等主要器件组成磁光晶体式电流传感器，其结构示意图如图 3-24 所示。

图 3-24　磁光晶体式电流传感器结构示意图

由磁光晶体组成的磁光效应式电流传感器，其测量原理如图 3-25 所示。

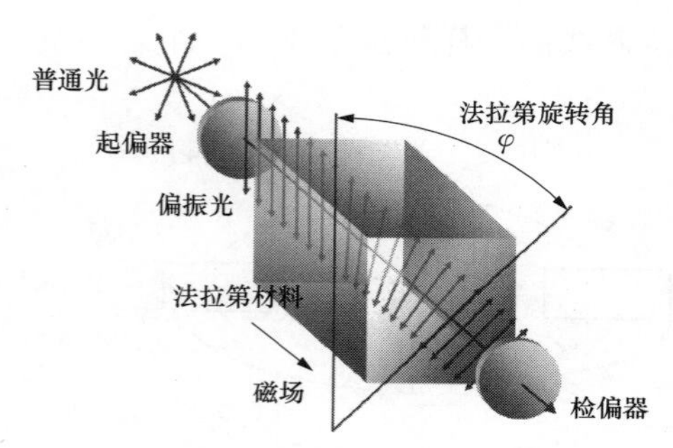

图 3-25　磁光效应式光学电流传感器的测量原理

通过对被测电流 i 周围磁场强度的线积分，即线偏振光在磁场 H 的作用下通过磁光材料时，其偏振面旋转了 φ 角度，可以用下式描述

$$\varphi = V\int_l \vec{H}\cdot \mathrm{d}\vec{l} = VKi \tag{3-1}$$

式中　V——磁光材料的菲尔德常数；

l——通光路径长度；

K——磁场积分与被测电流的倍数关系。

因此，当确定光路长度、磁光材料以及光路与电流所产生的磁场的相对位置时，则被测电流为

$$i = \varphi/(VK) \tag{3-2}$$

如果能精确地测量出 φ 数值，就可以得到对应的被测电流 i 的瞬时值。但光探测器对这个偏转角 φ 并不响应，因此，必须借助马吕斯定律，将不可测量的偏转角转换为可测的偏振光的光强信号。

根据马吕斯定律，入射光强度为 J_0 的线偏振光，透过检偏片后，出射光的强度（不考虑吸收）为

$$J = J_0\cos^2\alpha \tag{3-3}$$

式中：α 为入射线偏振光的光振动方向与偏振片偏振化方向之间的夹角。

若取 $\alpha=\pi/4$，电流引起的旋光角为 φ，则出射光为

$$\begin{aligned} J_2 &= J_0\cos^2(\alpha+\varphi) = J_0\cos^2(\pi/4+\varphi) \\ &= J_0\left\{1+\cos\left[2\left(\frac{\pi}{4}+\varphi\right)\right]\right\}\div 2 \end{aligned}$$

$$
\begin{aligned}
&= J_0 \frac{1+\cos(\pi/2+2\varphi)}{2} \\
&= J_0 \frac{1-\sin(2\varphi)}{2}
\end{aligned}
\tag{3-4}
$$

因偏转角 φ 很小（$\varphi \approx 0$），故利用单一光路可以得到

$$
2\varphi \approx \sin(2\varphi) = -\frac{-J_0\sin(2\varphi)}{2}\bigg/\left(\frac{J_0}{2}\right) \tag{3-5}
$$

$$
\varphi \approx \sin(2\varphi)/2 = \frac{\sin(2\varphi)}{2} \tag{3-6}
$$

但是这种方法不能测量直流电流，因此在光学电流互感器的结构中，一般采用偏振分束器作为检偏器，既能检偏又能将偏振光分成两束，这两束偏振光相互正交，可以得到另一束出射光为

$$
\begin{aligned}
J_2 &= J_0 \cos^2(\alpha+\varphi) = J_0 \cos^2[(3\pi)/4+\varphi] \\
&= J_0 \frac{1+\sin(2\varphi)}{2}
\end{aligned}
\tag{3-7}
$$

由式（3-4）和式（3-7）可得联立方程

$$
\begin{cases}
J_2 = J_0 \dfrac{1-\sin(2\varphi)}{2} \\
J_2 = J_0 \dfrac{1+\sin(2\varphi)}{2}
\end{cases}
\tag{3-8}
$$

求解式（3-8）得到

$$
\varphi \approx \sin(2\varphi)/2 = \frac{J_1-J_2}{2(J_1+J_2)} \tag{3-9}
$$

（2）磁光效应电子式电流互感器是直接测量电流的瞬时值，与电流是否变化无关，原理上能够测量包括直流量到很高频率（电子线路限制）的交流，无惯性环节，响应速度快。磁光效应电子式电流互感器具有以下优点：

1）测量线性度理想，没有饱和现象；

2）绝缘性好，光链路具有良好的绝缘性；

3）电压等级越高，性价比越大；

4）传感头采用非金属材料制造，体积小、质量轻；

5）运输与安装方便。

（3）在工程使用中，必须解决光学磁光晶体存在测量精度的温度漂移和长期运行的可靠性两个世界难题。磁光效应电子式电流互感器具有以下缺点：

首先是测量精度问题，包括：

1）测量精度的温度漂移问题。测量精度随环境温度的变化而变化，这种变化不仅与温度有关，而且与温度的变化率有关。

2）外磁场干扰问题。外磁场指非测量相电流产生的磁场。光学电流互感器必须具有抵御外磁场干扰的能力。

3）振动干扰问题。光学互感器必须具有消除机械振动影响的能力。

其次是运行可靠性问题，包括：

1）光链路静态工作光强的衰竭问题。运行过程中静态工作光强会逐渐减弱，直到光

学互感器完全丧失工作能力。

2）电子部件的可靠性问题。与所有电子式互感器一样，光学电流互感器包含电子部件。电子部件必须具有不间断地连续工作的能力。

3）绝缘安全问题。光学电流互感器具有良好的天然绝缘安全性，但在利用光学电流互感器的原理优势时，仍应在确保绝缘安全的前提下，合理地简化绝缘结构、降低绝缘成本。

上述6个问题可以归结为测量精度和运行可靠性两大类问题，见表3-1。

表3-1 光学电流互感器实用化需要解决的关键问题

问题类别	序　号	关键问题
测量精度	1	测量精度的温度漂移
	2	外磁场干扰
	3	机械振动干扰
运行可靠性	4	静态工作光强的衰竭
	5	电子部件的可靠性
	6	高压绝缘

（4）技术改进。为了解决上述问题，出现了多种光路结构，如单光路分立块状型闭环式、可调的多光路块状分立型闭环式、单环光路整块型闭环式、多环光路整块型闭环式、双层闭合光路结构和直通光路组合结构，但无论采取何种光路结构都是为了解决两个问题：

1）提高光路的可靠性；

2）提高测量磁偏转角的精确度。

理论研究和实用化经验表明：为了确保光学电流互感器在－40～＋70℃的宽温度范围内的测量精度满足0.2S级要求，都必须进行温度补偿或参数修正。而自愈光学电流传感技术（已申请发明专利），在应用中效果显著。

为了提高磁光晶体型光学电流互感器的运行稳定性，需要简化光路结构，以便提高稳定性。直通光路是最简单的光路结构，是最有实用化应用前景的。

为了确保传感精度，需要在抵御外磁场干扰方面和减弱机械振动对光学传感单元磁场传感的影响方面，采取必要措施。采用零和御磁技术和定固封装技术（已申请发明专利经过试验测试，可靠性可达25年），已经取得实用化成果。

光学电流互感器具有测量准确化、绝缘安全化和输出数字化的优点，是综合品质最好的电子式电流互感器。

（5）应用运行实例。许继采用自我知识产权的自愈电流传感技术等多项专利的光学电流互感器，已经投入运行。在这些投运的磁光效应式光学电流互感器中，主要有三种结构：①支柱式：独立使用的场合；②外卡式：用于GIS和罐式断路器等封闭电器；③悬挂式：在管型母线上独立使用。

1）支柱式光学电流互感器。支柱式光学电流互感器（如图3-26、图3-27所示）于

图3-26　辽宁大石桥变电站66kV支柱式光学电流互感器

图3-27　辽宁大石桥变电站220kV支柱式光学电流互感器

2010年10月在辽宁大石桥变电站正式运行，投运数量为99台，运行稳定，效果良好。

2）外卡式光学电流互感器。外卡式光学电流互感器（如图3-28所示）于2012年11月在辽宁何家变电站投入运行，投运数量42台，运行稳定，效果良好。

图3-28　何家变电站主变压器运行的双重化配置外卡式光学电流互感器

3）悬挂式光学电流互感器。图3-29是检测试验室中的许继生产的用于管型母线上的悬挂式光学电流互感器。

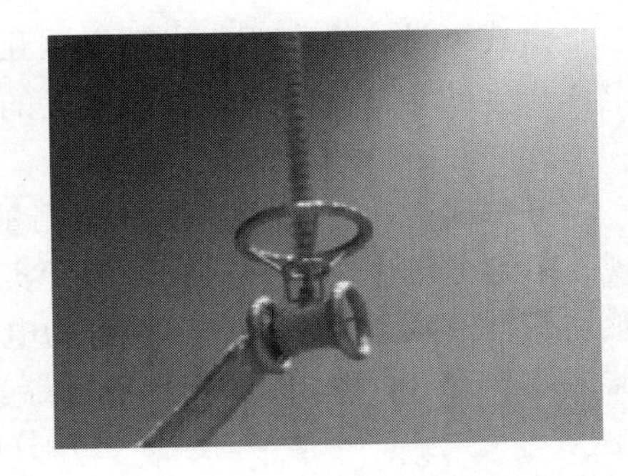

图3-29　1100kV高压试验中的悬挂式光学电流互感器

3.3.3　电子式电压互感器

3.3.3.1　光学电压互感器

光学电压互感器有基于电光Pockels效应、基于电光Kerr效应和基于逆压电效应三种不同原理的互感器。目前，电子式电压互感器大多是基于电光Pockels效应构成的，本书只介绍此类电压互感器，有关其他类型互感器的学习，读者可以参阅相关资料，在此不再赘述。

Pockels效应，在外加电场作用下，晶体的光学性质会变化，根据固体量子学理论，外加电场将导致晶体中束缚电荷的重新分布，还可引起晶格的微小改变，使晶体的介电特性变化。晶体介电张量的变化直接导致其折射率分布发生变化，从而使晶体的光学性质发生变化，这种晶体在外电场作用下其光学性质改变的现象就是电光效应。Pockels于1893年发现，晶体折射率外电场呈线性变化，是线性电光效应，称Pockels效应。外加电场可以是直流场或交变场；对交变场，其频率可高达超高频或微波范围。

根据Pockels效应，某些晶体在外电场作用下将导致其入射光折射率改变，这种折射率的改变将使沿某一方向入射晶体偏振光产生电光相位延迟，且延迟量与外加电场成正比，具有这种效应的晶体称Pockels晶体或线性电光晶体。

晶体在各个方向上的折射率可以用光率体（折射率椭球）来描述，外加电场引起晶体折射率的变化表现为光率体的变化，因此，分析外加电场对晶体光率体的影响即可得知Pockels效应对晶体光学性质的影响。

设未加外电场以前选取的坐标系为光率体的主轴坐标系，光率体方程为

$$\beta_1^0 X_1^2 + \beta_2^0 X_2^2 + \beta_3^0 X_3^2 = 1$$

有外电场E的作用时，光率体将变为

$$\beta_1^0 X_1^2 + \beta_2^0 X_2^2 + \beta_3^0 X_3^2 + 2\beta_4 X_2 X_3 + 2\beta_5 X_3 X_1 + 2\beta_6 X_1 X_2 = 1$$

式中，系数 $\beta_m = \beta_m^0 + \gamma_{mk} E_k$，$\gamma_{mk}$ 是描述晶体电光性质的物理量。不同的晶体，其电光系数张量［γ_{mk}］矩阵不同。下面给出基于 Pockels 效应光学传感器测量原理公式。

（1）外加电场方向与通光方向垂直（横向电光调制）

$$\Delta\varphi = \frac{2\pi}{\lambda} n_0^3 \gamma_{41} \frac{l}{d} U = \frac{\pi U}{U_\pi}, U_\pi = \frac{\lambda}{2n_0^3 \gamma_{41}} \left(\frac{d}{l}\right)$$

式中：V_π 为使两束光产生 π 相位差所需的外加电压，称为半波电压；U 为外加电压；d 为施加电压方向上晶体的厚度。

由式可见，横向调制光学电压互感器中，晶体的半波电压与晶体的尺寸有关，提高晶体 l/d 的值可使互感器的灵敏度得以提高。

（2）外加电场方向与通光方向平行（纵向电光调制）

$$\Delta\varphi = \frac{2\pi}{\lambda} n_0^3 \gamma_{41} El = \frac{2\pi}{\lambda} n_0^3 \gamma_{41} U = \frac{\pi U}{U_\pi}, U_\pi = \frac{\lambda}{2n_0^3 \gamma_{41}}$$

由式可见，纵向调制光学电压互感器中，晶体的半波电压与晶体的尺寸无关，即外加电压产生的相位差只与加在晶体上的电压有关，与晶体的尺寸无关。

3.3.3.2　分压式电压互感器

分压式电压互感器是最早的测量高压方式，由于电子技术的进步和光供电技术的出现，阻容分压成为一种成熟和易于实现的电子式电压互感器技术。采用分压原理的电压互感器根据分压元件不同，主要分为电阻分压、电容分压、阻容分压。电阻分压型电压互感器多用于 10kV 和 35kV 电压互感器。电容分压多用于中、高压电压互感器。

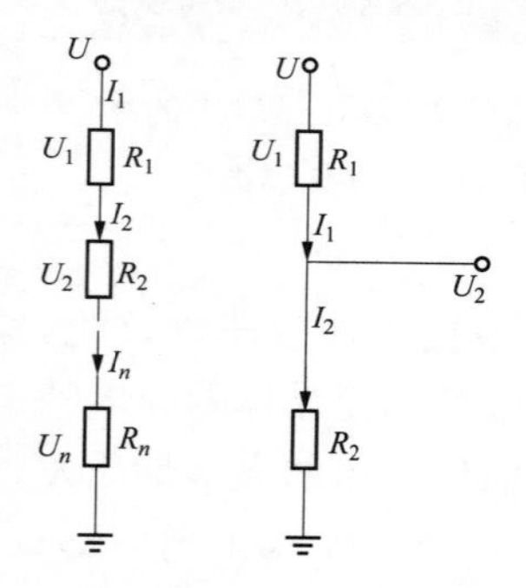

图 3-30　电阻分压原理图

（1）分压式电压互感器原理。

1）电阻分压原理。电阻分压原理如图 3-30 所示。

对于串联电阻，通过电阻电流相等

$$I = I_1 = I_2 = \cdots = I_n$$

总电压等于各电阻电压之合

$$U = U_1 + U_2 + \cdots + U_n$$

总电阻等于各电阻之和

$$R = R_1 + R_2 + \cdots + R_n$$

串联电阻的分压公式

$$U_2 = \frac{R_2}{R_1 + R_2} U_1$$

电阻分压器的分压比

$$K = 1 + \frac{R_1}{R_2}$$

2）电容分压原理。电容分压型电子式电压互感器采用电容分压器结构，在被测装置的相和地之间接有电容 C_1 和 C_2 电容，按反比分压，分压原理如图 3-31 所示。

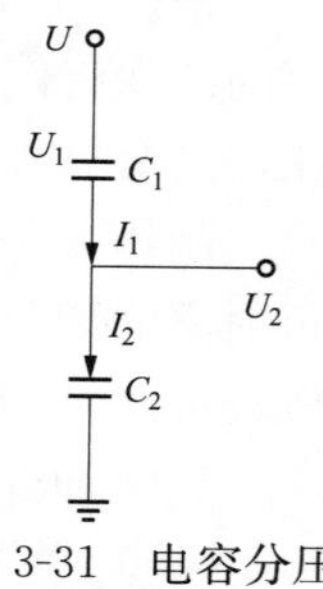

图 3-31　电容分压原理图

串联电容的分压公式

$$U_{C2} = \frac{C_2}{C_1 + C_2} U_1$$

电阻分压器的分压比

$$K = 1 + \frac{R_1}{R_2}$$

3）阻容分压原理。阻容分压型电子式电压互感器采用阻容分压器结构，在被测装置的相和地之间接有串联的电阻和电容，分压原理如图 3-32 所示。

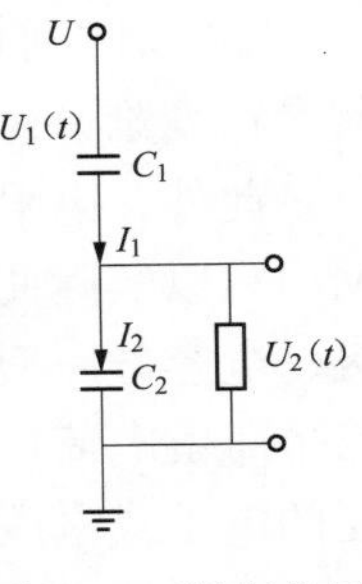

图 3-32　阻容分压原理图

根据电路原理可知

$$\frac{u_2(t)}{R} + C_2\frac{\mathrm{d}u_2(t)}{\mathrm{d}t} = C_1\frac{\mathrm{d}[u_1(t) - u_2(t)]}{\mathrm{d}t}$$

阻容电路的分压公式

$$u_2(t) = \frac{\mathrm{j}\omega C_1 R}{\mathrm{j}\omega C_1 R + \mathrm{j}\omega C_2 R + 1}u_1(t)$$

式中：$u_1(t)$ 为高压侧电压信号；$u_2(t)$ 为传变后低电压信号；ω 为角频率，分析时主要考虑电子式互感器工作在工频下，$\omega = 2\pi f = 100\pi$。

由分压公式可以得出阻容分压器的计算电压变比 K 及角差 θ。

阻容分压器的变比 K、角差 θ 分别为

$$K = \left|\frac{u_1}{u_2}\right| = \left|\frac{C_1 + C_2}{C_1} + \frac{-\mathrm{j}}{\omega C_1 R}\right|$$

$$\theta = \arctan\left[\frac{-1}{\omega(C_1 + C_2)R}\right]$$

变比的幅值为

$$K = \frac{u_1}{u_2} = \frac{|\mathrm{j}\omega(C_1 + C_2)R + 1|}{|\mathrm{j}\omega C_1 R|}$$

$$= \frac{\sqrt{\omega^2\ (C_1 + C_2)^2 R^2 + 1}}{\omega C_1 R}$$

（2）分压式电压互感器的优点。

1）技术成熟。阻容分压是最早的电压信号采集方法，技术成熟可靠，性能稳定，制作成本相对其他原理互感器较低，实用化相对容易。

2）动态测量范围宽及测量精度高。传感器无铁磁材料，不存在磁滞、剩磁和磁饱和现象，测量精度能够达 0.2 级，满足新一代智能变电站对电子互感器的要求。

3）一次、二次间传感信号由光缆连接，绝缘性能优异，且具有较强的抗电磁干扰能力。

4）安全可靠。没有由于重油而产生的易燃、易爆等危险，符合环保要求，而且体积小、质量轻、生产成本低、绝缘可靠，安装使用简便。低压侧无开路而引入高压的危险。

5）具有光、电数字接口功能，便于二次部分的升级换代和数字化变电站的建设。

（3）分压式电压互感器的缺点。

1）供能电源可靠性差。同罗氏线圈电子式电流互感器一样，分压式电压互感器高压传感头必然是有源方式。

2）易受环境影响。分压式电子式电压互感器在环境温度变化时分压电阻、电容值会发生变化，影响电压互感器精度。

3）易收到外界电、磁场影响。外电磁场环境中，由于杂散电容和耦合电容的产生，测量精度难以保证。

此外，电阻分压型电子式电压互感器因受电阻功率和准确度的限制而在超高压交流电网中难以实际使用，电阻分压原理的电压互感器主要应用在 10、35kV 及以下的电压等级；电容分压型电子式电压互感器在一次传感结构和电磁屏蔽方面需要完善，并且存在线路带滞留电荷重合闸引起的暂态问题，故其应用尚需要积累工程经验；采用串联感应分压器的电子式电压互感器，其仍然使用了铁芯构成感性器件，存在铁磁谐振的潜在威胁。

（4）技术改进。

1）针对于分压式电压互感器功能电源可靠性差问题，采用稳定可靠的低压供电模式。同罗氏线圈电子式电流互感器一样，结合电磁屏蔽技术，在互感器低压侧配置供电模块，实现对互感器的供能，不易受到外界干扰，可靠性极高，大大降低了分压式电压互感器的故障率。

2）针对于分压式电压互感器易受到外界环境的影响，采用硬件补偿办法，实现精度随温度变化的自适应能力，保证全范围－40～＋70℃电流互感器满足 0.2 级高精度要求。

3）针对于分压式电压互感器易受到外界电、磁场影响，研究电磁屏蔽技术和电磁抗干扰技术，研制电磁屏蔽结构，保障在复杂的高压环境内，分压式电压互感器精度满足 0.2 级别的要求。进一步研究电容分压电压互感器在一次传感结构和电磁屏蔽方面的完善方法，研制同轴电容结构阻容分压原理电子式电压互感器，取消了串联感应分压器，增加了过电压抑制器环节，减少断路器等一次设备闭合断开产生的过电压对互感器的影响。

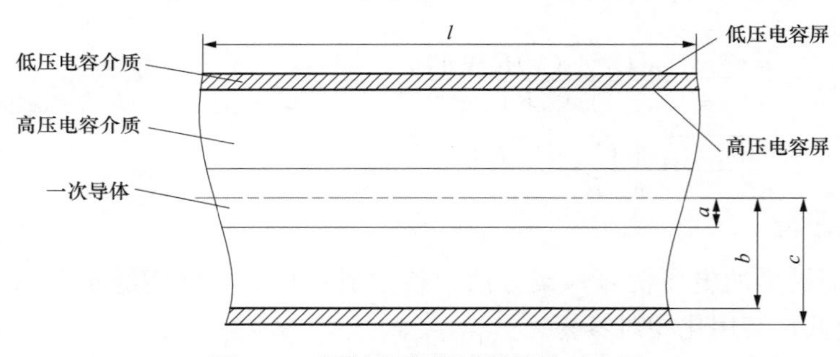

图 3-33　同轴电容分压器结构示意图

（5）典型结构。同轴电容分压器结构示意图，如图 3-33 所示。

同轴电容的容量计算公式

$$C_1 = \frac{2\pi\varepsilon_r\varepsilon_0 l}{\ln\dfrac{b}{a}} \quad C_2 = \frac{2\pi\varepsilon_r\varepsilon_0 l}{\ln\dfrac{c}{b}}$$

式中：C_1 为高压电容；C_2 为低压电容；l 为同轴电容长度；ε_r 为相对介电常数；ε_0 为介电常数。

根据前面章节中描述的阻容分压原理有

$$u_2(t) = \frac{j\omega C_1 R}{j\omega C_1 R + j\omega C_2 R + 1} u_1(t)$$

同轴电容分压式电压互感器（如图 3-34 所示）的优点有如下几点：

1）采用同轴电容分压结构，一次电容值小，减少操作过电压的危害，另外分压式电压互感器，技术成熟。

2）高压端无电子回路，高压部件寿命长，电子回路环境优于顶部，运维方便，寿命延长。

3）采用 SF_6 绝缘技术，制造工艺成熟。

4）质量轻，只有传统同电压等级互感器质量的 1/3。

5）采用屏蔽筒结构，防止杂散电容、耦合电容的产生。传感器和下引线隐藏于全屏蔽金属腔体内，防止外电场干扰。

6）可实现 SF_6 主绝缘介质的在线监测。

7）电子回路处于低压地电位，站用电源供电简单可靠。

8）可以增加过电压抑制器，更好的实现过电压情况下的保护作用。

9）易于实现接地设计，抗干扰能力强。

（6）分压式互感器实际挂网运行及测试实例。目前为止，分压式电压互感器产品是工程中实际应用最多的电子式电压互感器。图 3-35～图 3-37 分别是分压式电压互感器产品在现场实际挂网运行图片及集成测试的图片。

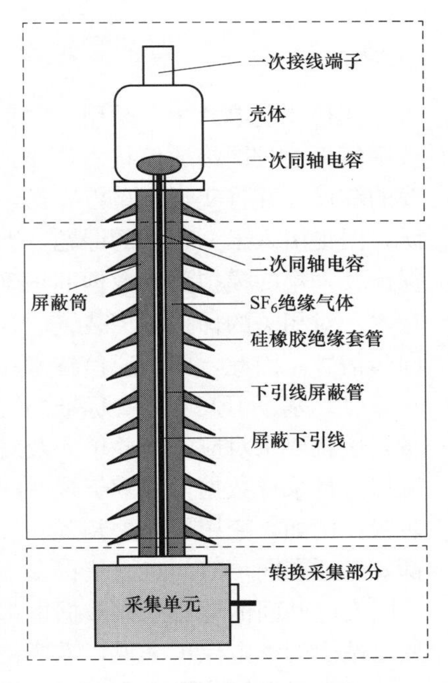

图 3-34　同轴电容分压式电压互感器的典型结构

图 3-35　35kV 电子式电压互感器在现场运行照片

图 3-36　ECVT 800-110/BG 三相共箱式电子式电流、电压互感器在西高实验室集成测试

图 3-37　EVT 800-110/SG 支柱式同轴电容分压电子式电压互感器在焦南变电站挂网运行

3.4 对时同步技术

在智能变电站中，采用了数字式电子互感器和合并单元装置，交流模拟量信号变成了数字信息通过网络通信技术传输到间隔层的保护测控装置等二次设备，大量减少了二次电缆的铺设，并且实现了单点发送，多点共享，为变电站自动化系统带来了革命性的技术飞跃，但也引入了一个新的课题，即交流模拟量信号的同步采样问题。变电站自动化系统应保证其采集的模拟测量数据的正确性和开关量变位信息时刻的准确性，需要利用对时同步技术，对相关的保护测控装置、合并单元等二次设备加入标准时钟的对时时钟信息及时钟同步信号。因此，同步通信技术在智能变电站中有着重要作用，分述如下：

（1）基于 IEC 61850 标准的智能变电站中的继电保护装置通常需要采集多个交流信号量，这就要求对应的合并单元及对应的多个电子式互感器都要保证在同一时间点上获得交流信号量采样数据，并基于统一的时序和时钟标准进行通信报文传输。对于跨间隔的保护装置，例如，变压器保护装置和母线保护装置，则更进一步要求不同间隔的多个合并单元都要保证在同一时间点上获得多个交流信号量采样数据。对于线路差动保护装置甚至要求不同变电站间的电流采样数据也都要利用时钟对时同步技术来保持同步。因此，对于智能变电站中的继电保护来说，需要精确的时钟同步，以防止误动作。

（2）时钟同步需要为电力系统中事件顺序（SOE）记录、故障录波，以及事后分析的全景数据等提供时间准确、动作时序正确的记录数据，它是电网事故的系统性分析正确的关键。这不仅在技术上能够进一步实现相量测量、故障快速定位功能，也借此能给变电站控制中心提供准确的操作判据，为电力系统安全、稳定、经济的运行提供坚实的保障。

IEC 61850 标准对变电站不同的功能数据的对时同步的时间精度要求分为了 5 级，分别用 T_1～T_5 表示。其中 T_1 要求最低为 1ms，T_5 要求最高为 1μs。

3.4.1 变电站对时同步技术的类型

目前，变电站内的时钟对时同步技术主要有三种：B 码同步脉冲方式、简单网络时钟协议（SNTP）方式和 IEC 61588 精确时间协议（Precision Time Protocol，PTP）方式。时钟数据和时钟同步秒/分脉冲都由统一时钟源提供，多采用 GPS 或北斗系统作为统一时钟源。一般在变电站内有一个或多个卫星接收器，统一接收卫星时钟同步信号，再经网络对时同步站内众多的 IED 装置。

（1）B 码同步脉冲对时同步技术方式。B 码同步脉冲对时同步技术方式是采用专有的对时网络传输 IRIG-B（DC）时间码和时钟同步秒/分脉冲实现的，每一次脉冲信号都伴随着相应的 B 码时间数据送给各 IED 装置。由于有时钟同步秒/分脉冲信号，其对时同步精度很高，通常可达到 1μs。IRIG-B（DC）时间码格式如图 3-38 所示，由图可见，其帧速率为每秒 1 帧，可将 1 帧（1s）分为 10 个字，每字为 10 位，每位的周期均为 10ms。每位都以高电平开始，其持续时间分为 3 种类型，即 2ms（如二进制“0”码和索引标志）、5ms（如二进制“1”码）和 8ms（如参考码元，即每秒开始的第一个字的第 1 位；位置标志 P0～P9，即每个字的第 10 位）。第一个字传送的是 s 信息，第二个字是 min 信息，第三个字是 h，第四、五个字是 d（从 1 月 1 日开始计算的年积日）。另外，在第八个字和第十个字中分别有 3 位表示上站和分站的特标控制码元。

完成模拟量信号采集的合并单元的同步功能模块利用同步时钟源对其内部时钟进行校

正控制，将每秒 1 次的同步时钟脉冲信号倍频后作为采样脉冲提供给电子式互感器。电子式互感器在接收到采样脉冲后随即进行采样，从而保证全站瞬时数据都是在同一时间点上采样。GPS 目前广泛应用于我国电力系统中，其输出的秒脉冲统计误差为 1μs，且没有累积误差，具有精度高、成本低的特点，其相关技术已很成熟。

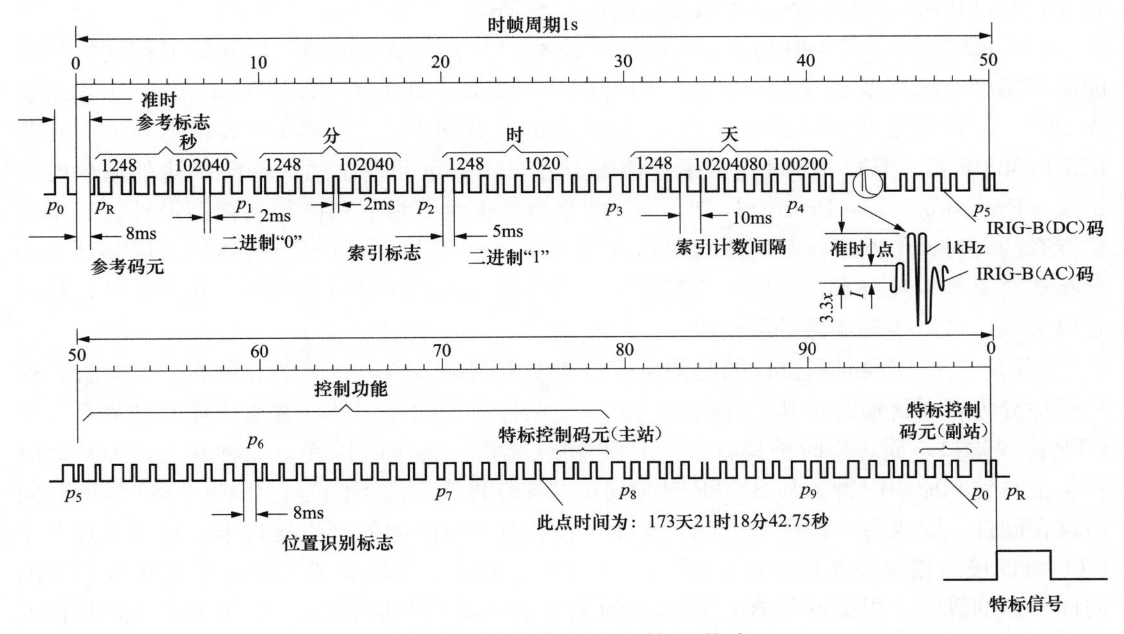

图 3-38　IRIG-B（DC）时间码格式

（2）简单网络时间协议（SNTP）对时同步技术。SNTP 是使用最普遍的国际互联网传输协议 NTP（网络时间协议）的一个简化版，是建立在 UDP/IP 协议之上的一个应用层协议，采用 UTC 时间数据，也是 IEC 61850 中选用的站内对时规范，是一种基于软件协议的同步方式。SNTP 以客户机/服务器方式进行通信，根据客户机和服务器之间数据包所携带的时间戳确定时间误差，并通过一系列算法来消除网络传输不确定性的影响，进行动态延时补偿。时间准确范围是：100～1000ms（广域网）、10～100ms（城域网）、200μs～10ms（局域网）。

SNTP 实现时间同步的过程如下：

1）客户端发送一个 SNTP 报文给时间服务器，该报文带有它离开客户端时的客户端时钟所标记的时间戳 T_1；

2）当此报文到达时间服务器时，时间服务器加上自己的时钟所标记的时间戳 T_2；

3）时间服务器接收报文进行必要的程序处理后，发给客户端应答报文，此时应答报文离开时间服务器时，再次被加上自己的时钟所标记的时间戳 T_3；

4）当客户端接收到时间服务器发过来的应答报文，立即再次被加上自己的时钟所标记的时间戳 T_4。

在客户端收到时间服务器发过来的应答报文后，就能完整的获得 4 个时间戳 T_1～T_4。客户端则可根据如下算式计算出客户端与时间服务器的时钟时间偏差

$$t=[(T_2-T_1)+(T_3-T_4)]/2$$

SNTP 组网方式技术成熟，适用于电力系统 IP 网络已覆盖的站点。在智能变电站中 SNTP 直接嵌于站内变电站自动化系统的以太网上运行，但由于以太网冲撞检测机制所产生的报文收发时刻的时机随机性和 IP 的固有属性，其对时精度较低，不能满足变电站自动化系统中绝大部分装置功能的要求。例如，过程层设备之间要求同步误差控制在 1μs。目前，SNTP 通常只应用在站控层设备间的对时功能。

（3）IEC 61588 精确时间协议对时同步技术。为了满足变电站一体化的通信网络更高的同步精度要求以及实现分布式网络时钟同步的需要，2002 年 IEC TC57 第 10 工作组引入 IEEE 1588 标准并应用于变电站内通信设备的时钟同步，之后将 IEEE 1588 标准转化为 IEC 61588 标准。IEC 61588 定义了一种用于分布式测量和控制系统网络传输的精确时间协议（Precision Time Protocol，PTP），是专为工业网络测量和控制系统而设计的，不需要专有的对时通信网络，其网络对时精度可达 μs 级，PTP 集成了网络通信、局部计算和分布式对象等多项技术，适用于所有通过支持多播的局域网进行通信的分布式系统，特别是以太网，可以实现亚微秒级同步。

IEEE 1588 精确时间协议的时钟系统包含多个网络节点，每个节点都有一个时钟，这种时钟分为普通传输时钟和边界时钟两类。这两种时钟的区别是，普通传输时钟只有一个 PTP 协议端口，而边界时钟具有多个 PTP 协议端口。每个时钟都有 3 种状态，即从属时钟、主时钟和原主时钟。与 SNTP 对时同步的纯软件实现的不同是，IEEE 1588 精确时间协议在硬件上要求每个网络节点必须有 1 个包含有实时时钟的网络接口卡，用以实现基于 PTP 协议栈的相关服务和时钟标记；PTP 时标全部在硬件层完成，这样采用与 SNTP 的同样类似的算法，根据网络客户端和时间服务器之间的时间标签，计算两者之间时钟偏差，其精度远高于 SNTP，可以满足变电站通信业务对时钟同步的要求。

3.4.2 IEC 61588 在变电站中的应用

智能变电站各层设备对数据时间同步精度的要求不同，间隔层设备需要达到毫秒级精度，过程层设备由于主要传输采样值信息和跳闸信息，需要达到微秒级的时间同步精度。根据以上要求，典型的智能变电站中的 IEC 61588 对时同步系统按图 3-39 所示的方式配置。

首先，通过 GPS 系统向变电站提供世界标准时钟信号。然后将该时钟信号作为 PTP 时钟源信号提供给 IEC 61588 精确时钟模块，并将该模块时钟端口配置为超主时钟（即原主时钟）状态。通过站控层网络和过程层网络，将站级总线和过程总线上 IED 的时钟同步到超主时钟下。由于过程层总线面向间隔配置，因而需在网络间隔之间加装网络交换机，并且在网络交换机上配置边界时钟或者普通传输时钟（又称透明时钟）来解决使用网络交换机所带来的网络时延。根据网络交换机所选配置不同，整个 PTP 网络可配置为两种方案。

方案一：

如图 3-40 所示，在配置为边界时钟的 PTP 网络结构图中，网络交换机采用边界时钟，其内部包含多个主时钟、从时钟端口和一个 PTP 普通时钟（所有端口共享）。对于相应的 IEC 61588 主时钟设备来说，网络交换机相当于从时钟；对于 IEC 61588 从时钟设备来说，网络交换机又作为主时钟。接在网络交换机主时钟端口的各个 IED 的时钟作为从时钟同步于相应的网络交换机 PTP 时钟。而该网络交换机 PTP 时钟又与上一级的网络交换机 PTP 时钟对时。通过这样的逐级分级对时，最终实现过程层设备的时钟同步于超主时钟的 UTC 标准时钟，从而实现全站时间对时同步的目标。这种方案采用了分级同步的方式，

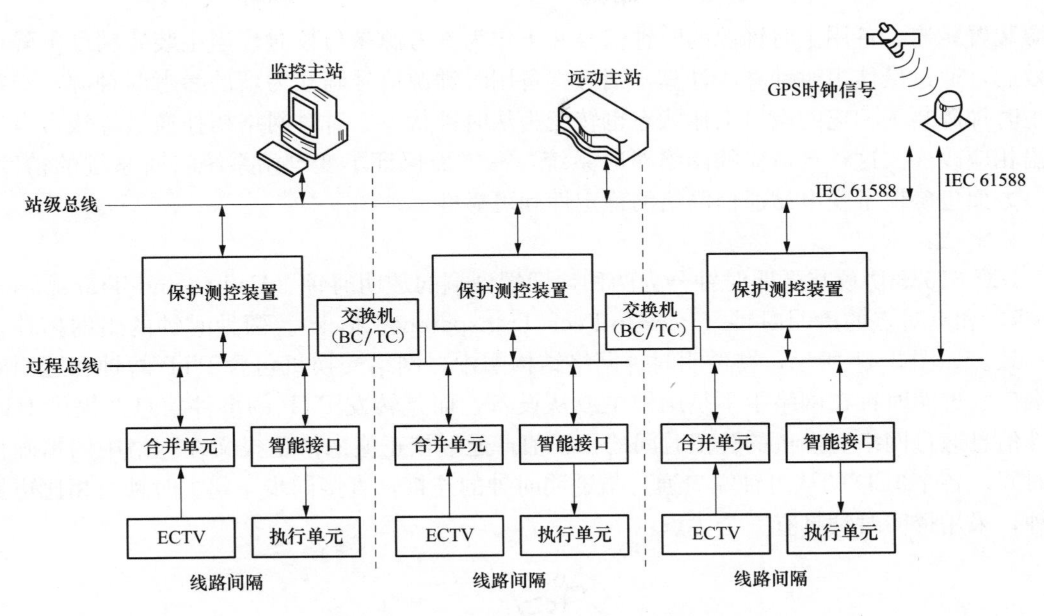

图 3-39　智能变电站 IEC 61588 对时同步系统

结构简单、原理清晰、组网层次结构分明，便于 IED 设备的定位和检修。

如图 3-40 所示，网络在正常情况下，交换机 2 设置为无源时钟端口，并与备用主时

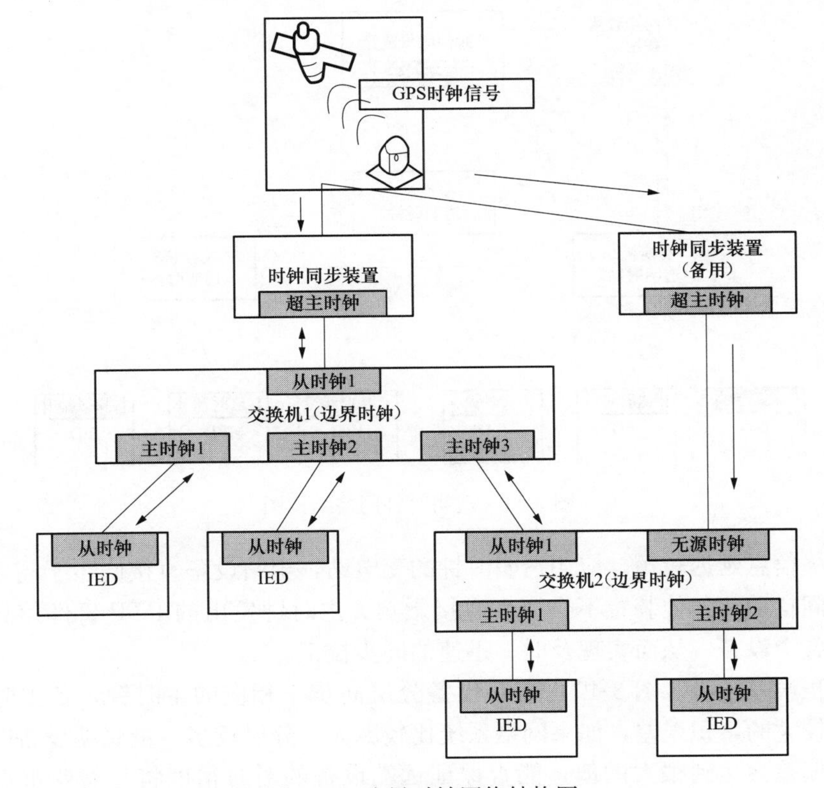

图 3-40　边界时钟网络结构图

钟源装置相连。备用主时钟源的时钟信号并不作为参考源参与校时。当主装置精度下降或失效后，通过最佳主时钟算法计算，则可将备用时钟源信号确立为新的参考时钟源，与备用主时钟源装置相连的端口工作状态也转变为从时钟状态。对时网络拓扑通过算法可自动做出相应改变。这种自适应的网络对时系统，一方面保证了变电站系统对时系统的精度，另一方面也确保了变电站通信网络的稳定性和可靠性。

方案二：

IEC 61588 协议将透明时钟分为两种，即端到端的透明时钟（End-to-end Transparent Clock）和点对点的透明时钟（Peer-to-Peer Transparent Clock）。两种时钟的组网拓扑基本一致。如图 3-41 所示，在透明时钟网络结构图中，网络交换机包含 PTP 时钟和透明时钟端口。透明时钟在网络中不是用做主或从设备，而是转发 PTP 的事件信息并提供 PTP 事件信息通过网络交换机的驻留时间的校正值，通过校正值来修正报文在网络中的精确传输时间。各个 IED 的从时钟端口通过与透明时钟的连接，直接同步于超主时钟。相比边界时钟，采用透明时钟具有三个优点：

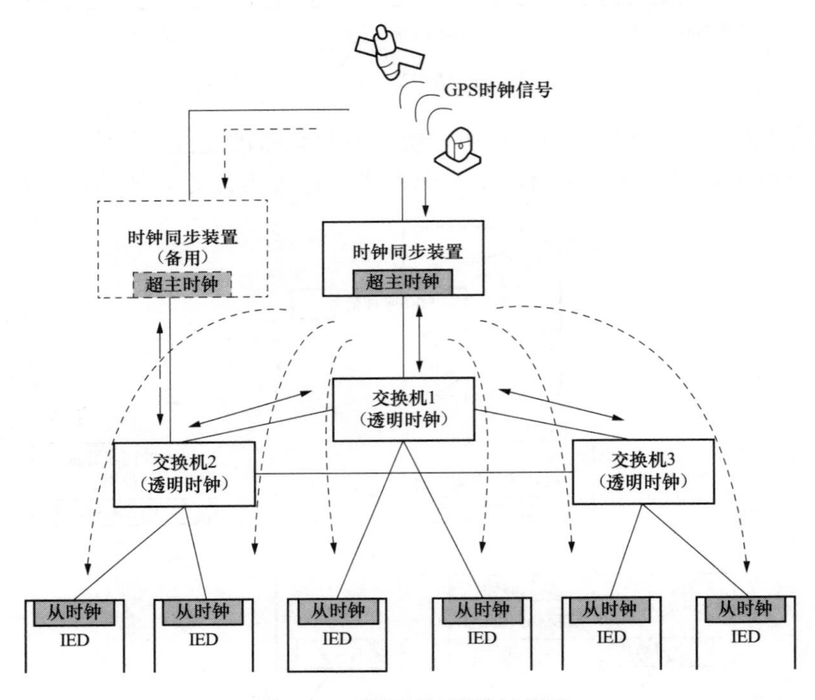

图 3-41　透明时钟网络结构图

（1）网络信息延迟较短。应用透明时钟的变电站，全站设备直接同步于超主时钟，单个装置的时间抖动对其他装置不会产生直接影响。主时钟发出的 PTP 事件信息也可以很快地转发到各个设备，从而实现及时、迅速的同步校正。

（2）累积误差较小。图 3-40 中各个设备分层同步于相应的主时钟，各主时钟与超主时钟间存在较大的累积误差，如果网络系统比较庞大，分层较多，最底端设备时钟与超主时钟的时钟偏差会达到很大的值，能否保证远端设备的对时精度将是需要重点关注的问题。而图 3-41 中各设备直接同步于超主时钟，消除了这种累积误差因素。

(3) 组网方式更加安全可靠。图 3-41 中，当超主时钟发生故障时，切换到备用时钟同步装置，利用最佳主时钟算法对全网时钟端口的状态重新配置。此时，网络交换机 1 和网络交换机 3 之间的连接端口将配置为无源时钟状态，其主要组网结构和设备时钟端口不会有大的变化，组网方式更加可靠。

IEC 61588 标准精确时间协议顺应了报文同步的趋势，为基于多播技术的标准以太网的实时应用提供了有效的解决方案，但同时也存在一些尚待研究的问题。将 IEC 61588 标准引入智能变电站进行系统结构设计时，应充分考虑时间同步系统的可靠性、稳定性、可扩展性和易维护性，同时需要考虑备用基准时钟源及其抗干扰措施。

3.5　站内通信网络技术

智能变电站的网络传输技术使用以太网交换技术来构成网络化二次回路，实现采样值的网络化传输，并采用基于 IEC 61850 标准的信息交互模型实现二次设备间的信息高度共享和互操作。智能化变电站的物理设备间应能实时高效可靠的交换信息，以太网通信技术是满足这种要求的最佳选择。以太网技术是主流的通信技术，具有极佳的经济性，并且还在快速发展中，这为变电站自动化系统的技术进步提供了广阔的发展空间。

智能变电站的过程层、间隔层和站控层的层间通信涉及的网络概念有以下几个：

MMS 网：站控层和间隔层之间的网络一般传输制造报文规范（Manufacturing Message Specification，MMS）报文，为 TCP 单播报文。

GOOSE 网：过程层和间隔层之间的网络一般传输面向通用对象的变电站事件（Generic Object Oriented Substation Events，GOOSE）报文，为组播报文。

SV 网：智能一次设备通过光 TV、光 TA 进行模拟量采集并上送合并单元（MU），合并单元将同步后的模拟信号上送保护、测控等间隔层装置使用，通过传输采样测量值（Sample Measured Value，SV）报文上送，为组播报文。

时钟同步网：过程层与间隔层之间的基于 IEEE 1588 标准的时钟同步网。

智能变电站的层间通信结构如图 3-42 所示。

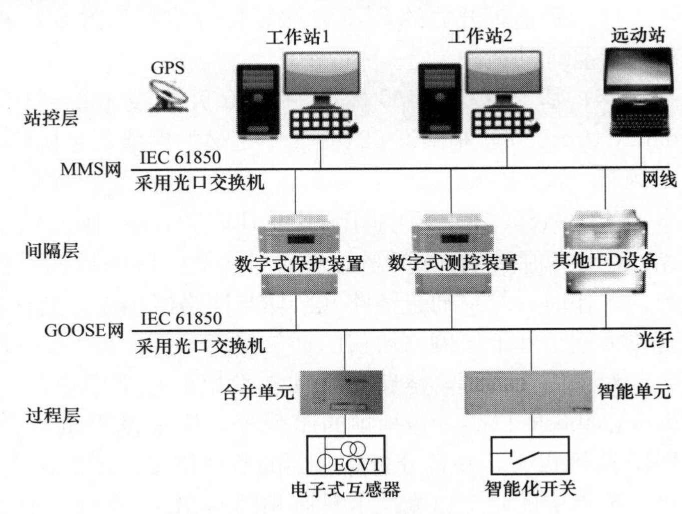

图 3-42　智能变电站的层间通信结构示意图

在智能变电站普遍采用合并单元进行过程层数字化采样值数据传输、依靠 GOOSE 报文传输一次设备状态和控制命令的背景下，工业以太网交换机除承载传统的站级通信服务外，开始逐渐替代传统电缆，成为维系一、二次设备关联的中枢设备。这样对工业以太网交换机的功能、性能和可靠性都提出了非常高的要求。

在 IEC 61850 标准中，IEC

61850-3《变电站通信网络和系统　第3部分：总体要求》，提出了针对工业以太网交换机的环境和电磁兼容要求，具体涉及了环境及安全要求（温度、湿度、大气压力、机械和振动、污染和腐蚀）、电磁兼容要求（振荡波、辐射电磁场骚扰、快速瞬变、浪涌、工频磁场）和供电要求（电压范围、电压容差、电压中断、电压质量）。而对于工业以太网交换机的功能要求，IEC 61850并未对其给出相关的标准，因此，其功能测试通常以国内通信行业标准要求和IEEE相关标准为准。

根据国家电网相关导则的定义，智能变电站具有全站信息数字化、通信平台网络化等基本要求，而这些要求则对承载通信网络的工业以太网交换机提出了以下基本需求：高性能的信息传输，保证高优先级的用户数据优先传送；网络流量控制；冗余网络；网络工况监视和故障诊断；高精度网络对时协议。

通过IEC 61850-3及IEEE 1613《变电站通信网络装置的环境和测试要求》的工业以太网交换机均应具有以下功能满足变电站自动化系统的需求：

（1）支持IEEE 802.3×全双工以太网协议。全双工数据传输模式能同时支持两个方向的数据发送和接收，在交换机端口上不会发生信息“碰撞”，因此舍弃了半双工以太网的CSMA/CD机制，从而大大降低了数据传输时延。

（2）根据IEEE 802.1P标准，可通过以太网报文头部增加优先级序号进行Q_oS服务质量标识，由交换机按照流量分配原则或权重设置进行优先转发。

（3）虚拟局域网（VLAN）技术和多播过滤技术可进行通信区域的划分，有效防止广播风暴并实现安全隔离。VLAN技术分别基于端口、MAC地址和协议等，主流标准为IEEE 802.1q。通用的多播技术分静态和动态两种，静态多播主要基于多播MAC地址表；动态多播主要有GMRP和IGMP snooping两种协议。

（4）基于交换机的标准网络冗余技术主要是IEEE 802.1D生成树STP协议和IEEE 802.1W快速生成树RSTP协议。IEEE 802.1D协议下生成树的收敛时间约为60s，而IEEE 802.1W对其进行了改进，收敛时间为1～10s（目前普遍达到100ms左右）。

（5）目前较开放的SNMP协议能够支持监控交换机端口、划分VLAN、设置Trunk端口等管理功能。

（6）基于IEC 62439标准的PRP冗余技术得到广泛的关注。PRP（Parallel Redundancy Protocol）是IEC 62439-3中定义的网络冗余协议，IEC 62439已于2010年3月份正式颁布。

IEC 61850第2版中明确引用IEC 62439-3作为其冗余协议。在基于PRP技术的变电站冗余网络中，每个PRP冗余节点（例如保护装置、合并单元）需两个网络端口并行运行。工作时，端口通过链路冗余体与网络层相连，其作为一个单独的网络接口软件管理处理以太网卡和上层网络协议的通信接口。

对于冗余管理，链路冗余体在发出的报文中追加一个冗余校验标签（RCT，Redundancy Check Tag），包括帧的序列号，用来发现重复。另外，链路冗余体周期性地发送PRP监视报文，并且分析其收到的监视报文来评估其他PRP节点的工作状态。

节点中的两个以太网卡具有相同的MAC地址和IP地址，这使得冗余对于上层是透明的，上层程序无需为冗余做任何处理。PRP是基于第二层网络协议的网络拓扑结构，它不需要进行改动就可以正常使用网络管理，工程配置非常简单，同时支持第二层网络冗余，对变电站系统而言就是完全支持 GOOSE 和 SV 数据通信。网络的冗余切换是无缝的，它可以极大地提高网络通信系统的可用度，其应用前景备受关注。

3.6　一体化监控系统

针对传统变电站应用系统众多、信息孤岛林立等问题，智能变电站采用了基于统一信息平台的一体化监控系统，实现了 SCADA、“五防”闭锁、同步相量采集、电能量采集、故障录波、保护信息管理、备自投、低频解列、安全稳定控制等功能的集成，并包含了智能化操作票系统，实现倒闸操作的程序化控制。通过设备信息和运维策略与电力调度实现全面互动，实现基于状态监测的设备全寿命周期综合优化管理。

通过基于 IEC 61850 标准的统一建模方式，变电站一体化监控系统实现了变电站三态数据、设备状态、图像等全景数据综合采集；建立了全站信息统一的存取系统，为各类应用提供高效、可靠、稳定的数据；满足了测控、保护等各种智能装置的无缝通信要求，实现了新能源及站内设备的“即插即用”；可以支持信息智能分析、综合处理，满足了变电站安全操作、经济运行等管理需求；同时对外提供标准的 IEC 61850 通信服务功能与接口，实现了智能变电站与调控中心、用户之间的远程监控与协调互动。

3.6.1　一体化监控系统的发展背景与现状

传统变电站的数据采集和具体的逻辑判断功能结合紧密，通常由单一设备完成，使得站内业务功能孤立化，因此，完成不同的功能就需要配置不同的设备或系统，“信息孤岛”问题严重，具体如图 3-43 所示。

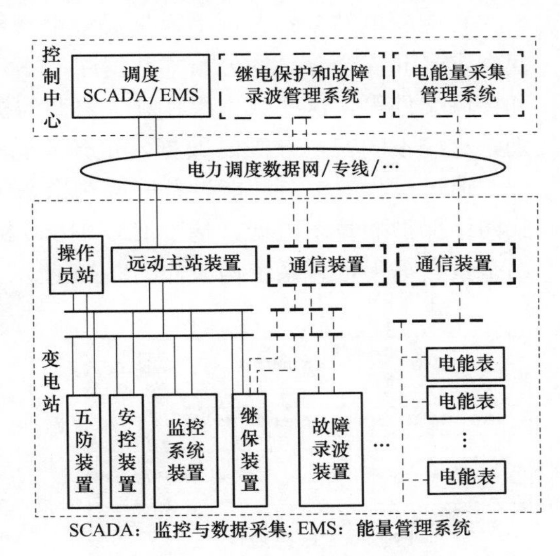

图 3-43　传统的变电站信息集成方案

在发展智能电网的大背景下，智能变电站作为智能电网的一个重要环节，负责信息收集、智能预决策和与调控中心、相邻智能变电站实施互动。此时，传统的变电站信息集成方案将不再满足新形势下智能电网对变电站的要求，因而需要在智能变电站内设置一个集中的基于统一数据源模型标准（IEC 61850）、对外支持订阅/发布通信机制、对内具有变电站全景数据支撑、具备智能高级应用预决策功能的一体化监控系统来满足上述要求。

国内近年在智能变电站的试点中，已经开展了基于统一信息平台的一体化监控系统的相关工作，如国电南瑞科技股份有限公司在智能变电站的试点工程中，由统一信息平台实现全站信息的统一建模，并实现与调度控制中心之间 IEC 61850/IEC 61970 模型的转换。由于在实际的试点工程中，主要针对稳态数据，因此仍然存在一些具体问题，有待继续研究。例如，实现包括变电站全景数据的统一建模方案研究；解决不同分区数据一体化后的安全问题；解决 IEC 61850 到 IEC 61970 模型转换的完全无缝问题等。除此之外，国家电网在《智能电网设备研制规划》中明确提出了基于统一信息平台的一体化监控系统是未来的发展方向。

3.6.2 站内全景数据的统一信息平台

站内全景数据的统一信息平台是智能电网全网信息系统的关键组成部分。它将统一和简化变电站的数据源，保证基于同一断面信息的唯一性和一致性，以统一标准的方式实现变电站内、外的信息交互与共享，形成纵向贯通、横向导通的电网信息支撑平台。

智能变电站内全景数据的统一信息平台利用先进的测量技术获得数据并将其转换成规范的信息，例如，功率因数、电能质量、相位关系、设备健康状况和能力、表计的损坏、故障定位、变压器和线路负荷、关键元件的温度、停电确认、电能消费和预测等，为电力系统运行相关决策提供数据支持。平台通过信息服务器将变电站内各种表计、保护信息、实时运行信息、一次设备状态监测、PMU 以及各辅助系统（如消防火灾系统）等相关信息集合起来，送至站内监控系统使用，并经防火墙将信息通过电力专用网上传至调度控制中心，由调控中心统一完成与用户、计量部门、生产部门、资产管理及维护人员的协调互动与控制。

全景数据的统一信息平台实现变电站三态数据、设备状态、图像等全景数据综合采集技术。根据全景数据的统一建模原则，实现各种数据的品质处理技术及数据接口访问规范，同时开发满足各种实时性需求的数据中心系统，为智能化应用提供统一化的基础数据。

3.6.2.1 全景数据平台功能体系结构

智能变电站全景数据平台是对整个智能变电站的数据进行统一建模、统一源端管理，建立Ⅰ、Ⅱ安全分区的分布式数据库；不管是关系数据库、实时数据库，还是时序数据库和存储文件等，这些数据库在统一协调的机制下，共同完成数据的存储、索取、传递；特别是这些不同安全分区的数据，也建立符合安全要求的通信机制，保证数据的共享和统一。通过过程层综合智能设备完成对稳态、暂态、动态和电量等数据的采集，并融合集中式网络保护的暂态数据，基于 IEC 61850 标准对数据进行统一建模、统一管理，建立变电站全景数据平台。系统构成如图 3-44 所示。

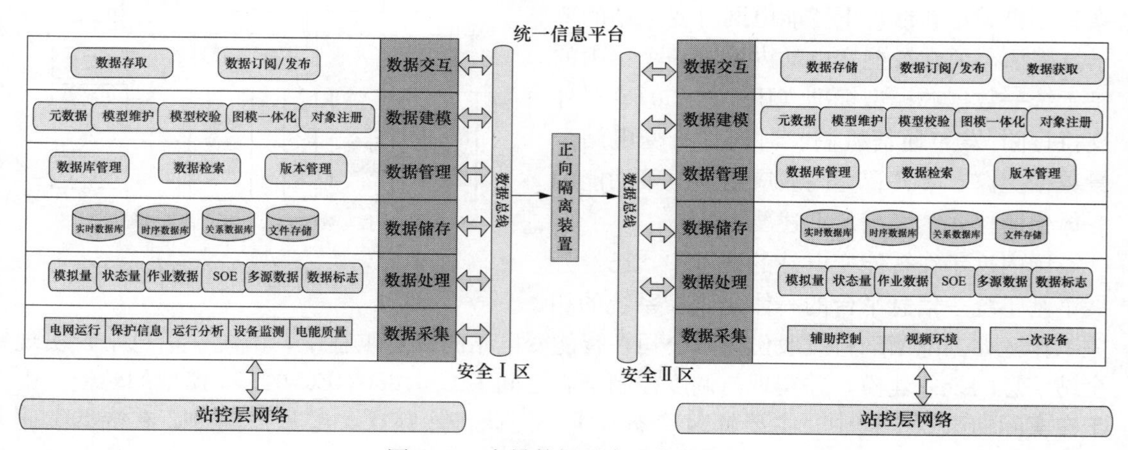

图 3-44 全景数据平台系统构成图

（1）数据采集层。数据接入层基于 ICE 61850 标准，通过站控层网络，实现对全景数据的统一建模、接入。

接入全景数据平台的数据包括如下内容：

1）一次设备状态信息，例如，断路器、隔离开关状态，机构异常告警状态等信息。

2）二次设备状态信息，例如，装置自检信息、网络通信异常告警信息、保护压板状态等信息。

3）稳态测量信息，例如，电流、电压、有功、无功、电网频率等信息。

4）暂态数据，例如集中式保护动作信息和录波信息等。

5）动态测量信息，例如，带同步时标的电流、电压、有功、无功和相角等。

6）电量信息，例如，各线路的有功电量、无功电量以及分时统计电量等信息。

7）通过标准化接口和信息交互，实现对站内电源、安防、消防、视频、环境监测等辅助设备的数据接入。

8）其他相邻站的相关信息。

（2）平台管理层。平台管理层包括数据处理、数据存储、数据建模、数据管理。

处理层对各类数据进行数据辨识预处理、数据分层分类处理、实时数据和历史数据的存储分配、数据冗余及一致性管理、数据状态异常告警处理等平台应用功能。减小变电站的数据、信息量，提高运行效率。

在数据储存层，不同分区的多种分布式数据库，分别完成不同的功能。关系库保存数据模型、历史数据。实时库，是在服务器内存中保存实时变化的数据。时序数据库属于内存中实时库的扩展，主要保存快速顺序变化的数据序列，可以把某些量测量在某段时间内变化的所有数据保存在实时库中，以供高级应用使用。各个分区的时序库、关系库和实时库共同组成一个分布式数据库。

数据建模、数据管理、消息总线，是全景数据平台的核心，它们负责完成数据的统一建模，包括元数据管理、对象命名和对象ID规范、全景数据模型、全景数据模型校验、图模一体化管理等功能；还负责全景数据的统一存储分配、消息数据的传递传输以及不同区域的数据的安全传输和安全控制。具体如下：

1）基于IEC 61850标准完成全网数据一体化建模，整合各种数据模型，实现稳态、暂态、动态和电量等数据的无缝接入。实现全站Ⅰ区和Ⅱ区数据统一模型，并以此为基础，形成对实时、计划等各类应用模型的统一管理。

2）实时和历史数据存储与管理。对在线收集到的大量周期运行数据进行有效存储和管理，方便在线和离线研究使用。

3）数据总线是系统内部的通信和数据传输机制，并可以作为同外部通信的一个窗口。

4）跨区安全传输实现统一信息平台不同分区的数据、模型和文件在统一信息平台之间的同步和共享。传输文件类型包括图形文件、录波文件，故障报告文件SCD文件等。数据共享应包括电网运行数据、故障和保护动作信息、运行分析数据。

（3）数据访问接口层。数据访问接口层提供基于IEC 61850标准的数据访问接口，以支撑调控中心实现各级应用。具体如下：

1）元数据访问接口，可以获取实时数据库的结构。

2）按对象名和对象ID获取数据和增删改。

3）按表、按字段批量获取数据和增删改。

4）按查询条件获取数据。

5）具备 SQL 查询接口。

6）文件存储和查询接口。

7）数据的发布/订阅访问服务接口。

3.6.2.2　全景数据平台实现原理

（1）数据采集层实现原理。数据接入层基于 CSF（通信服务框架）实现，基本原理如图 3-45 所示。

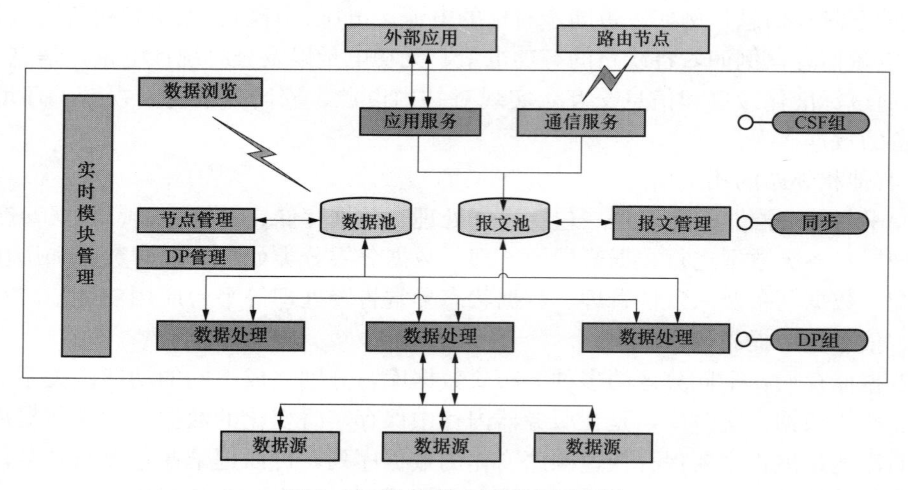

图 3-45　数据接入层基本原理图

在数据接入层内建 IEC 61850 模型，支持外部数据源以多种协议的混合方式接入，当外部数据源采用 IEC 61850 协议时，可以实现无缝接入。数据接入层通过带优先级的报文池和数据池管理，保证接入数据的可靠性和实时性。CSF（通信服务框架）支持通信服务的分组冗余配置管理，以满足海量数据接入的实时性和可靠性要求，同时提供了“报文组包”、“报文压缩”、“报文加密”、“身份认证”等技术，以提高数据在网络传输过程中的安全与效率。

数据接入层提供了强大的数据源接入调试、诊断和监视工具，可实现对接入数据原始报文、数据池实时数据、通信节点状态等进行在线的监视和离线分析等功能。

（2）平台管理层实现原理。数据管理层基于大型实时控制系统软件平台，采用分层设计的思想，其基本构成如图 3-46 所示。

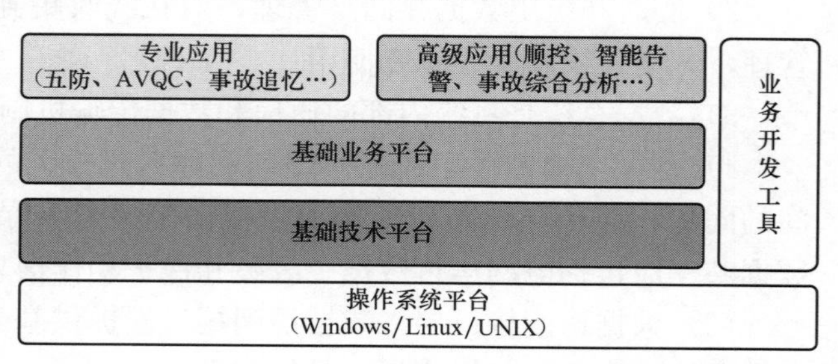

图 3-46　数据管理层功能体系基本构成原理图

系统分为基础技术平台、基础应用平台和平台应用三个大的层次。

其中，基础技术平台负责实现系统软件架构，屏蔽操作系统和各类 I/O 驱动关联技术，实现与特定业务无关的基础技术服务功能。具体包括如下功能：

1）面向对象统一数据建模管理；

2）分布式海量实时数据库管理系统；

3）实时/历史数据冗余管理；

4）实时/历史一致性管理；

5）系统消息总线管理；

6）分布式进程管理；

7）分布式权限管理；

8）分布式日志管理；

9）分布式资源管理。

基础应用平台是以业务为导向和驱动，可快速构建应用软件，它是软件的核心。与操作系统平台、基础技术平台相比，基础应用平台和用户的管理及业务的相关度比较大，是应用软件开发的通用基础平台，解决了应用软件的业务描述与操作系统平台、基础技术平台之间的交互与管理的问题。

基础应用平台包括如下功能：

1）可视化业务逻辑开发；

2）可视化业务展示；

3）报警服务管理；

4）控制服务管理；

5）业务对象访问管理；

6）数据存储管理；

7）数据转发服务管理。

平台应用是在系统软件平台的支撑基础上，构建的一系列专业应用，实现全景数据平台管理功能。具体包括如下典型应用：

1）数据辨识处理；

2）信息分层、分类处理；

3）数据状态异常告警处理；

4）稳态数据处理；

5）暂态数据处理；

6）动态数据处理；

7）电量数据处理。

（3）数据访问接口层实现原理。数据访问接口层在构成原理如图3-47所示。

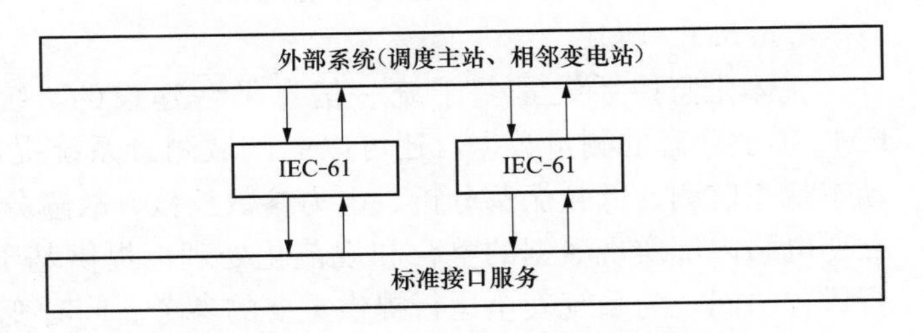

图3-47　数据访问接口层基本构成原理图

标准接口服务对调控中心提供了IEC 61850标准服务和符合IEC 61970 CIM/CIS接口规范的IEC 61970服务。调控中心的基础应用和智能高级应用可基于这两类接口服务提供的全景数据，完成特定的应用功能。接口提供的主要功能包括如下：

1）IEC 61850对象模型访问；

2）ACSI抽象通信服务；

3）GOOSE通信；

4）IEC 61850 SCL文件解析；

5）MMS通信；

6）IEC 61850 SCL到IEC 61970 CIM模型映射；

7）IEC 61970 CIM/CIS访问服务。

因此，协调IEC 61850标准和IEC 61970标准的数据模型（CIM-能量管理系统应用程序接口），将区域内有相关关系的多个智能变电站数据模型和控制中心的调度自动化系统的数据模型协调一致起来，真正实现智能电网数据信息的无缝接入和智能电网下各个智能节点的即插即用。以此构建智能变电站一体化监控系统，并在此支撑系统之上，构建适应智能变电站的各类高级应用研究；再以各个变电站作为一体化监控系统的基础节点，组成全网的智能调控一体化的监控系统。

3.6.2.3 全景数据平台数据整合

统一信息平台需要整合和存储的数据信息包括以下内容：

（1）电网运行数据。它包括反映电网运行状态的电压、电流、开关状态等一次设备的数据及反映用户用电状态的数据。

（2）变电站高压设备状态数据。它包括反映站内高压设备运行状态的状态监测数据，反映与变电站相邻的运行设备，如输电线路的状态监测数据。

（3）相邻变电站的数据。它包括反映本站与相邻变电站的沟通过程和沟通状态的数据。

（4）变电站保护控制设备及其他设备的运行状态或控制状态数据及动作信息。

（5）保证变电站正常运行的环境数据，例如，站内火警监测数据、烟警监测数据、视频监测信息、气象信息等。

基于各类数据及信息对实时性及可靠性要求的不同，在以往系统应用的过程中，必须对其采集和取用共享机制进行不同的处理，以保证数据的有效性和可用性。而基于变电站信息库构建的统一信息平台将对各类数据进行统一管理、分配，提高信息使用效率，满足智能变电站高实时性、高可靠性、高自适应性、高安全性的需求。

3.6.3 一体化监控系统的功能与结构

3.6.3.1 概述

一体化监控系统是基于统一信息平台建设的，统一信息平台不仅可以向SCADA/EMS提供稳态的测量数据，还可以向广域测量系统提供动态的同步测量数据，为电网的动态状态监测、低频振荡分析、电力参数校核、故障分析提供分析数据。一体化监控系统在变电站内部实现数据的整合和规范化处理，提供基于Web的安全网络技术，对信息进行远程访问，为系统安全运行提供重要的参考。同时变电站之间也通过统一信息模型实现信息的交互与共享，使得电网区域内实现信息可视化与透明化，满足了智能电网的可观测性要求，同时也为实现智能变电站打下坚实的基础。

3.6.3.2 自动化系统体系结构

智能变电站一体化监控系统直接采集站内电网运行信息和二次设备运行状态信息，通过标准化接口与输变电设备状态监测、辅助应用、计量等进行信息交互，实现变电站全景数据采集、处理、监视、控制、运行管理等，其逻辑关系如图 3-48 所示。

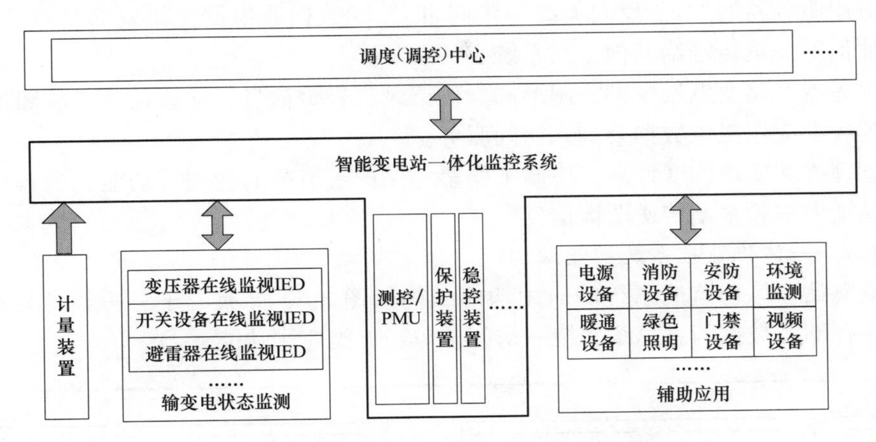

图 3-48　智能变电站自动化体系架构逻辑关系图

3.6.3.3　一体化监控系统体系结构

如图 3-49 所示，智能变电站一体化监控系统可分为安全Ⅰ区和安全Ⅱ区。

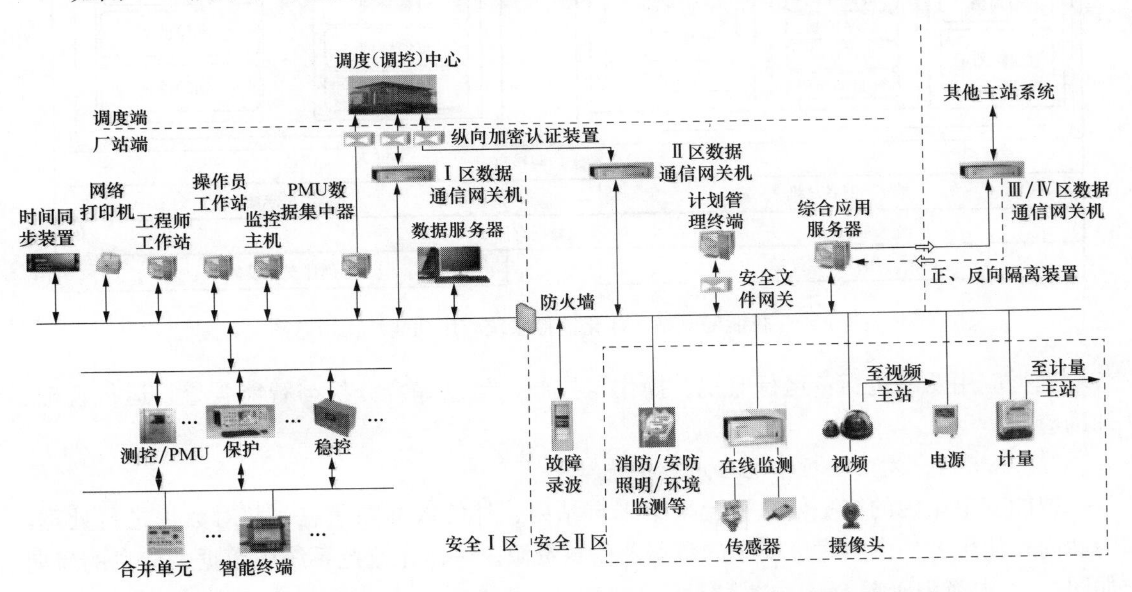

注：在现行条件下，虚框内的设备只与一体化监控系统进行信息交互，本规范对其建设和技术要求不做规定。

图 3-49　智能变电站一体化监控系统架构示意图

在安全Ⅰ区中，监控主机采集电网运行和设备工况等实时数据，经过分析和处理后进行统一展示，并将数据存入数据服务器。Ⅰ区数据通信网关机通过直采直送的方式实现与调度（调控）中心的实时数据传输，并提供运行数据浏览服务。

在安全Ⅱ区中，综合应用服务器与输变电设备状态监测和辅助设备进行通信，采集电源、计量、消防、安防、环境监测等信息，经过分析和处理后进行可视化展示，并将数据存入数据服务器。Ⅱ区数据通信网关机通过防火墙从数据服务器获取Ⅱ区数据和模型等信息，与调度（调控）中心进行信息交互，提供信息查询和远程浏览服务。

综合应用服务器通过正/反向隔离装置向Ⅲ/Ⅳ区数据通信网关机发布信息，并由Ⅲ/Ⅳ区数据通信网关机传输给其他主站系统。

数据服务器存储变电站模型、图形和操作记录、告警信息、在线监测、故障波形等历史数据，为各类应用提供数据查询和访问服务。

计划管理终端实现调度计划、检修工作票、保护定值单的管理等功能。视频可通过综合数据网通道向视频主站传送图像信息。

3.6.3.4　一体化监控系统功能结构

智能变电站一体化监控系统的应用功能结构如图 3-50 所示，分为三个层次，即数据采集和统一存储、数据消息总线和统一访问接口、五类应用功能。

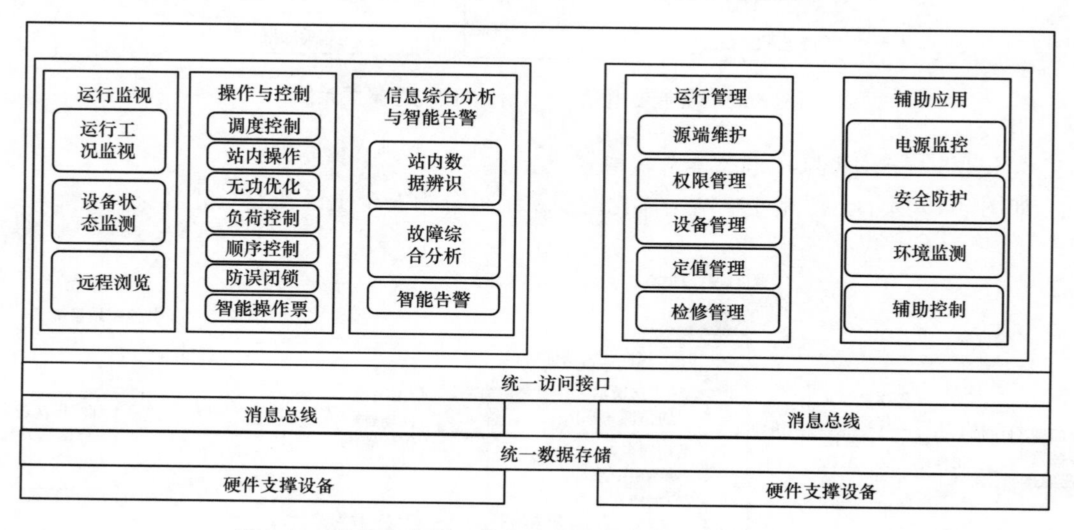

图 3-50　智能变电站一体化监控系统应用功能结构示意图

五类应用功能包括：运行监视、操作与控制、信息综合分析与智能告警、运行管理、辅助应用。

3.6.3.5　一体化监控系统应用数据流

智能变电站内的统一信息平台采集来自站内、外的数据和信息，并对数据进行处理，为站内外使用者提供实时、安全的数据及信息资源。一体化监控系统中数据及信息的流向如图 3-51 中箭头所示。

（1）内部数据流。运行监视、操作与控制、信息综合分析与智能告警、运行管理和辅助应用通过标准数据总线与接口进行信息交互，并将处理结果写入数据服务器。五类应用流入、流出数据如下：

1）运行监视。流入数据：告警信息、历史数据、状态监测数据、保护信息、辅助信息、分析结果信息等；流出数据：实时数据、录波数据、计量数据等。

2）操作与控制。流入数据：当地/远方的操作指令、实时数据、辅助信息、保护信息等；流出数据：设备控制指令。

3）信息综合分析与智能告警。流入数据：实时/历史数据、状态监测数据、PMU 数

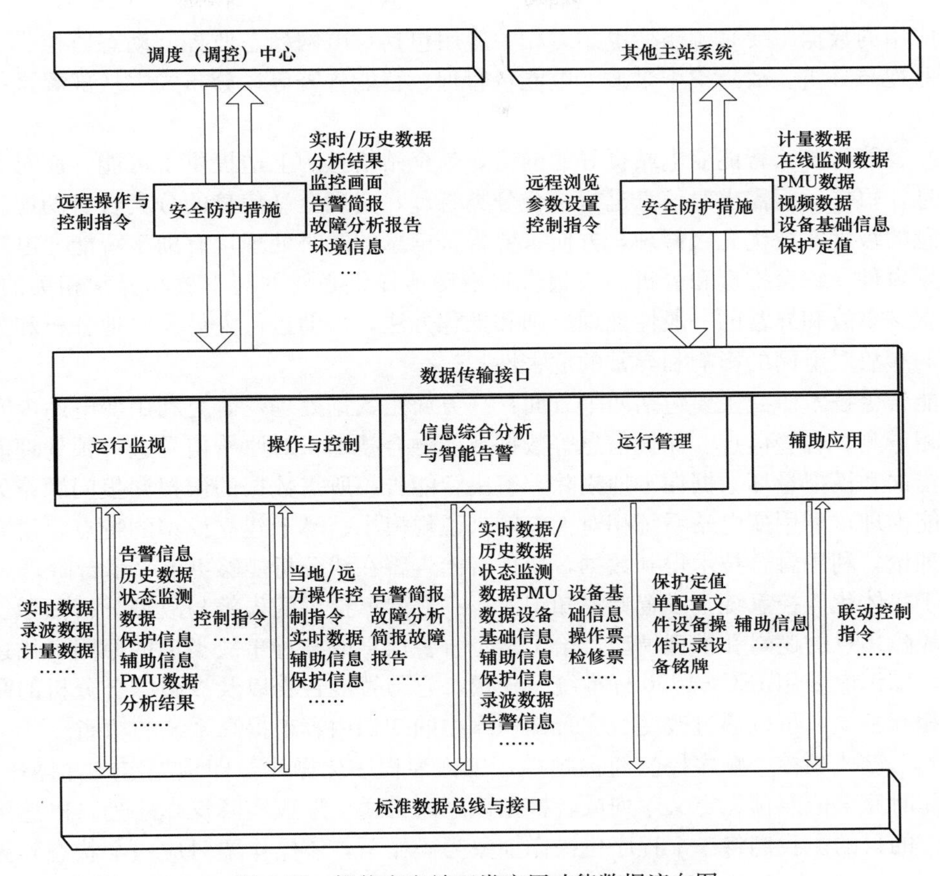

图 3-51　智能变电站五类应用功能数据流向图

据、设备基础信息、辅助信息、保护信息、录波数据、告警信息等；流出数据：告警简报、故障分析报告等。

4）运行管理。流入数据：保护定值单、配置文件、设备操作记录、设备铭牌等；流出数据：设备台账信息、设备缺陷信息、操作票和检修票等。

5）辅助应用。流入数据：联动控制指令；流出数据：辅助设备运行状态信息。

（2）外部数据流。智能变电站一体化监控系统的五类应用通过数据通信网关机与调度（调控）中心及其他主站系统进行信息交互。外部信息流如下：流入数据：远程浏览和远程控制指令；流出数据：实时/历史数据、分析结果、监视画面、设备基础信息、环境信息、告警简报、故障分析报告等。

3.6.3.6　一体化监控系统的智能高级应用

基于统一信息平台，使得智能变电站一体化监控系统具备了相应的智能高级应用功能。为了减轻主站的负担，发挥厂站端数据获取快捷、数据冗余度高等优势，高级应用可采用主站、厂站两层分级结构，依据主从最少协调原则，把主站高级应用中与大量数据分析计算联系紧密的功能转移到厂站，主站利用厂站上传站域智能分析结果，只对电网全局数据或者对厂站之间有关联的数据信息进行综合分析判断。

智能电网的一体化监控，不仅是厂站端，而且包括主站、调度端，其中的实时监控与预警类应用的数据主要来源于变电站，相关应用包括：电网稳态监控、动态监控、二次设备在线监视与分析、故障集中录波、电能量管理、智能告警等，分布式主从部署是一个发展方向。

（1）智能告警。智能变电站良好的网络，为全站信息的上送提供了可能，面对大量的告警信息，根据运行需求对信息进行综合分类管理，实现全站信息的分类告警功能。根据告警信息的级别实行优先级管理，方便重要告警信息的及时处理，有助于智能变电站应对各类突发事件。综合推理和分析决策报告将准确地提供必要的与事故和异常相关的信息，同时包含该事故和异常的一般性处理原则和推荐方法，协助运行人员及时地分析和处理事故，削弱事故对电网的影响和异常的危害性。

智能告警技术研究主要包括两个方面：一方面是数据处理，研究利用变电站内冗余的多源三相量测、告警信息、保护信息等数据智能融合技术，对原始信号进行预处理能有效将拓扑错误和模拟量坏数据在本地剔除，解决智能告警所需数据的误报漏报问题；另一方面是智能推理，利用变电站系统相对大电网来说规模小、易于建立模型的特点，研究选择合适的理论，利用融合技术得到数据，使得智能告警在线分析能够更上一个台阶。

基于一体化监控系统，设置专家知识库，存放专家提供的告警与故障分析知识。建立变电站故障信息的逻辑和推理模型，给出某个告警信息或某种事故类型的原因、描述、处理方式。知识库采用 IEC 61850 标准统一建模，它与智能告警以及故障综合分析的高级应用程序相互独立，可以通过改变、完善知识库中的知识内容来提高系统的功能。

（2）一键式顺控。顺序控制简称顺控，也称为程序化操作，即预先定义好操作序列，实际操作时完全依照预先定义序列或者根据该序列自适应形成实际操作序列，以达到“一键操作”的目的。我们将一个程序化操作抽象为操作票，该操作票对应一个状态到另一状态的切换，并包含有先后操作顺序的操作步骤，每步骤包括操作前判断逻辑（防误逻辑）、操作内容、操作后确认条件（确认操作是否成功）。

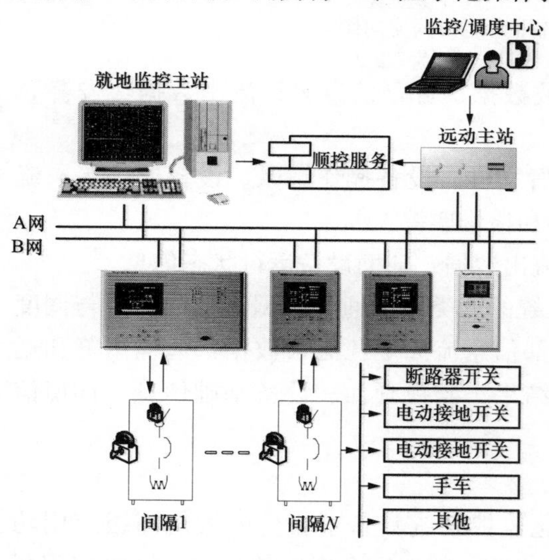

图 3-52　顺控系统构成图

一次断路器、隔离开关、保护软压板等顺序控制由主站工作站及后台监控系统实现一键式控制，顺控执行体存放于一体化监控系统，系统判断操作正确后自动完成运行方式变化要求的相关设备控制，顺序控制过程中系统给出相关的动作记录及动作结果。

顺控系统构成如图 3-52 所示，采用集中式的顺控控制操作模式，集中式方案就是在变电站综合自动化系统的站控层来完成全站所有的顺控控制操作，即站控层监控系统运行专用的顺序控制操作模块，由监控服务所在的服务器统一存放全站的操作票，监控系统提供包括操作票编辑、管理、执行，闭锁逻辑的编辑、管理等相关功能。

（3）故障信息综合分析决策。它主要实现故障录波、保护装置信息、事件顺序记录等相关信息的挖掘以及相关功能的集成，通过多专业综合分析以简明的界面实现可视化，并与智能告警系统进行互动。

随着智能电网建设的推进，越来越多的智能电子设备被安装在电网中，在变电站一级还存在着各种设备的告警信号、保护信号等采集数据，针对这些有用信息的采集、传输、综合、过滤和合成，能够辅助对变电站运行状态的验证和诊断。及时准确地获取各种有用的信息，对运行情况、警告情况及其重要程度进行适时的完整评价，对辅助实时调度决策及控制设备运行是极其重要的，因此研究针对多数据源的智能数据融合技术至关重要。同时，在变电站一级实现本地运行数据在线辨识和智能融合可以减轻调度中心数据处理和计算的压力。

(4) 智能无功优化控制。基于一体化监控系统实现站内电压无功控制（VQC）功能，电压无功控制策略在系统中根据电网情况预先设定，并受集控中心控制，可通过集控中心干预电压无功调整策略。同时也可通过后台监控系统实现无功策略的调整。VQC受主站系统控制，其运行的电压、无功目标值由调度下发，参与VQC运行的优化控制设备可自动根据设备的检修态决定是否参与VQC调节。VQC根据实时数据变化的情况以及当前优化控制的目标值，自动采用优化的方法选出合适的设备进行控制，使其能够适应各种不同的一次接线运行方式，且所有的控制过程在变电站内完成，操作结果上送主站系统。

(5) 站内状态估计。电力系统状态估计利用实时量测系统的冗余度来提高数据精度，自动排除随机干扰所引起的错误信息，估计或预报系统的运行状态，是能量管理系统（Enegy Management System，EMS）的基础和核心环节。由于电网庞大复杂，调度中心量测的局部冗余度不够，模拟量坏数据和拓扑错误的检测与辨识一直是传统状态估计的一个重点与难点。而变电站中具有高冗余的原始量测，因此变电站状态估计具有网络规模小、计算速度快和估计结果可靠的显著优点，可实现拓扑和量测错误的本地辨识，从而显著提高调度中心状态估计的可靠性和精度。

状态估计原来是主站的系统的高级功能，在分布式设计理念的指导下，依据主从最少协调原则，把主站高级功能中与大量数据分析计算联系紧密的功能转移到厂站，主站利用厂站上传站域智能分析结果，只关注电网全局或者对厂站之间有关联的重要信息。主站汇总各厂站分析结果，利用电网全局信息进行全局综合分析判断，如果有必要深入分析时可以调用所需的分布式数据；厂站作为主站的一个智能节点，参与各种高级应用功能的整体分析决策，实时进行本站内信息的分析推理，结果上传主站，利用自己对数据占有的位置优势、冗余优势、时间优势，提高决策数据的可靠性和实时性，增强主站智能决策能力。主从合理互动实现信息分层和分布式处理，提高变电站为电网运行和维护服务的智能性，从而减轻主站的负担，提高数据的可靠性，避免重复维护，提高工作效率。

实际电网中普遍存在三相不平衡问题，即使在发、输电网中，电气化铁路的接入、三相换位不完全及同杆并架多回线路都会导致电力网络的三相不平衡。同时，电网的非全相运行状态也是形成三相不平衡的原因。不平衡的三相电网中存在大量负序电流，对电力设备和电网运行造成影响，特别是容易引起继电保护装置的误动作。同时，电网三相不平衡带来三相网络参数、模型及量测数据不一致，也是导致传统的单相状态估计精度不高和影响坏数据辨识的一个重要原因。

在变电站单相状态估计的基础上，采用基于KCL的变电站三相非线性状态估计方法，实现了模拟量坏数据和拓扑错误的解耦辨识，保证具有高冗余、估计结果可靠、计算速度快和易于实现等特点。如果进一步同时考虑了RTU及PMU这两种量测来源，提高了量测冗余度，实现了非线性状态估计，对于没有PMU的变电站也能保证状态估计的适用。通过三相状态估计能够实现对三相电压和电流不平衡度的实时计算和监控，有利于调度中心及时发现危险的三相不平衡运行工况。

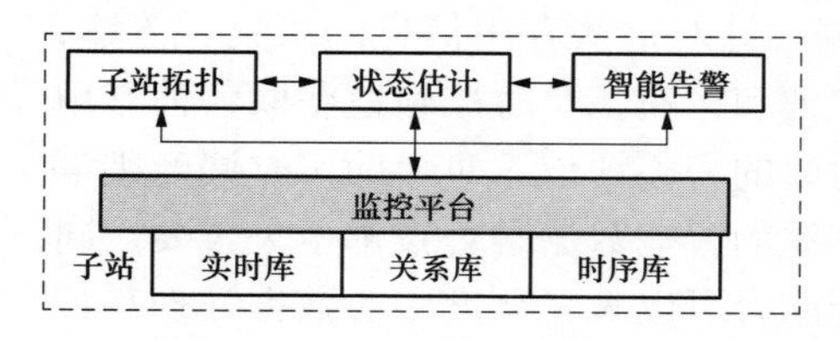

图3-53　站内高级应用系统结构

如图3-53所示，子站在监控系统的支持下，完成站内拓扑分析、状态估计、智能告警，这些高级应用的分析结果可以互相借鉴，把分析结果以及文件、浏览信息、其他信息等上传主站。主站完成数据拼接，在系统平台的支持下完成各种高级服务应用。

3.6.4　一体化监控系统关键技术

基于统一信息平台的一体化监控系统的关键技术不仅包括实现统一信息平台的关键技术，同时还包括支撑实现一体化监控的相应关键技术，其中基于统一信息平台的关键技术包括数据辨识、数据估计、数据及信息的分类、智能共享、智能传输、站内数据及信息的安全分析、系统实时性分析等。而用于支撑一体化监控系统的关键技术包含了基于IEC 61850标准的统一建模、变电站内的网络通信技术、时钟同步技术以及分析决策控制技术。

3.6.4.1　*数据辨识与估计*

数据辨识用于识别并剔除坏数据，并向数据的使用者提供必要的报警信息。

（1）智能告警数据辨识存在的问题。虽然目前绝大多数调度中心都已实现了三态数据的采集，但数据不稳定、可靠性有待提高是共性问题，也是导致智能告警实用化程度一直不高的最关键因素之一。例如在智能告警中的事故分析中，以往专家和学者提出了各种故障诊断算法，其正确性前提均是数据可靠性高，但是在实际电网运行环境中，运行效果不甚理想，因为电网实际故障时的数据与理想情况下的数据是有差别的。导致这种差别的原因有以下两个方面。

1）数据传输不可靠。主要体现在电网故障时存在数据丢失、上送速度慢以及电网正常运行时存在误遥信等情况。以往故障诊断通过人工分析、综合多方面的信息实现对上述坏数据的辨识，而目前在线智能告警、故障分析等是通过计算机自动分析完成的。若不能实现对上述坏数据的辨识功能，就容易出现故障的漏判和误判，从而降低在线推理诊断的正确率，使得在线故障诊断功能失去可信度。

2）数据采集不可靠。最为典型的是采集信号的设备出现故障，例如传感器损坏、电源不稳定等。各种信号接入时，要考虑这些非正常情况。因此，在线智能告警、故障诊断等高级应用中的算法设计过程需要充分考虑电网数据现状，综合运用调度端的多源信息进行分析，以减小数据可靠性不高对在线故障诊断正确率的影响。

（2）辨识理论的对策。解决在线不确定性中各种问题，比如误报漏报等问题的方法之一是综合利用调度端的各类数据，深度挖掘故障的特征信息，利用信息的冗余度，实现信息的校验与补充，提高在线实时诊断的正确率。特别是电网故障时涉及状态量和电气量两者共同的变化。状态量的变化主要来自于稳态数据，包括遥信变位信号、SOE动作信号、保护动作信号以及事故总告警信号等；电气量的变化主要来自于动态数据和暂态数据，包括电压、电流的突变。状态量和电气量来源于不同的量测装置，因此，综合利用它们进行故障判断，有利于实现故障诊断信息的补充和校验，以解决在线故障诊断的漏判和误判。为此，必须具有如下功能：

1）数据丢失处理技术。传统在线分析诊断方法大多采用网络拓扑分析的方法得到故障设备。在进行网络拓扑分析时，往往需要获取故障设备所有的开关变位信息，而在电网实际故障中经常出现故障设备一侧开关变位信息丢失或上送速度较慢等问题，从而导致无法定位故障设备。引入多源信息后，将保护动作信号、厂站事故总告警信号以及电压电流突变等故障特征信息作为电网发生故障的标志，利用故障设备一侧的开关变位信息进行网络拓扑分析，得到单端开断的设备，定位故障设备。通过上述处理，可以克服数据丢失或上送速度过慢导致故障漏判的问题。

2）数据校验（融合）技术。新厂站或新设备投运后开关、保护联动试验的遥信变位和开关节点抖动、通信异常等引起的误遥信是造成电网在线故障诊断经常出现误判的两个重要因素。解决上述问题的根本途径是引入电气量信息，作为状态量故障判断的校验，从电网故障机理分析可知，电网故障时电压突然降低、电流突然增大，利用PMU实测的三相电压、电流数据，采用模式匹配的方法，其计算公式如下

$$\Delta U = U_{\varphi} - U_{\varphi|0|} \tag{3-10}$$

$$\Delta I = I_{\varphi} - I_{\varphi|0|} \tag{3-11}$$

式中：ΔU 为故障时电压突变量；U_{φ} 为故障后电压相量幅值；$U_{\varphi|0|}$ 为故障前电压相量幅值；ΔI 为故障时电流突变量；I_{φ} 为故障后电流相量幅值；$I_{\varphi|0|}$ 为故障前电流相量幅值。

(3）针对漏报误报的数据辨识。基于模式识别的数据辨识结构框图如图3-54所示。

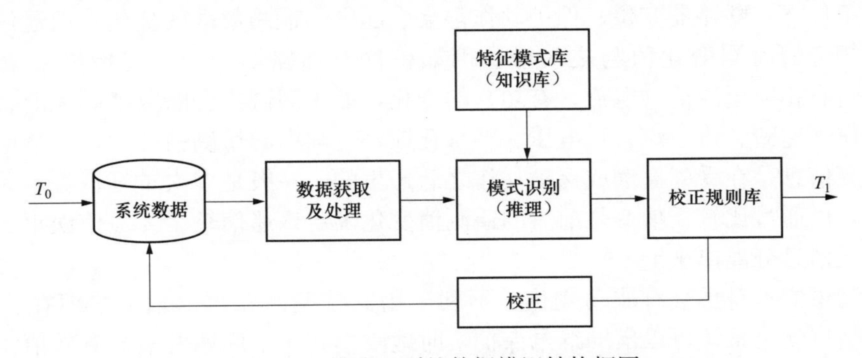

图3-54 模式识别的数据辨识结构框图

该过程类似于一个专家过程，由以下四部分组成：

1）数据获取与处理。数据获取与处理主要用来从主站系统中获取数据，对这些数据进行处理，计算出电能量数据相应的指标。随着运行经验的积累，指标组可以越来越丰富。

2）特征模式库。特征模式也称作是数据辨识模型，相当于一个知识库，其中存放着各种需要辨识的数据特征模式的集合。特征模式的参数根据对象特性和现场运行数据建立

模型。特征模式根据实际电网拓扑的变化而变化，另外，还与时间参数 T 有关。

简而言之，特征模式库是需要维护的，它决定了模式识别的可靠性。

3）模式识别。模式识别起到了推理机构的作用，当拓扑关系发生变化时，从变化的节点双侧分别启动识别。采用以数据为驱动的正向推理方法，逐条判别是否符合特征模式，若符合，则执行校正规则；否则，继续搜索直至结束。

4）校正规则库。校正规则根据被校正对象及运行中总结出来的经验汇总而成的校正方法集。可以说这是系统运行经验的总结和积累。对于前面提到的特征模式，采用自动校正为准则。

对于前面划分的特征模式，应有不同的校正规则和它相匹配。第一种情况，如果是厂站和采集均正常，不需要进行校正；第二种情况，如果是某一个厂站内的采集问题，则通过判定确定为采集回路方面的问题，快速反应到现场进行运行维护，处理好后通过校正规则进行处理；第三种情况，如果是厂站和采集设备同时出现的问题，则通过判定确定为采集终端等方面的问题，同样快速反应到现场进行运行维护，处理好后通过校正规则进行处理；第四种情况，反应出来的是厂站出现的问题，则通过判定确定为通信通道或采集终端方面的问题，通过加入通信通道识别因素进一步确定故障特征，处理好后通过校正规则进行处理。

所以校正规则可以很快地确定造成数据错误的原因，大大缩短处理所需要的时间。

（4）连续的报警（抖动等）延时推理告警。一种告警防抖动的处理方法包括以下步骤：通过预测试获取设备的告警产生与恢复之间的时间间隔权值 T；比较时间间隔权值 T 和设备的预定的标准时间间隔 W 的大小，并根据 T 和 W 的大小关系确定所采用的告警抖动处理策略，其中，告警抖动处理策略包括按照告警优先级或类型对下层上报的告警信息进行防抖处理；以及使用告警抖动处理策略进行防抖处理。增加了控制平面的稳定性，提高了系统的灵活性和处理能力。

正常条件下，断路器变位、保护动作都会引起电网遥测数据的变化，而遥信误传的信息则没有相应的遥测变化值与之对应。例如检修时断路器“分”与检修结束时断路器“合”，都会有相应遥测值（电流、有功）的变化，而中间试拉合断路器则无此特征。正常的保护动作（速断、过电流、过电压、轻重瓦斯）也都引起遥测值变化，而继电器抖动产生的遥信废信息是在受到振动或保护动作之后产生的，一般是多次重复报警，无遥测值变化。所以，可通过比较遥信变位前后的遥测值变化确定该遥信是否为遥信误报，从而将有用信息和废信息分离出来。

电流测量值本身也会有波动变化，不利于用其校验断路器遥信量。但在一个变电站内，变电站自动化系统可以借助继电保护实时地收集到每个周期的电流有效值。对于实际电网而言，在一个短的时间内，可以认为流过断路器的电流在一个较小的区间内服从正态分布。因为变电站内拓扑结构变化时，流过断路器的电流会有明显地变化，当断路器分断时，电流降为零，而当断路器闭合时，电流猛增。因此，可以利用同一支路的电流互感器测量数据校验断路器状态遥信量，识别错误的遥信量。

（5）KCL 数据辨识理论。鉴于以上辨识模型，采用基于 KCL 的变电站三相非线性状态估计方法，实现了模拟量坏数据和拓扑错误的解耦辨识，具有高冗余、估计结果可靠、计算速度快和易于实现等特点。如果同时考虑了 RTU 及 PMU 这两种量测来源，提高了量测冗余度，实现了非线性状态估计，则对于没有 PMU 的变电站同样适用。通过三相状态估计能够实现对三相电压和电流不平衡度的实时计算和监控，有利于调度中心及时发现危险的三相不平衡运行工况。

对于图 3-55 所示的模型，采用基于 KCL 的状态估计方法时，只要有足够的模拟量量测冗余度，即使开关遥信有错或者无开关遥信，也能有效地辨识并剔除模拟量坏数据，然后根据可靠的模拟量估计结果辨识出正确的开关状态，从而实现了模拟量坏数据和拓扑错误的解耦辨识。

对于图 3-56 所示的模型，基于 KCL 建立节点—支路关联矩阵和量测方程，采用加权最小二乘法进行求解，并剔除模拟量坏数据。

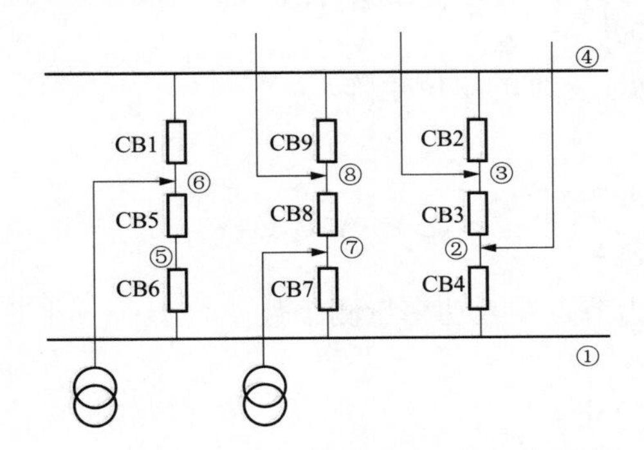

图 3-55　实际变电站系统 500kV 电压等级 3/2 接线方式的开关模型

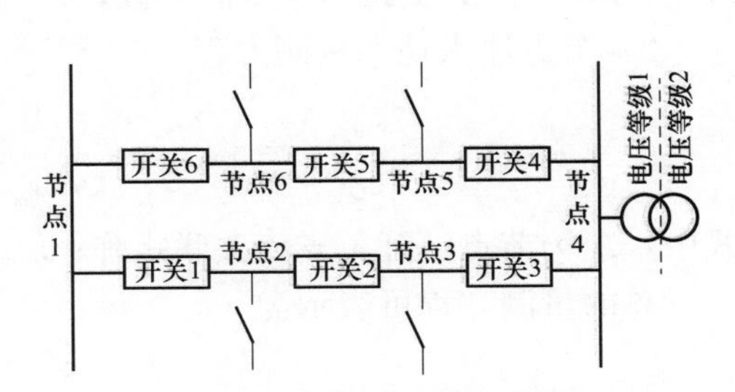

图 3-56　变电站节点—支路开关模型

在零阻抗电压状态估计中，以开关岛复电压为状态量，对电压的幅值和相角分别建立量测方程。

以第 i_d 个开关岛为例，开关岛的电压幅值量测方程为

$$z_{U_{i_d}^{\varphi}} = 1_{(m_1+m_2)\times 1} U_{i_d}^{\varphi} + v_{U_{i_d}^{\varphi}}, \varphi = \mathrm{A,B,C}$$

开关岛的电压相角量测方程为

$$z_{\theta_{i_d}^{\varphi}} = 1_{m_1\times 1} \theta_{i_d}^{\varphi} + v_{\theta_{i_d}^{\varphi}}, \varphi = \mathrm{A,B,C}$$

根据加权最小二乘法，容易得到如下电压状态估计的线性求解式

$$\begin{cases} U_{i_d}^{\varphi} = \dfrac{\sum\limits_{i=1}^{m_1+m_2} w_{U_{i_d}^{\varphi},i} z_{U_{i_d}^{\varphi},i}}{\sum\limits_{i=1}^{m_1+m_2} w_{U_{i_d}^{\varphi},i}} \\ \theta_{i_d}^{\varphi} = \dfrac{\sum\limits_{i=1}^{m_1} w_{\theta_{i_d}^{\varphi},i} z_{\theta_{i_d}^{\varphi},i}}{\sum\limits_{i=1}^{m_1} w_{\theta_{i_d}^{\varphi},i}} \end{cases}, \varphi = \mathrm{A,B,C}$$

可见，零阻抗电压状态估计实际是对各节点电压量测进行加权平均，为线性状态估计，不需叠代，其解可直接写出，无收敛性问题，计算速度快。根据估计后各量测量的正则化残差，可以剔除电压量测中的坏数据并重新进行状态估计，从而提高状态估计结果的

可靠性和精度。

（6）基于 KCL 的变电站零阻抗功率状态估计。根据 KCL，拓扑分析形成的开关岛内任一节点上流出的功率之和为零，从而可以得到各开关支路功率与节点注入功率之间的关系表达式，在变电站节点—开关支路模型中建立基于 KCL 的量测方程。

设各零阻抗支路上流过的有功功率 P_{cb}^{φ} 和无功功率 Q_{cb}^{φ} 为状态量。以第 i_{d} 个开关岛为例，假设岛内有 s 条零阻抗开关支路，则共有 $2s$ 个状态量。对于变电站中不同类型的量测，分别建立量测方程如下：

1）开关功率量测

$$\begin{bmatrix} z_{P_{\text{cb}}^{\varphi}} \\ z_{Q_{\text{cb}}^{\varphi}} \end{bmatrix} = \begin{bmatrix} I_{m_{\text{cb}} \times s} & 0 \\ 0 & I_{m_{\text{cb}} \times s} \end{bmatrix} \begin{bmatrix} P_{\text{cb}}^{\varphi} \\ Q_{\text{cb}}^{\varphi} \end{bmatrix} + \begin{bmatrix} v_{P_{\text{cb}}^{\varphi}} \\ v_{Q_{\text{cb}}^{\varphi}} \end{bmatrix}, \varphi = \text{A,B,C}$$

式中：m_{cb} 为开关支路功率量测个数；$I_{m_{\text{cb}} \times s}$ 为 $m_{\text{cb} \times} s$ 维的单位矩阵。

2）节点注入功率量测方程

$$\begin{bmatrix} z_{P_{\text{inj}}^{\varphi}} \\ z_{Q_{\text{inj}}^{\varphi}} \end{bmatrix} = \begin{bmatrix} \text{A}_{m_{\text{inj}} \times s} & 0 \\ 0 & \text{A}_{m_{\text{inj}} \times s} \end{bmatrix} \begin{bmatrix} P_{\text{cb}}^{\varphi} \\ Q_{\text{cb}}^{\varphi} \end{bmatrix} + \begin{bmatrix} v_{P_{\text{inj}}^{\varphi}} \\ v_{Q_{\text{cb}}^{\varphi}} \end{bmatrix}, \varphi = \text{A,B,C}$$

式中：A 为节点—开关支路关联矩阵；$m_{\text{inj}} \times s$ 为节点注入功率量测个数。

总的量测方程可表示为

$$z^{\varphi} = h(x^{\varphi}) + v$$

根据加权最小二乘法，可得如下三相非线性功率状态估计的迭代求解方程

$$\begin{cases} \Delta \hat{x}^{\varphi} = (H^{T}WH)^{-1} H^{T}W[Z^{\varphi} - h(\hat{x}^{\varphi(k)})] \\ \hat{x}^{\varphi(k+1)} = \hat{x}^{\varphi(k)} + \Delta \hat{x}^{\varphi} \end{cases}$$

对于模拟量坏数据，可采用传统的基于正则化残差的搜索法进行剔除。当所有模拟量坏数据都被剔除后，根据功率估计结果，结合拓扑检错方法对可疑开关的状态进行辨识，最终确定正确的开关位置，并形成新的开关岛和关联矩阵 H，代入叠代方程进行重新求解。与传统的全电网状态估计不同，各种拓扑检错方法，如规则法或假设性试验能够在变电站小规模网络中得以快速实现并得到可靠的拓扑分析结果。

3.6.4.2 拓扑分析

在电力系统的一次接线图中，通过断路器、变压器、线路等设备把整个系统的一次设备连成一个整体，但是由于断路器等设备能够实时进行接通和断开操作，可能使整个电网分裂为逻辑上彼此不连通的多个子系统。在网络拓扑分析中，把一次设备称为元件，把子系统称为岛。网络拓扑分析就是要对电力系统的一次接线图进行逻辑上的连通性分析，从而找出它存在几个岛、各个岛的属性（如带电情况）、每一个岛含有哪些元件。这就是电力系统网络拓扑分析的定义。

在网络拓扑分析中，不同元件之间通过端口互相连通，将不同元件之间的端口交接处称为连接点。拓扑分析中，端口和连接点都是当作点看待，一个元件根据它的端口数决定它有几个点，而元件本身当作线看待。处于接通状态的元件，它自身的点之间是有线直接连通的，而处于断开状态的元件，它自身的点之间是没有直接连通的线。拓扑分析中，输入对象有元件、端口、连接点；输出对象有线、点、岛。元件对应于线、端口和连接点对应于点，连通的线和点构成一个拓扑岛。

（1）建立合理的模型数据技术。模型数据库由拓扑图模一体化模块生成，即它包括四类对象表，即系统信息表、元件信息表、端口信息表、连接点信息表。

系统信息表记录全系统的统计信息（例如，元件数、端口数、连接点数）和活岛（带电岛）的评判标准。

元件信息表对应于一次设备对象及其图元。

端口信息表对应于一次设备上用于与其他设备连接的端口，在图上对应于元件图元中的端子图元。

连接点信息表对应于两个或多个一次设备之间的交接点。在图上，不同元件的端子图元之间的连接关系，可以是通过端子位置的直接重叠而建立，也可以是通过联络线图元而建立。元件图元和联络线图元均是网络拓扑着色的对象。

（2）建立合理的运行库技术。运行数据库采用实时库形式，由拓扑分析服务模块生成，被拓扑着色应用模块调用。

运行数据库除了拥有模型数据库中四类对象对应的实时表以外，还有岛信息表、节点信息表、线路信息表、元件对应的设备对象表、元件通断状态参引表。

岛信息表、节点信息表、线路信息表是拓扑分析算法经过分析计算后输出的分析结果表。一个岛就是一个逻辑上连通的网络图，它由多个节点和多条线路组成。

设备对象表，记录元件对应的设备自身的参数。

元件通断状态参引表，记录开关元件通断状态对应的遥信量在实时库中所在的位置。

（3）拓扑分析结构。完整的拓扑分析及其着色应用软件程序应如图3-57所示，它由四个模块组成，即拓扑图模一体化模块、拓扑分析算法模块、拓扑分析服务模块、拓扑着色应用模块。

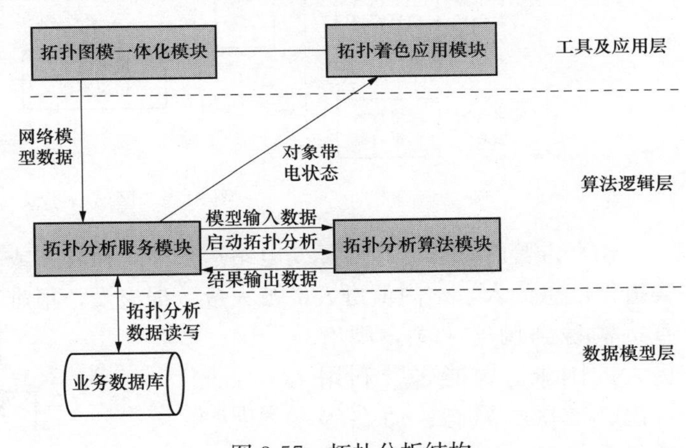

图3-57　拓扑分析结构

3.6.4.3　数据及信息分类处理

为避免系统发生扰动后大量数据的涌入造成系统崩溃，提高系统的实时快速反应能力，有必要对数据及信息进行分类和过滤处理。

（1）告警分类。从系统的角度，告警可分为对元件的告警和对系统的告警；从故障发生的程度，可分为梯度的、突变的和累积的：从故障元件的个数及相互关联的角度，又可分为单一故障、组合故障、串联故障和并发故障。不同的角度和侧面，分类不同，针对各种分类给出对应的告警，如对串联故障给出串联告警。任何一个故障发生时，

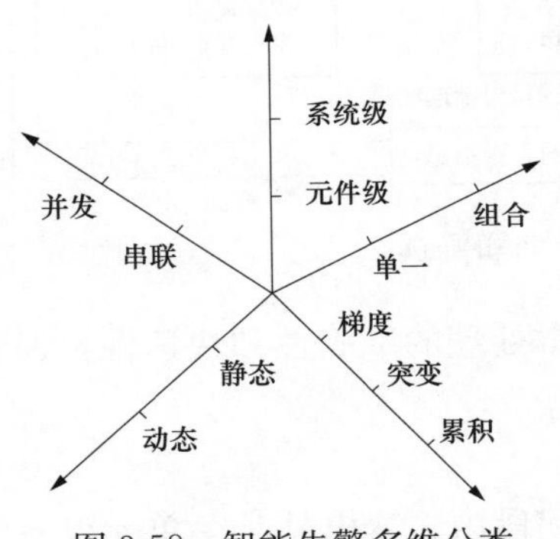

图3-58　智能告警多维分类

都可以从不同角度来分析它，对它定性，它具有多种属性。如图 3-58 所示，告警可以既是元件级的，又是串联级的；既是累积的，又是组合的。当一个故障发生时，分析它的多重“身份”，清楚定位它的级别，对它的分析就一目了然了。

（2）间隔区、母线区域、主变压器区域分类。如图3-59所示，是按照信号的几何空间所处区域划分，区域划分三层。第一层，按照间隔、母线、主变压器、站控制层网络划分形成信息容器，容器内部的所有告警信号自成体系，关联性比较强，将其作为一个小系统单位，进行智能告警信息分析。第二层，处理复杂告警信号，这些信号组通常有可能跨越第一层信息容器。第三层，处理站级信号，涉及范围广，比如复杂的故障分析。

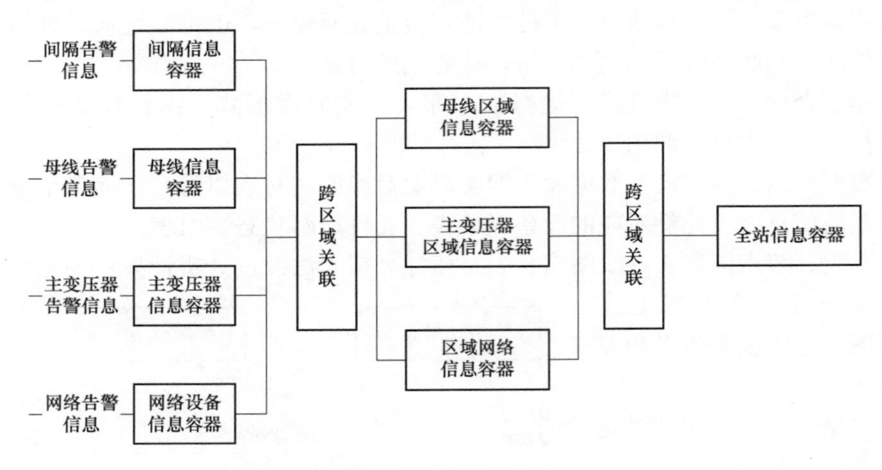

图 3-59　区域分类法

（3）告警的筛选。在实际变电站运行中，在异常或故障的情况下，大量监控与数据采集报警信息涌入，站内值班人员被大量数据淹没，很难决策，错失处理事故的良机，如果直接输送到调度主站，则有更大的困难。智能告警利用一次、二次、静态、动态等的各种信息，按图 3-60 所示流程对告警信息快速进行告警信息的分类、筛选和排序，使调度员对故障的类型、程度和等级一目了然，得到当前最关心的关键告警信息，告警内容“少”而“精”，这样就使运行监控人员能够快速地抓住事故重点，及时有效地采取处理方案，提高事故异常处理的准确性和快速性，保障电网安全运行。

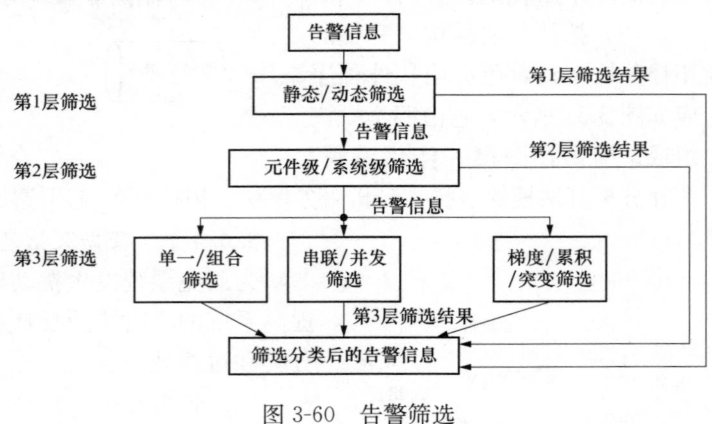

图 3-60　告警筛选

3.6.4.4　智能告警推理技术研究

（1）关联性分析。变电站信号存在关联性，在一个短时间段内，变电站某一单元设备连续发生多个（两个以上）事故或告警信号，这些连续发生信号是一个存在关联的有机整体，称为一个“综合事件”。这个综合事件中必然是由某个事故或异常引起，需要根据发生的“综合事件”推理出该单元设备究竟发生了何种异常和事故，给出一个综合的判断和处理方案。即专家系统还要解决信号组合判断的问题。设定一个“短时间段”是考虑变电站现场信号经过远动工作站传到专家系统的前端处理机时存在时间上的延迟或偏差，即现场同时发生的几个信号在远方主站系统中接收时时序上是存在一定偏差的，这主要是由于自动化系统信息处理造成的。这个“短时间段”就是要避开自动化系统信息处理时间，但也不能太长，否则相互之间没有关联的信号也会被并入这一“综合事件”。根据经验，一般可以整定为3～10s。

根据信号和现象之间的关联性，可以组织成以下形式的辨识表见表3-2。

表3-2　　信号辨识表

信号名称	信号含义	关联信号	产生原因	处理原则
差动保护装置故障	主变压器测控装置监测到差动保护装置的故障信号	装置告警；保护装置“告警灯”亮	保护内部元件故障；保护程序出错、自检、巡检异常；直流系统接地	检查保护装置各种灯光指示是否正常；检查保护装置报文；检查直流系统是否接地

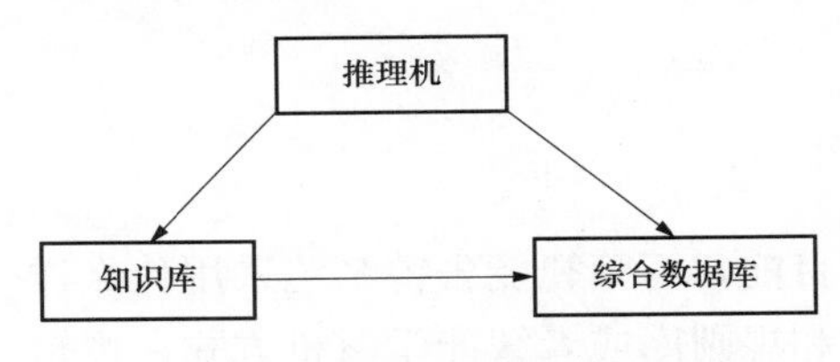

图3-61　专家系统推理构成示意

关联性分析采用智能告警专家系统来完成诊断与推理过程。专家系统由知识库、推理机、综合数据库、知识获取机制、解释机制和人机交互界面等基本部分组成。简单概括为专家系统＝知识库＋推理机，如图3-61所示。

采用模糊产生式推理方法，只要在某单元设备上找到某个或几个关联事件，在条件没有完全满足的情况下，就可利用模糊函数推理出一个异常事件。其特点是适应性好，能应对不同型号、构造的设备，而且推理精确度足以满足现场运行的需要。它具有以下特点：前提条件在推理中有权重。并不是所有的条件在推理中都均有相同的作用，每个条件对于结论的贡献是不一样的，可通过权重系统来表现推理的实现阈值。当条件的可信度大于变迁的阈值时，推理才得以进行，太低的条件可信度往往不能使产生的结论有可信度。当前提条件的可信度大于变迁触发所需的阈值时，推理虽然可以实现但结论不一定完全可信。

模糊Petri网为模糊产生式推理建立计算模型，引起在数学描述上的精确性和图形上的直观性特点，在众多领域中得到了很好的应用。研究模糊Petri网推理机的工作方式和综合告警推理方法，将其应用于时序信号的推理处理。

分布式智能告警基于准确性推理机制；鉴于目前在知识库推理方面广泛采用的模糊推理机制、BP神经网络推理机制、Petri网推理机制等具有自学习功能的智能告警机制等，建议采用一种基于模糊Petri网的智能告警推理机制，即FPN推理机制。该机制针对智能告警消息漏报警、误报警以及变电站故障推理中存在的不确定性问题，能有效应对。

对于告警信号漏报、误报问题，设计模糊诊断规避和剥离，采取模糊推理策略：对于适用多条规则的争议性信号，在信号单一及信号重复时分别给出分配方案；引入岭型隶属函数，计算在时间上信号对规则的隶属度，通过故障诊断实例的仿真，验证该推理机制的有效性，并对实验数据进行比较分析，阐述不同的信号接收情况及时间分布对推理结果产生的影响。

由于模糊推理对于推理结果的输出受输入条件的影响较大，且其结果以概率形式表现，如图 3-62 所示，无法准确描述实际动作发生情况，因此如何强化推理结果的实用性以及准确性仍需进一步研究。

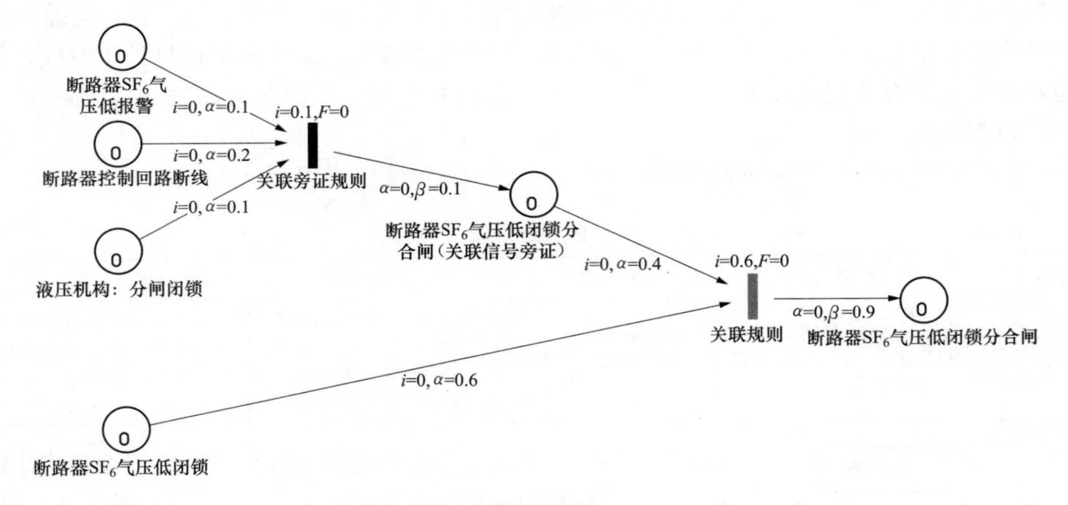

图 3-62　模糊推理图

（2）分布式智能告警规则可视化维护工具研究。目前，不管智能告警系统采用什么样的理论对信号相关性进行分析，也不管是采用专家库和规则库或者智能学习机方式，逻辑分析还是要用到逻辑规则。这些人工输入形成的规则，或者通过学习机得到的规则是否正确地反映了信号之间的联系，是需要辨别和甄选的，特别是自动形成的逻辑规则，更需要专家判断。

这些逻辑规则的存储方式通常是一种字符串或者逻辑值的运算表达式，如果直接地展示，不适宜交流。如果需要对形成的规则修改，则能提供一个很好的展示平台，如图 3-63

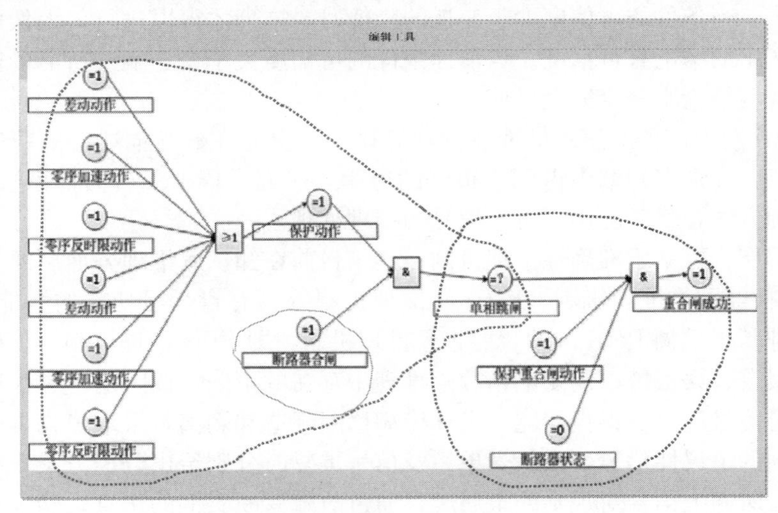

图 3-63　编辑工具

所示，方便地修改工具，对规则的科学化有很大的促进作用。这里有一个类比，自动化监控系统中组态工具可以说是整个系统工具的核心，正是这个工具的成熟，极大地促进了监控的发展。智能告警目前的发展受到制约，最大的因素就是工程配置问题。因此研究这种技术，对整个智能告警业务有举足轻重的作用。

图形化的编辑工具，针对典型间隔进行快速配置，这个配置过程中，手工关联专家库和自动化信息，并记录其匹配关系。后续的相似间隔，则可自动以先前已配置的典型间隔为模板，由工具进行自动匹配，若匹配不完整，再由人工进行选择，如图3-64所示。

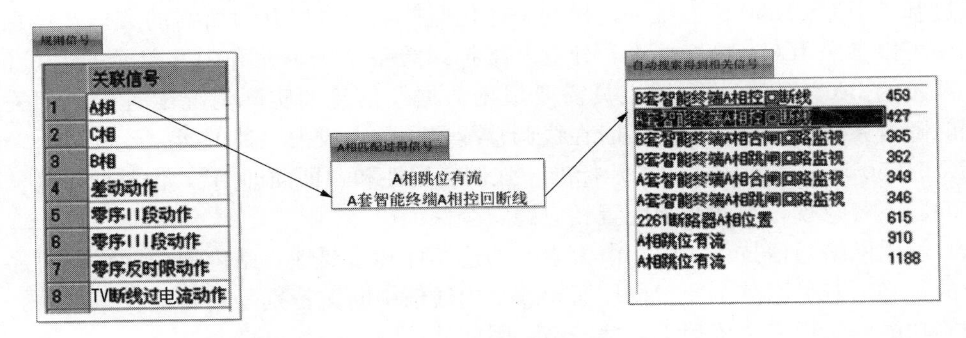

图3-64 自动配置

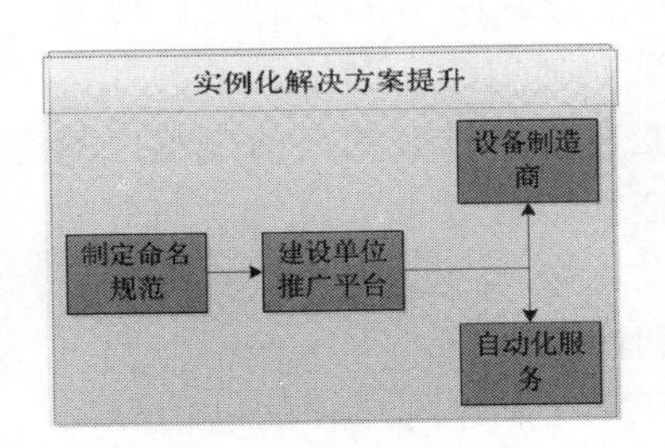

图3-65 实例化方案

若要实现基于模板的自动实例化，则要提出信息规范的解决方案，如图3-65所示，按照以下四个原则进行命名化规范：

1）基于现有信息命名规范，进一步细化；

2）设备制造商的ICD文件按国网规范要求统一命名；

3）专家库中推理的信息节点命名遵照规范；

4）推广命名规范。

3.6.4.5 统一信息平台的关键技术

（1）数据及信息智能共享。数据及信息的共享处理系统完成系统各部分与站内外设备的交互功能，应根据可定制、可预处理、可按需发布、可动态调整的原则来设计。

（2）数据及信息智能传输。智能传输可以对系统的数据及信息的传输路径进行调整，它根据实时性及可靠性要求配置传输路径，并将相关参数传送给对应设备，配置可以人为设定，也可以由系统提供。在系统运行过程中，如预定的传输路径被破坏，系统应提供告警信息，同时根据预设的备选方案，重新建立数据及信息的传输路径，保证数据及信息使用者的权益。

（3）站内数据及信息安全。IEC 62351（电力系统管理及关联的信息交换—数据和通信安全性）为站内外信息传输提供了安全规范。该标准主要采用认证和加密两种方式。

根据IEC 62351和IEC 61850标准的要求，系统不仅需要建立信息安全保障机制，同时还需要在数据及信息的辨识过程中，利用大量数据及信息采集获得的冗余条件，对其合理性进行评估，及时剔除不安全因素，并提供相应的告警信息。

（4）监控系统实时性分析。系统的实时性分析是保证系统正常运转的必要环节，也是划分子单元的依据之一。系统的实时性不仅要求站内具备高速可靠的通信网络，同时还要求系统具备高效可靠的任务管理机制。

3.6.4.6 支撑一体化监控系统的其他关键技术

（1）基于 IEC 61850 标准统一建模。通信系统是智能变电站自动化系统的基础，为了实现智能变电站站内通信网络的开放性与兼容性，就要采用标准的通信协议以实现各装置间的无缝通信，所以变电站一体化监控系统同样也需要 IEC 61850 标准服务的支撑，IEC 61850 为变电站内、变电站之间及变电站和控制中心之间数据和信息的传输提供了标准服务，通过基于 IEC 61850 标准统一建模的一体化监控系统可以获得所需的数据及信息。实际应用中可以参照 IEC 61850 标准，建立及维护系统各个子单元和中心单元的 IEC 61850 模型。系统的 IEC 61850 预配置工具需要根据数据及信息的实际情况配置生成相关的文件，同时随着系统建设的成熟，实时在线调整配置参数也成为一种可能。

IEC 61850 是一个开放式的国际标准，强调通用性和“即插即用”，但其所带来的安全可靠性问题不容忽视，因此必须配置相应的安全保证措施。

（2）站内网络通信技术。由于电力生产的连续性和重要性，站内通信网络的可靠性是第一位的，必须避免因某个装置损坏而导致站内通信中断，特别是在智能变电站中，保护和控制等功能的实现完全依赖于通信网络，因此通信网络必须可靠。

1）网络结构。智能变电站的网络通信架构设计需要充分考虑到网络的实时性、可靠性、经济性与可扩展性。网络的通信架构设计应具有网络风暴抑制功能，网络设备局部运行维护或故障不应导致系统性问题。网络架构的设计应支持变电站内设备的灵活配置，减少交换机数量，简化网络的拓扑结构，从而降低变电站的建造和运行成本。另外，在智能变电站的设计中，还应对网络的信息流量进行计算与控制，设立最大节点数和最大信息流量，以保证在变电站扩展时仍能保证满足系统自动化的功能和性能指标。

2）网络通信介质。控制室内网络通信介质宜采用屏蔽双绞线，通向户外的通信介质应采用铠装光缆。传输 GOOSE 报文和采样值的通信介质可采用光缆。

3）网络的配置与管理。通信网络的配置应设有专有的网络配置向导工具，该工具应简单、直观、易操作。通信网络内使用的工业级交换机应具有网络管理功能，可对网络进行实时监视与控制。这种监视与控制既具有识别故障早期征兆的预测报警功能，又具有对已经发生的故障做出及时响应的能力。

（3）站内时钟同步技术。为保证全网设备和系统的时间一致性，以及智能变电站的正常运行，站内必须配置满足 IEC 61850 要求的时钟系统。

（4）分析决策控制技术。智能变电站的分析决策控制技术实现故障定位和站域保护协调控制中心功能，同时留有与广域保护协调控制中心的接口。来自广域保护协调控制中心的调整控制命令可以直接对设备层进行调整控制，也可以通过智能变电站内的分析决策控制中心间接对设备层进行调控。

智能变电站的分析决策控制主要具有以下四种能力：

1）自治能力。变电站能自主实现站域保护功能，并在必要时根据就地信息完成安全稳定控制、电压控制、负荷调节等就地子功能。站域保护利用站内全景数据的统一信息平台提供的全站数据信息，实现变电站内信息的整合利用，综合判断站内设备的运行状态，在站内实现保护控制设备的协调和集成，为简化后备保护配置、协调后备保护与控制系统的动作行为提供可行的解决办法。

2）实时建模能力。变电站能实时监测和辨识设备的运行状态，建立变电站的网络模型，为分析决策控制提供依据。

3）协调能力。变电站应服从保护中心指令，因此应有专门的系统协调变电站自治和保护控制中心指令之间的关系。

4）操作自动化。变电站在计算机的控制之下取代操作人员进行程序化倒闸操作。

3.6.5　智能变电站辅助系统功能设计

智能变电站的二次设备统一采用 IEC 61850 标准建模，因此在配置独立的辅助系统智能主机的前提下，各个子系统均采用 IEC 61850 标准接入，进行统一规约，使得无论是子系统之间的联动，还是子系统和后台智能主机的通信操作，都非常的明确。

在此基础下，智能变电站将图像监视系统、安防系统、火灾报警系统、门禁系统和照明控制及动力环境监控系统的配置和功能进行整合与优化，形成智能变电站的辅助系统，如图 3-66 所示，各辅助子系统通过以太网交换机将相应辅助系统的信息上传至辅助系统智能主机，再由智能主机实现与站内监控系统和综合数据网的交互。同时，通过各系统之间的广泛联动，实现功能共享，提升各子系统的性能，从而实现智能变电站内信息的高度整合。

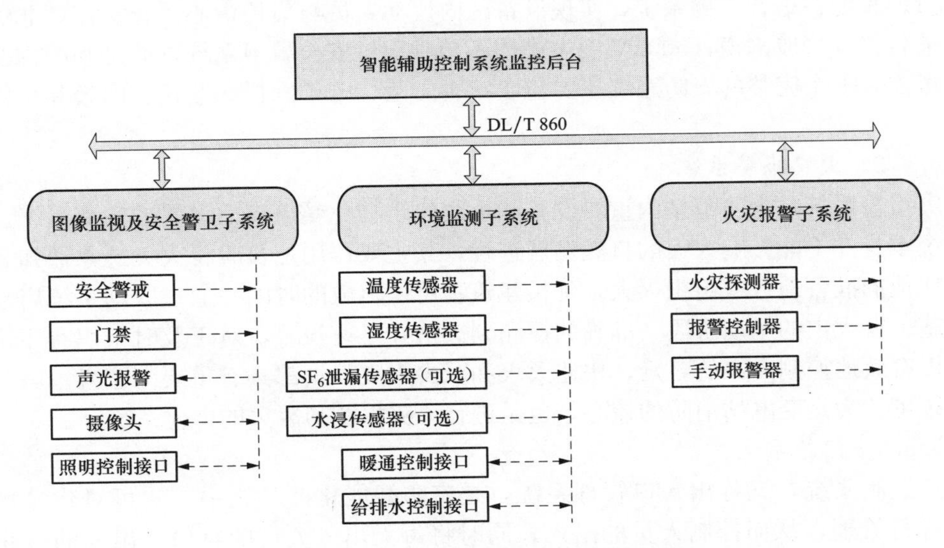

图 3-66　智能变电站辅助系统结构框图

3.6.5.1　图像监视系统

图像监视系统是集通信、视频传输、分配、计算机控制、抗干扰等技术于一体的新兴高科技系统，20 世纪 90 年代末广东、北京等地电网开始将其应用于电力生产，实现变电站工作现场监视。

根据国家的相关规定，变电站内应配置视频监控系统并实现远程传输，与站内监控系统在设备操控、事故处理时协调联动，并具备设备就地、远程视频巡检及远程视频工作指导的功能。变电站图像监视系统通过前端高性能的摄像机和监控矩阵，将变电站的各个监视点现场实际状态的图像采集到站端视频单元，再通过视频信号远程传送到集控中心，使集控中心能够及时准确地了解和掌握现场情况，并及时采取相应的措施对各种情况进行操作控制。

图像监视系统的建设应达到以下目标：

（1）实现对变电站区域内场景情况的远程监视。

（2）监视变电站内主变压器、断路器等重要设备的外观运行状态。

（3）监视变电站内隔离开关、接地开关等的分合状态。

（4）监视各主要工作室内环境（主控室、高压室、电容器室等）的情况。

（5）与安防、消防报警系统配合，对变电站周界、大门进行自动报警布控。

（6）变电站监视系统能和各综合自动化系统接口，互传信息，接收命令。

（7）变电站监视系统向监视中心实时传输视频图像信息，监视中心可远方操作，实现调度遥控、操作维护的可视化联动。

3.6.5.2　安防系统

安防系统主要是为防止外来人员非法入侵，对设备和人身安全产生危害。国家的相关规定中要求安防系统应配置灾害防范、安全防范子系统；告警信号、量测数据应通过站内监控设备转换为标准模型数据后，接入当地后台和控制中心；留有与应急指挥信息系统的通信接口；宜配备语音广播系统，实现设备区内流动人员与集控中心语音交流，非法入侵时能广播告警。一般来说，500kV 变电站内不单独设置安全警卫系统，而是和图像监视系统统一考虑。一个完整的安防系统主要包含灾害防范、电子围栏、监控、门禁和报警四大部分。

3.6.5.3　火灾报警系统

火灾报警系统是为防范站内重要设备和重要建筑物免受火灾而设置的一套系统。火灾报警系统本身并不能影响火灾的自然发展进程，其主要作用是及时将火灾迹象通知有关人员，以便他们准备疏散或组织灭火，延长建筑物可供疏散的时间并通过联动系统启动其他消防设施。在火灾的早期阶段，准确的探测到火情并迅速报警，对于及时组织有序快速疏散、积极有效地控制火灾的蔓延、快速灭火和减少火灾损失都具有重要的意义。因此火灾报警系统可认为是变电站消防的核心，也是进行火灾探测与灭火的中枢系统。

3.6.5.4　门禁系统

门禁控制系统，又称出入口管理系统，是安防智能化产品之一，它可对建筑物的出入通道进行管理，从而控制人员的出入，同时将每天出入人员的身份、出入的时间及活动记录下来，以备事后分析。门禁控制系统一般由门禁系统现场控制设备和控制中心两大部分组成。门禁系统现场控制设备由控制器、识别器和电控门锁及其他附件组成。其中识别器包括密码键盘、感应式 IC 卡、水印磁卡、生物识别技术及指纹识别技术等。控制中心是一套计算机系统，它可实时监控各控制器的状态，实现系统权限配置、动作信息记录、查询及统计、电子地图、下发控制信号、流程控制，以及与其他系统的通信等多种功能。

其操作流程为：当门禁控制器接收到识别器传送过来的开门请求时，门控器会自动判断此请求是否由有权进入的人发出，若是有权进入的人，控制器自动打开电控锁；若是无权进入的人，则不开门，同时门禁控制器将这些操作信号实时传入控制中心。

门禁系统只需少量人员在控制中心即可控制整个单位的重要出入口，同时提高人员通行效率，避免人员的疏忽导致的钥匙丢失、被盗或复制等问题。

3.6.5.5　动力环境监控系统

与门禁系统类似，鉴于目前500kV变电站多为有人值守的模式，因此一般不单独设置动力环境监控系统，仅在计算机监控系统里面有测量环境温湿度等功能。但是随着智能变电站技术的发展，500kV变电站重要性的提升和无人值班模式的实现，对变电站的温度、湿度、烟雾等动力环境量进行测量显得很有必要。智能变电站的主要监视量有交直流电源、温湿度、烟雾探测和门禁等环境量。此外，根据国家的相关规定，应对全站直流、交流、逆变、UPS、通信等电源进行一体化设计、配置、监控，并保证其运行工况和数据信息能通过一体化监控单元展示并转换为标准模型数据，以标准格式接入当地自动化系统，并上传至远方控制系统。

3.6.5.6　照明系统

国家的相关规定要求变电站照明系统采用高效光源和高效节能灯具，同时应备有事故应急照明。有条件时，可采用太阳能、地热、风能等清洁能源灯具。在无人值班情况下，二次设备间及其他房间仅在有人巡视或者检修、照度不够时提供照明设施，其他时间照明灯具均可关闭。

目前，变电站人员一般只能就地控制照明灯具，即当变电站人员需要开启或关闭某处照明灯具时，只能通过设置在该区域附近的照明电源箱的照明电源开关，完成该区域照明灯具的控制，因而需要智能照明控制系统来控制照明设施。智能照明控制系统按网络的拓扑结构，可分为总线式和以星形结构为主的混合式两种，一般智能照明控制照明系统都为数字式照明管理系统，它由系统单元、输入单元和输出单元三部分完成，分别完成提供工作电源、变换并传输外部控制信号以及控制负载回路的功能。

3.7　智能变电站的国内外建设现状

3.7.1　国外建设现状

国外发达国家虽然没有提出智能变电站的概念，但随着欧美智能电网的建设，国外变电站在建设上也逐渐向智能化发展，发达国家其现有变电站的总体技术水平也较国内领先，由于国外各大厂家对智能电网的理解不同，针对变电站的发展建设思路也各异。

在智能一次设备研究方面，欧美等发达国家使用了新的诊断工具和方法来评估运行中设备的预期使用寿命、风险和维修策略，智能检测装置已有较多使用，有较多成功预报设备故障的范例，大大提高了电网运行的可靠性。近年来，发达国家电网设备检修经历了状态检修、可靠性检修、风险控制检修等检修模式的变化，已进入到以企业绩效为核心的绩效检修模式，对提高企业整体绩效发挥了重要作用。

ABB、SIEMENS、GE等公司具有一次设备、二次设备生产的能力，形成了一次和二次不断融合的科研和产业，目前其大型一次设备在与二次设备融合的同时正逐步向智能化方面发展。ABB和SIEMENS等知名厂商在低压智能开关柜、智能组合电器上面已实现智能化，实现对断路器状态的在线监测和状态评估，如SIEMENS的高压断路器控制装置，在进行智能化设计的同时，充分考虑了过程层设备的通信接口要求，为断路器控制领域的发展提供了新的思路和借鉴模式。

在电子式互感器应用方面，光学原理的互感器已逐步成熟，并得到推广运用。其中ABB、SIEMENS等公司生产的光电互感器已有十几年的运行业绩，采用光电互感器的数字化变电站在欧洲也已经投入运行。ABB公司已研制出多种无源光电式互感器及有源电子式互感器，例如，磁光电流互感器、电光电压互感器、组合式光学测量单元、数字光学仪用互感器等。其电子式互感器已在插接式智能组合电器、SF_6气体绝缘断路器、高压直流及中低压开关柜中得到应用。

3.7.2　国内建设现状

在全面启动智能电网建设之初，智能变电站作为智能电网建设环节的重要节点之一，无论是国内还是国外都没有现成的技术、设备和标准可以利用。我国立足自主创新，加强合作交流，发挥各方力量，围绕智能变电站技术标准、工程设计、设备研制、运行维护等课题，组织开展了全方位的科研攻关，安排了一系列科研项目来支撑智能变电站的研究及建设，开始着手设备智能化的核心技术开发和关键设备研制。

智能变电站的整体建设实施工作在“统筹规划、统一标准、试点先行、整体推进”工作方针的指导下进行。考虑我国智能电网的发展和国外有所不同，我国重点在一次设备智能化、电子式互感器、一次设备状态监测、高级应用、一体化电源、辅助系统智能化等几个方面进行建设。

一次设备智能化是智能变电站的重要标志之一。采用标准的信息接口，实现融状态监测、测控保护、信息通信等技术于一体的智能化一次设备，可满足整个智能电网电力流、信息流、业务流一体化的需求。智能化一次设备通过先进的状态监测手段和可靠的自评价体系，可以科学地判断一次设备的运行状态，识别故障的早期征兆，并根据分析诊断结果为设备运维管理部门合理安排检修和调度部门调整运行方式提供辅助决策依据，在发生故障时能对设备进行故障分析，对故障的部位、严重程度进行评估。大规模间歇发电和分布式发电接入，要求电网具有很高的灵活性，而一次设备智能化是满足这种要求的重要基础。

在智能变电站工程建设中，许继集团、西电集团、平高电气、特变电工、天威保变等厂家通过在一次设备上外挂或内嵌监测传感器，实现对变压器、开关设备等的状态监测。通过“一次设备＋传感器＋智能组件”的方式，初步实现了一次设备的智能化。在部分试点项目中，“测量、控制、监视、保护、计量”功能集成组合在一体化的智能柜中，首次实现了与高压设备本体相关的单间隔全部应用功能的集成。总的来说，目前智能组件装置集成度还不够高，结构松散，没有形成标准化，还需要对一次设备本体传感器配置、安装方式以及智能组件的布置方式、设备配置、对外接口等进行规范。

目前，智能变电站通过配置合并单元和智能终端进行就地采样控制，实现高压设备的测量数字化、控制网络化；通过传感器与设备的一体化安装实现设备状态可视化。进一步通过对各类状态监测后台的集成，建立设备状态监测系统，为状态检修，校验自动化、远程化提供了条件，进而提高了高压设备的管理水平，延长设备寿命，降低设备全寿命周期成本。

目前，主要的技术方案见表3-3。

表3-3　智能变电站技术方案

方案类型	方案要点	技术优势
直采直跳（典设方案）	间隔内保护直接采样、直接跳闸；过程层SV和GOOSE可独立组网，也可共同组网	保护装置不依赖外部对时实现其保护功能，避免过程层网络对保护可靠性的影响
网络化方案	三网合一方案：过程层SV、GOOSE和IEEE 1588共网传输	实现了过程层信息的共网传输，网络结构清晰，简化交换机配置，节省了大量光缆，便于运维
	直采网跳方案：保护采用直接采样、网络跳闸模式	可减少母差、主变压器等跨间隔保护装置的光口数量，简化过程层光纤连接
集中式保护	设备面向功能配置，实现全站或部分间隔的保护、测控、计量等功能	二次功能优化集成，简化了二次设备配置及接线，大幅减少主控室屏体数量

3.7.3　智能变电站建设取得的成就及不足

截至2013年8月，我国已经投运的智能变电站工程达575座，覆盖66～750kV电压等级，在标准制定、方案设计、设备研制、工程建设和运行维护等领域实现了重大突破，经济与社会效益显著，为新一代智能变电站的设计及研究打下坚实基础。

（1）核心技术方面。依托《智能变电站技术体系研究》《智能一次设备结构体系研究》等重点课题，通过科研单位、设备制造企业联合攻关，解决了一次设备智能化、自动化系统网络结构、同步采样、高级功能设计、系统集成等一系列关键技术难题。

（2）关键设备方面。制定发布了《智能电网关键设备（系统）研制规划》，在依托工程建设的同时，依靠自主创新，一次、二次设备研制取得重大突破；实现了由“中国制造”向“中国创造”的转变，智能变电站相关技术处于国际领先地位。

（3）标准制定方面。为规范和统一智能变电站技术标准，指导试点工程建设，在充分总结变电站技术现状的基础上，制定完成并正式发布了智能变电站系列标准，初步形成了系列化的可用于指导工程实施的技术标准体系。

（4）工程建设方面。通过试点工程建设所取得的宝贵经验为今后新一代智能变电站的建设提供了基础，有利于智能变电站整体水平的进一步提升和完善。

（5）运行维护方面。新技术、新设备、新功能在智能变电站中被大量使用，获取了宝贵的运行维护经验，为新一代智能变电站进一步的系统整合、模型标准化、网络安全化、高级应用功能的完善以及高效便捷地维护管理打下良好基础。

（6）经济社会效益显著。智能变电站减少了变电站的占地面积，缩短了设备的调试周期，降低了检修维护成本。智能变电站的建成投运，大幅提升了设备运行可靠性，实现了设备操作的自动化，提高了资源使用和生产管理效率，使运行更加经济、节能和环保。同时还可提高供电可靠性和电能质量；还可实时优化调整电网运行方式，有效降低电网电能损耗，带来可观的直接经济效益；同时，还可实现对电网的实时监控，减少运维管理费用，可大大减少运行维护人员的工作量，显著提高了社会效益。

目前，总结已投运变电站工程运维经验，智能变电站还存在以下不足，有待于技术不断地创新发展而进一步拓展提高。

（1）系统集成不高。子系统繁多且集成度低，系统复杂；二次设备面向间隔，设备及屏柜数量多；一、二次设备未有效集成，一次设备智能化程度不高。

(2) 全网意识不足。变电站与调度主站间功能定位未有效衔接，高级应用缺乏全景数据支撑且应用尚待深化提升。

(3) 运维管理不便。专业界面模糊、淡化，变电站的运维管理水平有待提高；变电站设备未能实现自动图形化、标准化设计，系统调试周期长，后期运行维护不便。

(4) "两型一化"不够。开关场及主控室占地面积大、建设周期长、资源利用度低、经济优势不明显。

3.7.4 智能变电站技术展望

智能变电站作为智能电网建设的重要环节之一，是电网最为重要的基础运行参量采集点、管控执行点和未来智能电网的支撑点，其发展建设的水平将直接影响到我国智能电网建设的总体高度。我国智能变电站未来技术的发展将遵循坚强智能电网总体发展规划，在"两型一化"（资源节约型、环境友好型，工业化）、通用设计的相关原则指导下，围绕"安全可靠、节约环保、功能集成、配置优化、工艺一流、经济合理"的核心理念，结合采用新技术、新设备和新工艺的应用，全面提升智能变电站的总体水平，最终将智能变电站建设成为"安全可靠、技术先进、经济适用"，且具有"节材、节地、节能、减少运行维护工作"特点的工业设施。

可靠性的设备是变电站坚强和智能的基础，综合分析、自动协同控制是变电站智能化的关键，设备信息数字化、功能集成化、结构紧凑化、检修状态化是发展方向，运维高效化是最终目标。未来，智能变电站将通过全网运行数据分层分级的广域实时信息统一断面采集，实现变电站智能柔性集群及自协调区域控制保护，支撑各级电网的安全稳定运行和各类高级应用；通过设备信息和运维策略与电力调度的全面互动，实现基于状态监测的设备全寿命周期综合优化管理；通过全站设备的智能化和信息的数字化、标准化进一步拓展变电站自动化系统的功能，实现高水平的智能变电站，具体如下：

(1) 设备高度集成。现有的一、二次设备的界限将被打破，变压器、断路器等综合智能组件将集成保护、测量、控制、计量、状态监测等所有功能，并将与一次设备进行融合，实现一次设备的高度集成，进而从一次设备智能化过渡到智能一次设备；同一间隔内的合并单元和智能终端进行集成。

(2) 系统深入整合。将变电站内部现有的后台监控系统、故障录波系统、网络分析系统、状态监测系统、辅助控制系统等众多系统进行有效融合，构建变电站一体化监控系统，实现全站信息的统一接入、统一存储、统一处理、统一展示、统一上送。

(3) 信息模型标准化。变电站将实现全站信息的时间同步，同时能够实现变电站内部稳态、暂态和动态的全景信息的采集，为变电站高级应用功能的实现提供全面、准确、同步的信息。所有信息将参照 IEC 61850 标准以及我国自身应用的特点，为所有设备的信息交互定义统一的模型，同时也为各项高级应用功能定义统一的接口模型，有效确保全站信息流交互规范的统一，实现站内信息的无缝连接。全站信息能够实现 IEC 61850 与 IEC 61970 之间的信息模型转换，实现与调度/控制中心之间无缝连接。

(4) 安全网络化传输。变电站设备或系统内部将采用高速总线或者信息总线、服务总线的方式实现数据的传输；变电站内部所有设备和系统对外信息的传输全部采用网络传输，传输接口采用电气以太网口或者光纤以太网口，支持百兆或者千兆网络的传输。全站采用并行冗余协议和高速无缝环技术实现网络的安全稳定传输。

（5）高级功能及辅助功能应用。智能变电站具备众多完善的高级应用功能，例如，顺序控制、源端维护、故障综合分析和智能告警、经济运行与优化控制、分布式状态估计等；同时具有众多辅助功能的应用，例如，新能源接入、高性价比的智能巡检机器人、高性能电力滤波装置和无功补偿装置、地热和冰蓄冷系统等节能环保技术的应用。

（6）设备状态和功能可视化。能够通过视频监控、3D技术等实现全站所有设备及功能的可视化展示，使变电站的整个运行流程和环节更加透明，能够为运行维护提供便捷。

（7）系统的协同互动。变电站内部各自动化功能之间将进行协同互动，共同实现各项高级应用功能。如故障综合分析出具的报告将融合保护装置、故障录波、网络状态监测、PMS系统设备信息等以及视频监控的协同联动等；智能变电站还可支持与其他智能变电站之间的信息交互。

（8）运行维护高效便捷。智能变电站具有自动化的调试、配置和检测工具，使得整个变电站的调试、维护更加便捷，如系统全面的配置工具、智能巡检机器人等；同时智能变电站也将更加易于扩展、升级、改造和维护，适应未来发展变化的需求。

（9）全寿命周期管理。智能变电站将以工程项目的建设施工、运行维护到设备回收的全过程为出发点，科学、合理考虑成本，最终实现建设成本与运行维护成本的最优、最小化，节约社会资源。在变电站建设中，从一次性建设成本开支转变为从全寿命周期角度加强成本控制。通过对设备的可靠性、安全性以及运行维护、扩建等进行综合分析，把建设、运行成本降到了最优、最小化。采用结构紧凑、占地少、耐污染、可靠性较高的组合电气；按照无人值班、少人值守的运行模式，采用一体化监控系统。

第 4 章

高度集成智能变电站的技术分析

4.1 现有智能变电站系统局限性

智能变电站比起之前的变电站自动化系统，在技术进步上取得了突破和阶段性的飞跃；采用了 IEC 61850 标准和先进的网络技术、电子式互感器；实现了过程层信号、交流输入和开关控制的数字化、信息化，甚至网络化；达成了 IED 设备之间数据共享、交互和互操作性，也实现了一些高级应用，例如，顺序化操作等。但在工程实践中也暴露出一些新的问题和不足，这就需要我们继续进行新的技术探索和创新，将智能变电站的技术，提高到更高的水平。

智能变电站技术发展的宗旨是先进智能、低碳环保、紧凑集成，基于全站信息实现保护控制策略以提高选择性、智能性；网络化技术可以节省大量电缆、减少变电站占地面积。然而，现阶段网络通信的某些关键技术难题影响了可靠性，为了回避这些技术难题，现有的智能变电站不得不采取了一些保守方案，例如：①继电保护所需要的来自电子式互感器的电流/电压信息采用了光缆一对一连接方案，即光缆换电缆的所谓“直采直跳方案”；②为了简化保护控制设备，按单个设备对象（如每条线路、每个变压器）配置保护、测控设备；③每增加一种功能就需要增加一种设备（如增加计量功能就需要增加专用的计量装置，增加一条线路就增加相应的保护装置、测控装置）；④使得二次设备的数量很多，集成度低、主控室建筑面积大。

经过对现有智能变电站的工程实践总结，还发现有如下的问题：①二次装置数量多导致了通信网络节点众多、交换机级联、故障环节增加，降低了系统可靠性。除直采直跳接口，另需配置保护、测控、电度、录波、智能终端、合并单元等众多网络接口。例如，有的变电站全站一期配置交换机多达 92 台，成本很高。②保护独立配置，增加系统复杂性。各保护装置独立配置，需通过 GOOSE 网络交互逻辑闭锁、保护启动等信息，装置配置复杂，增加调试周期和后期维护成本。③装置光纤接口数量多，光缆铺设复杂。采用直采直跳设计模式，装置光口数量很多，光缆连接复杂，增大了施工、调试工作量。例如，有的变电站光缆使用近 50000m，加上熔接费用近百万元成本。④控制室屏体布置多，集成度低。保护、测控、计量按传统变电站模式配置，各功能硬件独立，屏体数量与传统变电站相比并未减少。某地 220kV 西径屏位数量约 140 面，占地面积大，未充分实现国网公司的“两型一化”的建设目标。⑤合并单元、智能终端独立配置，占用大量屏体安装位置。智能变电站试点工程合并单元均独立配置，集成安装于主控室屏体，占用安装位置的同时，增加了屏体内运行的环境温度。例如，辽宁 220kV 大石桥变电站配置 78 台合并单元、独立组装 20 面屏。

4.2　高度集成智能变电站的研究

4.2.1　设计宗旨及理论依据

针对于目前现有智能变电站所存在的问题，经研究采用高度集成智能变电站的技术方案来寻找解决之道。设计宗旨就是采用高度集成的方式，通过功能集成、结构紧凑、实现系统设备和屏柜数量的下降，减少通信网络节点和交换机数量，减少工程调试工作量和时间，提高系统的可靠性以及减少成本。

总体方案思路是站控层系统功能集成；间隔层保护、测控及计量功能集成；过程层合并单元与智能终端功能集成；网络结构采用SV/GOOSE/1588共网传输，三网合一；保护测控装置多间隔集成；集中式保护装置上“功能软件化”。

设计理念上，将整个变电站作为控制对象，以变电站为对象实施集中式保护，采集全站的信息并汇总到集中式保护装置上，基于全局信息实现控制策略，①具有更佳的智能性；②极大地提高了设备的集成度；③设计理念上实现了“功能软件化”的应用。

IEC 61850标准LN数据模型理论的建立为功能的自由分布和集成，为高度集成智能变电站的技术方案提供了实现的理论依据。强大的软/硬件平台技术、网络平台技术又为高度集成智能变电站的技术方案的实施提供了坚强的技术支撑。功能集成一直是变电站自动化系统在保护装置微机化后的发展方向，例如，传统的功能单一实现的多种保护功能集成为一台成套保护装置，保护测控一体化装置的逐步出现。但受制于技术和理论的历史发展局限性，集成发展的跨度一直是渐进式的，其集成范围和思路也都是局限的，例如，一个保护测控装置的保护、测控功能从交流信号采集到采集数据输出仍然都是各自独立的配置单元分别完成的；一个自动化功能也只能在一个物理设备上完整实现，无法分布式网络化，因此存在有很多种的自动化装置，例如，专有的备自投装置等。只有IEC 61850标准的出现，才能从根本上打破这样的技术和理论的瓶颈，因为只有实现了IED设备及功能间的互操作，才能从理论和技术思路上，提出变电站自动化功能的自由分布。也正是因为有了这种前所未有的理论灵活性，才打开了自动化装置功能的重新布置和优化、大级别集成，以及实现更为复杂先进的智能功能的技术思路。

在IEC 61850标准的推动下，加上计算机硬件水平的提高，变电站自动化系统的研究与建设进程，依次快速地被推进到了数字变电站、智能变电站的新发展阶段；这时也形成装置网络化、硬件平台化、功能软件化的“三化”技术指导原则。因此，这几年变电站自动化功能的智能化、集成化才一直在逐步取得不断的进展，例如，取消了专有的备自投装置，实现了顺控等。而高度集成智能变电站应该是在总结之前的不足之后研究得到的，目前为止最新的、最高水平的技术成果，集成程度前所未有，取得了跨间隔高度集成的跨越式飞跃。

4.2.2　研究成果及工程应用效果

高度集成智能变电站认真总结了之前的智能变电站工程建设中暴露的不足，研究取得了很多的创新成果。针对于现有的智能变电站，仍然按不同的线路、变压器、母联等分别配置保护、测控装置；保护控制策略的制定仅基于局部信息，导致了二次设备数量众多，网络结构复杂，智能性未达到目前可想到的最佳水平；首次提出跨间隔高度集成保护测控的设计思想。关键技术上，研究了实时可靠地接入全站大容量信息的网络技术、高性能的保护测控平台、后期运维检修便捷提升办法等，为设计理念的提升和实现打下了基础。

高度集成智能变电站取得的技术创新点及工程实际应用的效果有以下几方面：

（1）按电压等级采用保护、测控、计量集中式一体化装置，取消电能表。装置集成多个间隔的保护、测控、计量功能，将常规设计的40面屏体优化为4面，解决屏位数量多、占地面积大问题。多间隔保护集成一体设计，保护间闭锁及启动信息通过CPU内部交互，解决装置间信息交互复杂、调试维护工作量的问题。

（2）过程层采用综合智能终端，将合并单元与智能终端一体化集成设计，就地安装于汇控柜内，解决直采直跳模式光纤接口众多、光缆连接复杂的问题，减少点对点模式光纤接口90%，同时可降低装置发热，节约安装空间。

（3）采用SV/GOOSE/1588三网合一传输技术，每个装置过程层只需提供1个过程层光纤接口。这样的结果就是网络架构清晰明了，网络共享传输极大地简化了网络架构，交换机数量减少了约2/3，相应的成本也降低了2/3；解决了直采直跳的一对一方式所带来的网络接口众多、光缆连接复杂、装置发热量高等诸多问题。采样值传输，按一台交换机对应4个间隔配置，实际测试的结果是采样值报文的传输延时不大于58μs，这完全满足采样值传输实时性的工程要求。网络跳闸，通过KEMA测试，在95%的网络负载的情况下，每秒发1000个GOOSE报文，无丢包情况。

（4）IEC 61588对时技术是三网合一的关键技术，其优点是对时精度高，通过网络实现对时，不需要额外对时接线，但如果在实际工程中频繁发生对时报文错误可能会导致大范围保护闭锁的现象发生。因此目前的智能化变电站的建设中很少采用，对IEEE 1588对时的应用可靠性还有顾虑，也阻碍了其在以后的工程应用。高度集成智能变电站系统性的提出协调解决策略，大幅提升IEEE 1588对时系统可靠性，成功解决了此问题。在智能终端中应用的防误对时策略，巧妙地躲避了IEEE 1588报文异常造成的时钟跳变。在有可能发生的各种状况下，可靠保证MU的时钟平稳连续。充分研究考虑了与众多条件的协调，及各种故障异常情况下的适应性、系统对时钟精度及守时精度的要求。这个对时策略通过大量动模试验证明了其可靠有效。在主时钟及交换机上实现了三个时钟跟踪互备的无缝切换策略及不影响继电保护功能的平滑调整策略。即使在两个主时钟同时失效的恶劣情况下交换机仍然能够维持智能终端的同步。容错的对时策略加健壮的主时钟系统在对时系统可靠性方面实现了重大突破，这将推动IEEE 1588对时技术的工程应用。

（5）全站信息统一建模、统一标准，建立统一的数据处理平台，站控层采用信息一体化平台集中实现高级应用、信息子站等功能，取消了独立的信息子站。站内视频、火灾、防盗、采暖通风等辅助系统均采用IEC 61850标准与一体化信息平台通信，实现数据共享。

（6）研制了变压器“一拖二”油色谱在线监测装置，提高了监测设备集成度，节约了检修维护成本。采用“六分阀”专利技术，解决了两台变压器共用一台油色谱装置的混油难题。

（7）实现了设备端子箱和汇控柜的整合，电缆用量减少了50%，光纤用量减少了67%。

（8）应用手持配置终端，一键实现装置的程序升级、定值读写、配置恢复等功能，实现繁琐配置工作的自动化、多重化；减少了运维人员的参与程度，运维工作量减少显著，提高运维效率。由于集中式保护相较于常规保护在装置数量上减少了很多，在运行和检修上可以最大程度的降低运行和检修人员的工作量，减少变电站的运行维护成本。

（9）创造性地将纵联光纤通道接入合并单元，解除了线路纵联保护网络采样对同步系统的依赖。在合并单元中采用高容错能力的对时策略以及主时钟系统无缝切换策略，消除了主时钟同步系统失效对母线及变压器保护的影响，提高了跨间隔继电保护网络采样可靠性。

（10）报文记录仪集成故障录波功能。报文记录仪记录的报文涵盖故障录波需要的信息，故障录波信息与报文记录存储在不同硬盘，因此两项功能做到高效融合，互不影响。

（11）采用太阳能供电模式的无线通信技术，实现了在线监测系统安全隔离。由于监测数据采样间隔长，可以采用多次重复策略提升可靠性。在过程层及站控层间采用无线通信技术，在能够满足技术要求的前提下，节省大量电缆、降低施工成本、实现与一次系统/二次系统相隔离，提高变电站运行可靠性。

（12）实现了单网双套集中式保护装置的检修方案，在各种运行方式及切换过程中均满足继电保护的性能要求，解决集中式保护故障或者检修时影响范围较大、停电时间加长的问题，任一装置故障不降低继电保护的可靠性。

（13）采用了HGIS外卡式光学电流互感器。基于Faraday磁光效应原理的磁光玻璃型光学电流互感器，采用零和御磁结构技术，设计成双半环对接的卡箍式结构，在不改变GIS或罐装断路器结构的情况下安装在壳外，实现了在不停电的情况下的检修或更换。

高度集成智能变电站的高度集成化的二次设备，有效地减少了控制室建筑面积、降低了建设成本；电子互感器的应用、光缆取代电缆等的实施，在绿色环保、节能降耗、安全运行等方面也体现了积极的效用。

4.2.3　无缝切换的集中式保护装置检修方案的技术分析

集中式保护具有一系列技术优点的同时，由于一个装置实现覆盖多个间隔的保护功能，对现有的运行管理制度提出了新的挑战，其中一个突出的挑战是检修过程中，检修间隔与其他运行间隔的安全隔离问题。常规保护装置是按间隔配置的，检修某个间隔时只需要将本间隔的一、二次设备退出运行即可，方式上这对其他间隔的运行没有影响。因此，集中式保护需要解决的难题是检修及隔离处理方式。通过表4-1的对比，可详见配置集中式保护下的检修影响范围相比之前的非集中式保护的常规方案的实际扩大情况，结果是保护装置故障影响到了相关的全部间隔，缩短了无问题的间隔保护的运行时间，增加了集中式保护装置的检修试验时间和次数。

表4-1　智能变电站常规方案与集中式方案的检修及影响范围对比

检修方式	检修原因	常规方案	集中式方案
保护检修	硬件原因更换CPU	本间隔保护退出；本间隔保护试验	装置所有间隔保护短时全退出运行。装置所有间隔保护全部试验
	更换除CPU外的其他插件	本间隔保护短时退出	装置所有间隔保护短时全退出运行，影响到无问题的间隔
	CPU板升级程序	本间隔保护短时退出	装置所有间隔保护短时全退出运行，影响到无问题的间隔
	升级除CPU外的其他程序	本间隔保护短时退出	装置所有间隔保护短时全退出运行，影响到无问题的间隔

续表

检修方式	检修原因	常规方案	集中式方案
综合智能终端检修	综合智能终端故障检修	本间隔保护退出，本间隔保护试验	本间隔保护退出，本间隔保护试验。保护装置的其他间隔保护运行
一次设备需要停电检修或定检	一次设备需要停电检修或定检	本间隔保护退出，本间隔保护试验	本间隔保护退出，本间隔保护试验。保护装置的其他间隔保护运行

为了解决集中式保护装置故障或者检修时影响范围较大、停电时间加长的问题，我们提出了 A/B 双套保护装置各自分别置“运行/检修”状态的运行方式，任一装置故障不降低继电保护功能的可靠性的无缝切换的检修方案。如图 4-1 所示，例如，66kV 电压等级的集中式线路保护配置双套。当保护 A 装置异常或故障时，整个装置处于检修状态。而另一台装置 B 仍处于运行状态，所有线路间隔的保护仍能靠 B 装置保持运行。这样可以实现不停电的保护检修，运行时间不受影响。当某个间隔一次停电检修或时，可不停运保护，或者依次切换停运 1 台保护装置配合做试验，而不影响其余间隔的正常运行。综合智能终端也按 A/B 双套与保护对应配置，同样，当 A 套综合智能终端检修时，整个装置处于检修状态。而另一台综合智能终端 B 仍处于运行状态，所有线路间隔的保护仍能靠 B 套保护及综合智能终端保持运行。

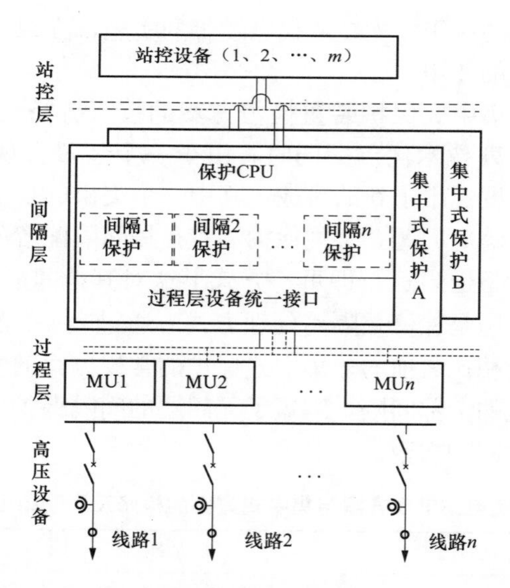

图 4-1　66kV 电压等级的集中式线路保护双套配置

4.2.4　总体结构

高度集成智能变电站的自动化体系结构在逻辑功能上由站控层、间隔层和过程层三层设备组成，并用分层、分布、开放式网络系统实现连接，整个体系结构为“三层两网”结构，如图 4-2 所示。

其过程层通信网络采用星型结构，通信网络接入方案如图 4-3 所示。

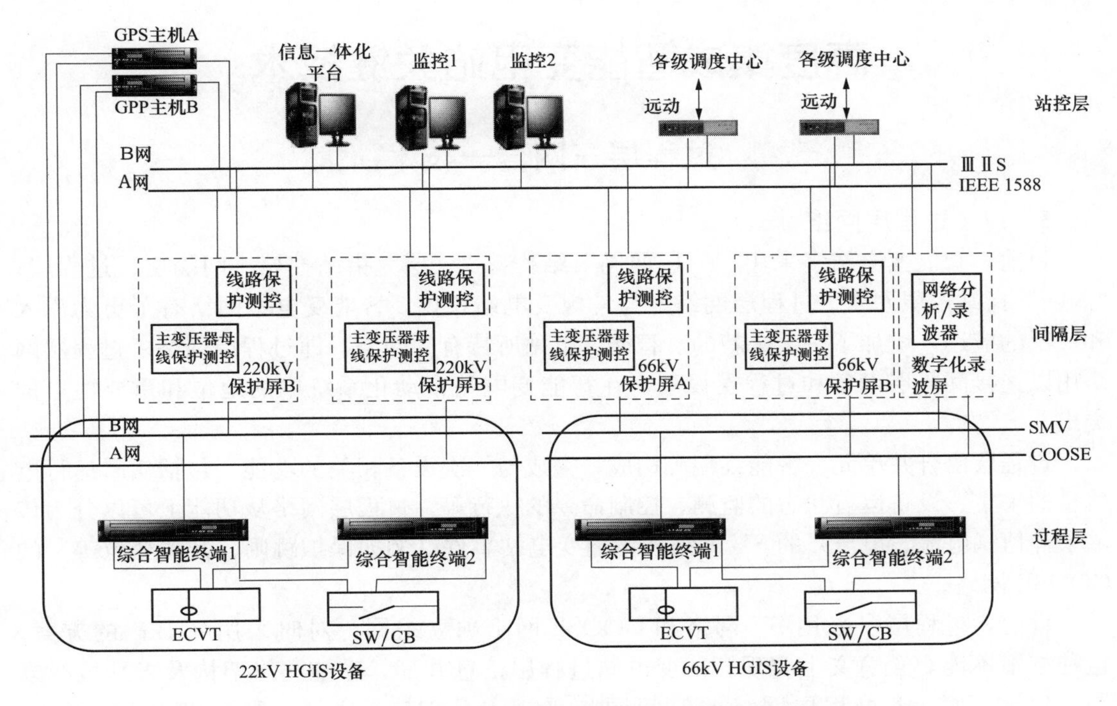

图 4-2　高度集成智能变电站的自动化体系结构

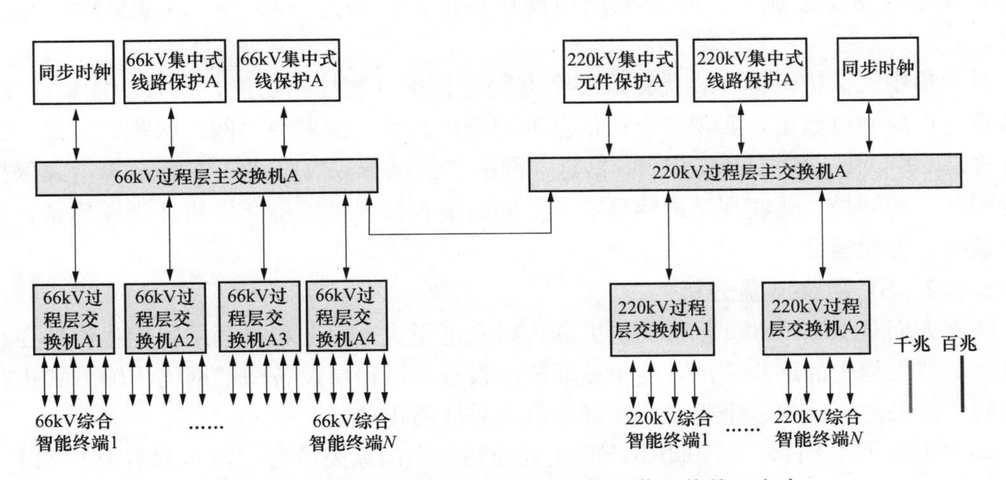

图 4-3　高度集成智能变电站的过程层通信网络接入方案

第 5 章

高度集成智能变电站关键技术

5.1 过程层三网合一技术研究

5.1.1 过程层网络

目前，智能变电站多采用“三层两网”结构，“三层”指站控层、间隔层、过程层；“两网”指站控层网络、过程层网络。与常规变电站相比，智能变电站网络有了更为深入和广泛的应用，增加了一个全新的、智能变电站所特有的网络，即过程层网络。过程层网络用以连接间隔层设备和过程层设备，在智能变电站自动化系统中的地位和重要性更加突出。

过程层由合并单元、智能终端等构成，完成与一次设备相关的功能，包括实时运行电气量的采集、设备运行状态的监测、控制命令的执行等。过程层网络从功能上可以分为传输采样值（电流、电压）的 SV 网络和传输变电站事件（例如保护跳闸、开关变位等）的 GOOSE 网络。

目前，过程层多采用 SV 网络和 GOOSE 网络独立组网，对时采用光 B 码的方案。这种方案不能真正意义上实现智能变电站过程层信息共享，系统网络架构及光纤接线复杂，运维不便。若过程层网络的时间同步采用 IEC 61588 协议，则可以将 SV 网络、GOOSE 网络和时间同步网络合并为一个物理网络，而不需要额外的对时系统，这对于降低智能变电站建设成本、降低维护和操作难度、提高过程层网络稳定程度具有重要意义。

对于集中式保护，单台装置集成多个间隔的保护（测控）功能，装置功能集成度高，为节省过程层光口数量，实现变电站信息的网络化共享，需采用“网采网跳”方式。而基于过程层 GOOSE、SV、IEC 61588 信息共网的“三网合一”技术，在满足集中式保护要求的同时，能够最大化实现站内信息共享，同时节省站内过程层交换机及光缆用量，简化二次接线，方便运维。

5.1.2 SV 网络流量分析

随着人们对 IEC 61850 标准的研究深入以及电子式互感器和过程层智能化设备在智能变电站示范工程中的逐步应用，变电站间隔层设备与过程层设备间以网络传输方式进行通信受到广泛关注。其中一个重要组成部分就是采样值传输。

2009 年 1 月 23 日，(57-990-INF) 正式通知各个国家委员会，宣布取消 IEC 61850-9-1，将 IEC 61850-9-2 通信协议作为智能变电站过程层采样值传输的主要应用协议。IEC 61850-9-2 更加灵活，适应性也更强，在对象模型方面充分体现了自我描述、灵活配置的特点，其逻辑设备、逻辑节点、数据集和采样值控制块均可以根据实际需要进行配置和选择，并通过配置文件进行描述，如图 5-1 所示。

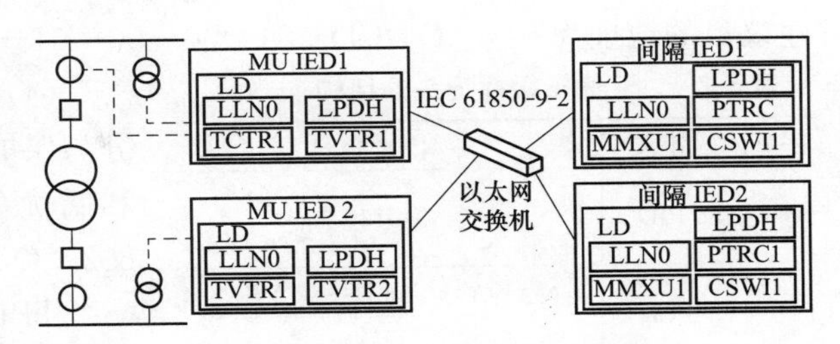

图 5-1　采用 IEC 61850-9-2 实现网络化采样示意图

智能变电站过程层“三网合一”技术区别于其他技术方案的最重要特点就是网络流量较大，且通信传输需要依赖交换机。下面就三网合一技术的网络流量进行理论计算。

IEC 61850-9-2 采样值报文在链路层传输都是基于 ISO/IEC 8802-3 的以太网帧结构，帧格式定义说明见表 5-1。

表 5-1　　帧格式定义说明

字节	2^7	2^6	2^5	2^4	2^3	2^2	2^1	2^0
1	前导字段 Preamble							
2								
3								
4								
5								
6								
7								
8	帧起始分隔符字段 Start-of-Frame Delimiter（SFD）							
9	MAC 报头 Header MAC	目的地址 Destination address						
10								
11								
12								
13								
14								
15		源地址 Source address						
16								
17								
18								
19								
20								
21	优先级标记 Priority tagged	TPID						
22								
23		TCI						
24								

字节	2^7	2^6	2^5	2^4	2^3	2^2	2^1	2^0
25	以太网类型 Ethertype							
26								
27	以太网类型 PDU Ether-type PDU	APPID						
28								
29		长度 Length						
30								
31		保留 1 reserved1						
32								
33		保留 2 reserved2						
34								
35	APDU							
36								
37								
38								
⋮								
n								
$n+1$	可选填充字节							
$n+2$								
$n+3$	帧校验序列 Frame check sequence							
$n+4$								
$n+5$								
$n+6$								

帧格式说明：

（1）前导字节（Preamble）。前导字段，7byte。Preamble 字段中 1 和 0 交互使用，并且该字段提供了同步接收物理层帧接收部分和导入比特流的方法。

（2）帧起始分隔符字段（Start-of-Frame Delimiter）。帧起始分隔符字段，1 字节。字段中 1 和 0 交互使用。

（3）以太网 mac 地址报头。以太网 mac 地址报头包括目的地址（6byte）和源地址（6byte）。目的地址可以是广播或者多播以太网地址。源地址应使用唯一的以太网地址，建议目的地址为01－0C－CD－04－00－00～01－0C－CD－04－01－FF。

表5-2 优先级标记头的结构

字节	2^7	2^6	2^5	2^4	2^3	2^2	2^1	2^0
1	TPID		0x8100					
2								
3	TCI		User priority			CFI	VID	
4			VID					

（4）优先级标记（Priority tagged）。为了区分与保护应用相关的强实时高优先级的总线负载和低优先级的总线负载，采用了符合IEEE 802.1Q的优先级标记，见表5-2。

TPID值：0x8100

User priority：用户优先级，用来区分采样值，实时的保护相关的GOOSE报文和低优先级的总线负载。高优先级帧应设置其优先级为4～7，低优先级帧则为1～3，优先级1为未标记的帧，应避免采用优先级0，引起正常通信下不可预见的传输时延。

采样值传输优先级设置建议为最高级7。

CFI：若值为1，则表明在ISO/IEC 8802-3标记帧中，Length/Type域后接着内嵌的路由信息域（RIF），否则应置为0。

VID：虚拟局域网标识，VLAN ID。

（5）以太网类型Ethertype。由IEEE著作权注册机构进行注册，可以区分不同应用，以太网类型说明见表5-3。

表5-3 以太网类型说明

应　用	以太网类型码（16进制）
IEC 61850-8-1 GOOSE	88-B8
IEC 61850-9-1 采样值	88-BA
IEC 61850-9-2 采样值	88-BA

（6）以太网类型PDU。APPID：应用标识，建议在同一系统中采用唯一标识，面向数据源的标识。

为采样值保留的APPID值范围是0x4000～0x7fff，可以根据报文中的APPID来确定唯一的采样值控制块。

（7）帧校验序列。4byte。该序列包括32位的循环冗余校验（CRC）值，由发送MAC方生成，通过接收MAC方进行计算得出，以校验被破坏的帧。

IEC 61850-9-2采样值报文帧中存在一些不确定的长度，其具体值由配置和编码来决定：TLV格式中的长度L采用ASN1编码，具体的编码长度可能不同，但由于以太网帧长度限制为1522byte，所以长度L最大占3byte，最小占1byte；还有svID的长度不确定，最少占用2byte，最多占用39byte；每个数据占4byte的数据值和4byte的数据品质。从以上分析可以看出，假设采样值报文帧中有n个ASDU，每帧数据的长度为$(48+n\times121)\sim(54+n\times172)$byte。

为了便于分析，下面数据流量分析都以每周波80点采样、每帧1个ASDU计算，可以计算出根据不同的配置和编码风格，每帧数据的长度为169～226byte，每个合并单元的流量为（169～226）byte/APDU×8bit/byte×80APDU/周波×50周波/s＝5.408～7.232Mbit，最大约为7.23M。

5.1.3 GOOSE网络流量分析

在正常情况下，GOOSE通信只维持心跳报文，网络流量可以忽略不计。当发生开关量变位时，考虑极端情况，最大数据吞吐量发生在智能终端连接的端口上（母线保护、线路保护、测控均下发命令），共3个GOOSE报文，发送最快间隔按2ms计算，端口流量为300byte/2ms，占用交换机带宽大约为1.2Mbit/s。

5.1.4　IEC 61588 流量分析

随着对 IEC 61850 标准研究及工程应用的不断深入，在智能变电站中数据信息的共享程度和数据的实时性将得到大幅度提高。2002 年发布的 IEEE 1588 协议定义了一种用于分布式测量和控制系统的精密时间协议（Precious Time Protocol，PTP），其网络对时精度可达亚微秒级，这引起了工业自动化、通信等工业领域研究者的重视。2008 年发布了 IEEE 1588 V2 版，进一步从对时精度、安全性、冗余等角度进行了规范和完善，鉴于 IEEE 1588 高精度的分布式网络对时特点，IEC-TC 第 10 工作组已经将 IEEE 1588 引入 IEC 61850，成为了 IEC 61588 标准。IEC 61850 工作组的专家们在 V2、V3 版的提案中都提出了在变电站自动化系统中采用 IEEE 1588 作为全站对时技术的建议，因此研究 IEEE 1588 在智能变电站中的具体应用具有重要的现实意义。

IEEE 1588 协议借鉴了 NTP 和 SNTP 技术，通过叠代消除了往返的路径延时，而且利用以太网媒体访问控制（MAC）层打时间戳技术，消除了设备响应时间同步报文的不确定延时，因此，很大程度地提高了时间同步精度。IEEE 1588 协议占用资源少，便于兼容各种时钟接收设备。IEEE 1588 协议还是一个自适应的系统，能够自己管理系统内的时钟节点，减少人工参与。如图 5-2 所示为 MAC 层打时间戳示意图。

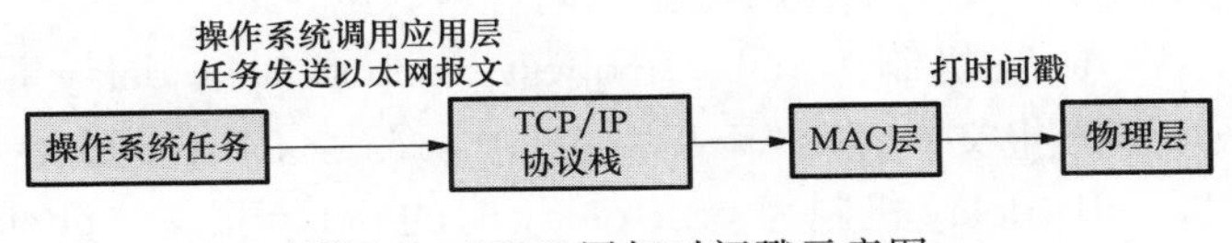

图 5-2　MAC 层打时间戳示意图

IEEE 1588 协议的核心算法包括最佳主时钟（BMC）算法和本地时钟同步（LCS）算法。BMC 算法主要完成选举主时钟和生成拓扑结构两个任务。主时钟选举是通过比较时钟属性（例如是否指定主、从时钟）、时钟等级（IEEE 1588 协议用于标识时钟精度）、时钟类型（IEEE 1588 协议标识的时钟源类型，例如，时钟源来自铷钟、铯钟）、时钟特性（例如时钟的偏移、方差）以及时钟地址和时钟端口号（当其他特征都一样时，IEEE 1588 协议会选小的作为主时钟）等，来确定哪一个时钟节点会成为主时钟，进而产生拓扑结构。IEEE 1588 协议会生成树形拓扑结构，将一些竞争失败的节点端口定义为禁用（Disabled）状态、被动（Passive）状态等，避免生成回路。

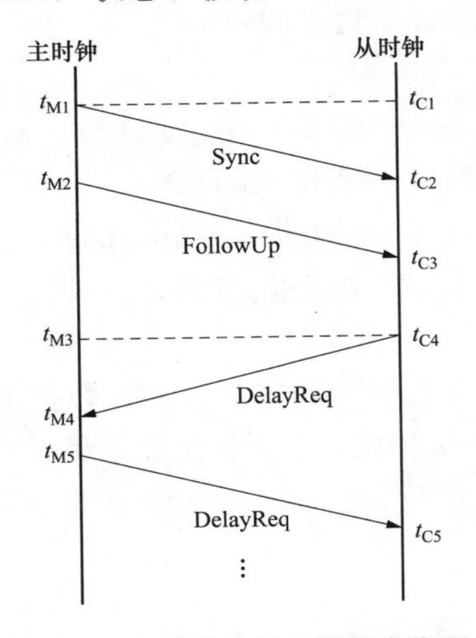

图 5-3　主时钟和从时钟校准流程

LCS 算法主要完成本地时钟节点与主时钟的校准。如图 5-3 所示为主时钟和从时钟校准流程。从时钟先通过报文传输的往返叠代得出路径延时（delay），然后计算出主、从时钟的时间偏移（offset），最后对从时钟进行调节同步。

在图 5-3 中，可以得出以下结论：

（1）从时钟在 t_{C2} 时刻收到主时钟发送的 Sync 广播报文。

（2）在 t_{C3} 时刻，从时钟收到主时钟发送的携带同一回合 Sync 报文发送时间 t_{M1} 的 FollowUp 报文，从时钟与主时钟的时间偏移 $toffset$ 为

$$t_{\text{offset}} = t_{C2} - t_{M1} - \tau$$

式中：τ 为线路延时。

(3) 从时钟在 t_{C4} 时刻向主时钟发送 DelayReq 报文。

(4) 在 t_{C5} 时刻，从时钟收到主时钟发送的与同一回合的 DelayReq 报文相对应的 DelayReq 报文，其包含了主时钟收到 DelayReq 的时刻 t_{M4}，其延时 τ 为

$$\tau = \frac{t_{C2} - t_{M1} + t_{M4} - t_{C4}}{2}$$

根据延时 τ 可以得出 t_{offset}，进而可以对从时钟进行调节。

可以看出，LCS 算法的假设前提是报文往返的路径延时相等，或者说网络的往返传输延时是对称的，但在实际的以太网中这是不可能绝对满足的。

下面对 IEEE 1588 同步对时网络进行流量分析。

计算不同类型报文字节数。

(1) 建立主从层次报文。announce：34byte 报文头＋30byte 报文内容＋18byte 地址和校验码＝82byte。

(2) 同步报文。sync：34byte 报文头＋10byte 报文内容＝44byte；follow _ up：34byte 报文头＋10byte 报文内容＝44byte。

delay 机制为 delay request-resopnd 时的 delay 报文。delay _ req：34byte 报文头＋10byte 报文内容＝44byte；delay _ resp：34byte 报文头＋20byte 报文内容＝54byte；

III delay 机制为 peer delay 时的 delay 报文。pdelay _ req：34byte 报文头＋20byte 报文内容＝54byte；pdelay _ resp：34byte 报文头＋20byte 报文内容＝54byte；pdelay _ resp _ follow _ up：34byte 报文头＋20byte 报文内容＝54byte。

(3) 报文周期。announce 报文周期：1s；同步报文周期：1s；delay 报文周期：8s。

最严重情况下一个合并单元发出 IEEE 1588 报文的流量：按 annouce 报文、同步报文和 delay 报文均在同一秒内。

1) 1 步钟＋delay request-respond 机制。此种模式下，有 announce、sync、delay _ req、delay _ resp 报文；最坏情况报文流量：（64＋44＋44＋54）×8＝206×8＝1648 (bit/s)。

2) 2 步钟＋delay request-respond 机制。此种模式下，有 announce、sync、follow _ up、delay _ req、delay _ resp 报文；最坏情况报文流量：（64＋44＋44＋44＋54）×8＝250×8＝2000 (bit/s)。

3) 1 步钟＋peer delay 机制。此种模式下，有 announce、sync、pdelay _ req、pdelay _ resp 报文；最坏情况报文流量：(64＋44＋44＋54＋54）×8＝260×8＝2080 (bit/s)。

4) 2 步钟＋peer delay 机制。此种模式下，有 announce、sync、follow _ up、pdelay _ req、pdelay _ resp、pdelay _ resp _ follow _ up 报文；最坏情况报文流量：(64＋44＋44＋54＋54＋54）×8＝314×8＝2512 (bit/s)。

按照模式 (4) 最严重的情况下分析：1 个合并单元的 IEEE 1588 报文每秒钟数据流量为 2.512kbit/s，与每秒钟 GOOSE 的报文流量 0.048Mbit/s 相比，小了一个数量级，当然更远小于 IEC 61850-9-2 的 SV 报文流量 6.36Mbit/s。因此 IEEE 1588 报文流量远小于采样值流量，对网络带宽的影响可以忽略不计。

5.1.5 SV 网络和 GOOSE 网络共网技术

智能变电站过程层网络对实时性、可靠性等方面有很高的要求，下面分别对 SV 采样

报文和GOOSE跳闸报文在过程层网络中传播的流量和时延进行定量分析。

（1）网络流量分析。

1）基于IEC 61850-9-2规约的合并单元的流量分析。按照每帧1点（12个模拟量通道），考虑PMU的采样要求，采用符合IEC 61850-9-2规约的每周波100点的合并单元输出进行计算，一个合并单元每秒钟的数据流量S=159byte×8bit/byte×50周波/s×100帧/周波=6.36Mbit/s。

2）基于IEC 61850-GOOSE规约的智能设备的流量分析。按照T_0=10s计算，一个智能设备每秒钟的数据流量S=6016byte×8bit/byte×（1s/10）帧=0.048Mbit/s。

通常情况下，GOOSE流量远小于采样值流量，对网络带宽的影响基本可以忽略。在带宽的分配原则上，由于交换式以太网消除了碰撞检测机制带来的等待延迟和带宽占用，传输速率可以达到60%以上，部分国外品牌交换机更是达到了80%～90%，但为了保证传输的实时性和可靠性，保留一定的带宽裕度，对于带宽占用率在50%以下的端口，采用一个百兆网口即可，对于带宽占用率在50%以上的端口，一个百兆网口就难以满足要求了，这也是当前网络应用的一个难点。当前解决这个问题的方法，多数厂家倾向于对这样带宽占用率高，采集多个间隔数据的设备，同时用几个百兆网口来采集数据，并在设备内加设前置通信处理模块，以减小处理器的负担。当然，根本的解决办法是在诸如主变压器差动，母线差动保护等设备上应用千兆网口，这在技术上是完全可行的。表5-4列出的数据为按照上述计算得出的各设备实际网络流量统计数据。

表5-4　某工程的网络流量分析简表

序号	节点名称	IEC 61850-9-2流量（Mbit/s）	带宽占用率（100M）
1	500kV线路保护	2×6.36=12.72	12.72%
2	220kV线路保护	1×6.36=6.36	6.36%
3	500kV母差保护（远期7串）	7×6.36=44.52	44.52%
4	220kV母差保护1（远期13间隔）	13×6.36=82.68	82.68%
5	220kV母差保护2（远期13间隔）	13×6.36=82.68	82.68%
6	主变压器差动保护	3×6.36=19.08	19.08%
7	500kV各串交换机级联	3×6.36=19.08	19.08%
8	500kV公用交换机级联	14×6.36=89.04	89.04%
9	220kV间隔交换机级联（4个间隔）	4×6.36=25.44	25.44%
10	220kV公用交换机级联	20×6.36=127.2	127.2%
11	主变压器间隔交换机级联	4×6.36=25.44	25.44%

对于220kV和500kV线路间隔而言，流量一般为6.36Mbit/s和12.72Mbit/s，采用一个百兆网口完全能满足要求；对于变压器差动保护，也可采用一个百兆网口；对于500kV母线差动保护，考虑到远期需求和带宽裕度，可采用两个网口同时采集数据，以保证可靠性；对于220kV母线差动保护，每个装置采集的数据量较大，需要采用两个网口同时采集；对于500kV各串交换机、220kV各间隔交换机和主变压器交换机，数据一般为一串或几个间隔的集合，根据表中计算数据和上述配置原则，也可采用一个百兆口；对

于500kV和220kV公用交换机，连接的间隔数量较大，带宽占用高，分别达到了89.04%和127.2%，一个百兆网口就难以满足要求了，应采用千兆网口以满足级联数据传输的需求。

（2）网络时延分析。交换机的网络通信延时可定义为一帧报文从发送者到接收者的网络传输花费的全部时间。网络延时有以下四种因素：

1）存储转发延时（L_{sf}）：这个延时与被转发的帧的大小成比例，并且与速率成反比。对于100Mbit/s速率交换机，最大的以太网帧1518byte延时是$1518\times8/(100\times10^6)=121(\mu s)$；最小的以太网帧64byte的延时是$64\times8/(100\times10^6)=5(\mu s)$；IEC 61850-9-2的以太网帧159byte的延时是$159\times8/(100\times10^6)=13(\mu s)$；GOOSE的以太网帧752byte延时是$752\times8/(100\times10^6)=60(\mu s)$。

2）交换机制延时（L_{sw}）：以太网交换机内部由复杂的硬件电路执行存储转发引擎、MAC地址表、VLAN、CoS及其他的功能。交换机制产生的延时用以执行这些逻辑功能。各个厂商交换机制延时各不相同，对于同一厂商型号基本相同，例如罗杰康产品的交换机制延时是7μs。

3）线路传输延时（L_{wl}）：数据在光纤链路上的传输速度大约是光速（3×10^8m/s）的2/3。当部署很长距离以太网线路时，这个延时可能值得注意。对于1km/100m的链路延时可以计算出$L_{wl}(1km)=1\times10^3/(2/3\times10^8)\approx5(\mu s)$；$L_{wl}(100m)=1\times10^2/(2/3\times10^8)\approx0.5(\mu s)$。对于变电站网络中的距离，这个延时和其他延时影响相比可以忽略。

4）帧排队延时（L_q）：以太网交换机用队列结合存储转发机制来消除帧冲突的问题。队列给延时引入了非确定性因素，原因归咎于通常很难预测网络上精确的通信工况。统计一个以太网帧的帧排队平均延时，可以假定一帧已经在队列里的报文延时和网络负荷成比例。则队列造成的平均延时为网络负荷与一个全尺寸帧（1518byte）存储转发的延时的乘积。例如，一个负荷25%的网络将会有一个平均队列延时$L_q=0.25\times(1518\times8bit/100Mbit/s)=30\mu s$。

综上所述，一帧报文在交换式以太网上最坏情况下总的延时是

$$L_{total}=\Sigma\ (L_{sf}+L_{sw}+L_{wl}+L_q)$$

下面对某工程220kV的典型网络进行分析，如图5-4所示。

系统采用SV网络和GOOSE网络共网传输方式，SV网络采用IEC 61850-9-2通信协议。考虑最极端的情况，远期220kV母线保护装置，连接的间隔数为13个，即13个智能终端/合并单元。这样在公用交换机上最大排队数为26帧。每一个边界交换机从第一帧接收到时就开始转发，累计的延时增加仅仅由存储转发，以及在路径上放置另外的交换产生的交换时间。

一组IEC 61850-9-2 SV采样数据帧的最好和最坏情况延时、抖动分别是

$L(best)=(1272bit/100Mbit/s)+7\mu s+(1272bit/100Mbit/s)+7\mu s\approx39\mu s$

$L(worst)=(6016bit\times13/100Mbit/s)+(1272bit\times13/100Mbit/s)+7\mu s+(1272bit/100Mbit/s)+7\mu s\approx974\mu s$

$$\Delta L=L(worst)-L(best)\approx974\mu s-39\mu s\approx935\mu s$$

一组GOOSE数据帧的最好和最坏情况延时、抖动分别是

$L(best)=(6016bit/100Mbit/s)+7\mu s+(6016bit/100Mbit/s)+7\mu s\approx134\mu s$

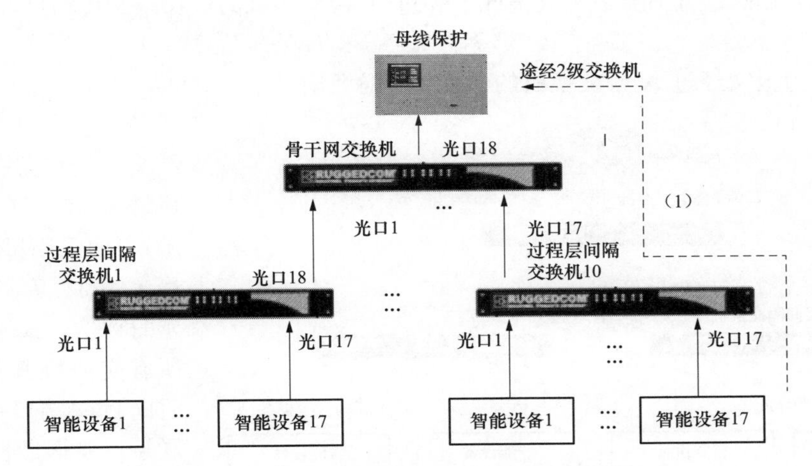

图 5-4　某工程 220kV 典型网络组成示意图

$$L(\text{worst})=(6016\text{bit}\times13/100\text{Mbit/s})+(1272\text{bit}\times13/100\text{Mbit/s})+7\mu\text{s}+(6016\text{bit}/100\text{Mbit/s})+7\mu\text{s}\approx1011\mu\text{s}$$

$$\Delta L=L(\text{worst})-L(\text{best})\approx1011\mu\text{s}-134\mu\text{s}\approx877\mu\text{s}$$

可以看出，在队列数量较多的母差保护采集路径上，即使对最坏情况的抖动，理论计算得到的总延时也是可以接受的。虽然实际延时可能略有变化，考虑到还能采取的一系列提高网络实时性的措施，SV 网络与 GOOSE 网络共网能够满足变电站网络数据正常传输的要求。

过程层 GOOSE 报文和 SV 报文共网传输，可实现信息共享，减少交换机配置，但是由于采样值报文的流量较大，统一组网对交换机的要求较高。随着网络通信技术和设备水平的提升，SV、GOOSE 共同组网是技术发展趋势，并可以通过 IEC 61588 网络方式实现采样值的同步，简化对时网络结构。

5.1.6　"三网合一"的实时性分析

IEC 61850 标准规定的 GOOSE 报文的延时要求为 3ms，以下分析三网合一后 GOOSE 报文的传输延时是否满足要求。网络传输延时由以下延时组成：

(1) 交换机存储转发延时 T_{SF}。现代交换机都是基于存储转发原理的，因此，单台交换机的存储转发延时等于帧长除以传输速度。以 100Mbit/s 光口为例，以太网最大帧长是 1522B，加上同步帧头 8B，交换机存储转发延时为 122μs，若为千兆端口存储转发延时为 12μs。

(2) 交换机交换延时 T_{SW}。交换机交换延时为固定值，取决于交换机芯片处理 MAC 地址表、VLAN、优先级等功能的速度。一般工业以太网交换机的交换延时不超过 10μs。

(3) 光缆传输延时 T_{WL}。光缆传输延时是光缆长度除以光缆速度（约 2/3 倍光速）。以 1km 为例，光缆传输延时约 5μs，相对固定且延时较小，可以忽略。

(4) 交换机帧排队延时 T_Q。交换机发生帧冲突时均采用排队方式顺序传送，这给交换机延时带来不确定性。考虑最不利的情况，即交换机（共 K 个端口）所有其他 $K-1$ 个端口同时向另一端口发送报文。忽略帧间间隔时间，最长帧排队延时约为 $(K-1)$ T_{SF}。最短排队延时则为 0，平均排队延时为 $(K-1)$ $T_{SF}/2$。

根据以上分析，可估算最不利情况下经过 N 台交换机的最长报文传输延时 T_{ALL} 为

$$T_{ALL} = N(T_{SF} + T_{SW} + T_Q) + T_{WLA}$$

式中：T_{WLA} 为报文经过 N 台交换机的光缆传输总延时。

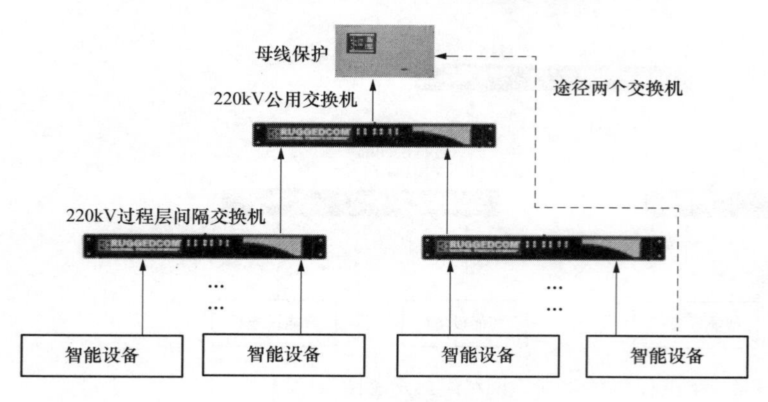

图 5-5　交换机网络架构图

对于本站选用的星形结构，最多经过 3 台交换机转发报文（如图 5-5 所示），即采用星形结构时 N 最大为 3。T_Q 用平均排队延时评估，最不利情况下，所有交换机其他端口均同时向目的端口或交换机级联端口发送最长报文。

为了减少传输延迟，可以对骨干网交换机采用带宽 1000M 的交换机，此外，GOOSE 报文可以按 300byte 的长度计算。

因此，假设光口 1～17 同时向光口 18 发送帧长 300byte 的报文，忽略帧间时间间隔，极端排队延时为 $T_{most}=2\times(2.4\mu s+17\times 2.4\mu s)+10\mu s+(24\mu s+10\mu s+17\times 24\mu s)+5\mu s=543.4\mu s$。这是最不利的情况，实际应用中继电保护通常只传输少量布尔值，GOOSE 报文一般不会超过 300B，因而网络传输延时将会更少。

上述论证，是基于上行报文展开的，真实的情况是，我们关注的是下行的跳闸报文的延迟。由于下行报文可以组播，不存在 17 个光口往一个光口队列发送的极端情况，即骨干网交换机的光口 1～17 是并行向下传输的。因此，下行报文的延迟特性优于上行报文。

更精确的模型是，对于实时性要求最高的跳闸对象，每个智能终端的控制源（间隔层 IED）不会超过 10 个，网络冲突是局部的，不可能发生几十甚至上百个控制源对一个智能终端发报文。关键是将实时性高的相关控制源组网在同一间隔交换机内最有效（母线保护例外）。

因此，通过计算可知三网合一后 GOOSE 报文的传输延时仍能满足 IEC 61850 标准规定的 3ms 的延时要求。另外，IEC 61850 中可以使用 IEEE 802.1Q 优先级标志和虚拟 VLAN 来减少网络延时，提高重要报文传输的实时性。

由 VLAN 的特点可知，一个 VLAN 内部的广播和单播流量都不会转发到其他 VLAN 中，从而有助于控制流量、减少设备投资、简化网络管理、提高网络的安全性。VLAN 能将网络划分为多个广播域，以用于控制网络中不同节点之间的互相访问，可有效地减少网络负载。

为了保证重要信号的快速、可靠传输，在过程层的信息传送中使用了优先权标记。按照 IEEE 802.1Q，优先级标记用于将 GOOSE 报文及优先级要求高的网络流量从繁忙的低优先级流量中分开。通过 IEEE 802.1Q 的优先级及 VLAN，可有效地减少网络负载，提高了重要报文的优先级，从而使提高了 GOOSE 报文传输的实时性。

总体而言，过程层“SV+GOOSE+IEEE 1588 三网合一”技术能够实现过程层信息的网络化共享，且主要性能指标满足继电保护需求，已通过试验验证，并已在多个工程中实现应用。

5.1.7　“三网合一”技术仿真分析

OPNET 是目前业界公认的最优秀的通信网络、设施、协议的建模及仿真工具，在通信协议的设计优化和评估中得到广泛的应用。OPNET 支持面向对象建模，提供图形化的仿真界面，基本支持现有的各种网络设备和协议。

利用 OPNET 建立的网络拓扑如图 5-6 所示。两个间隔交换机级联于一台主干网交换机，两个间隔各有一台合并单元与智能终端，间隔层的 IED 为母差保护和一台测控装置。

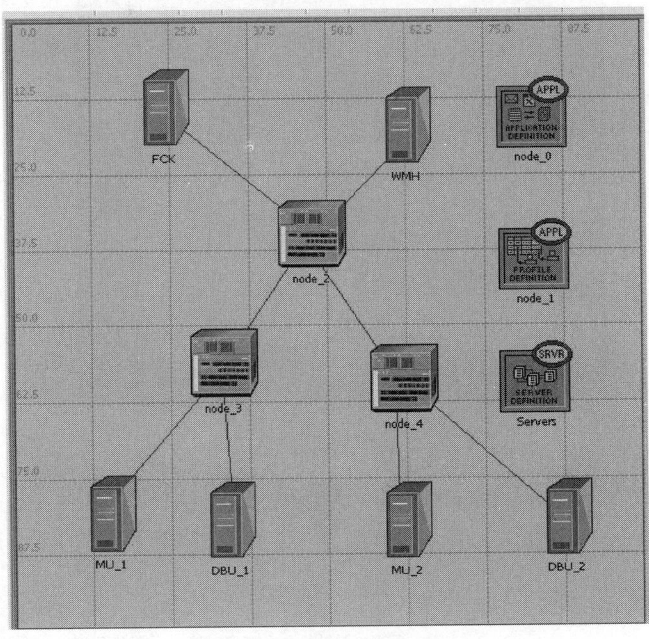

图 5-6　利用 OPNET 建立的网络拓扑

这里利用 OPNET 的 Video Conference 业务模拟周期性数据 SV 采样值报文和 IEEE 1588 同步对时报文；利用 FTP 业务模拟随机突发性数据 GOOSE 报文。在 OPNET 的参数配置上均采用最恶劣情况下的理论值，同时人为加入 70Mbit/s 的背景流量以补偿本仿真实验相对简单的网络结构。

仿真开始后合并单元开始向母差保护装置和测控装置发送 SV 报文，并持续到仿真结束；网络中同时始终存在 IEEE 1588 同步对时报文。在仿真时间为 7s 时，测控装置向智能终端发送第一个 GOOSE 报文，分别间隔 2、4、8ms 后发送第二、第三、第四个重复报文，之后时间间隔增加到 5s，并持续发送至仿真结束，如图 5-7 所示。

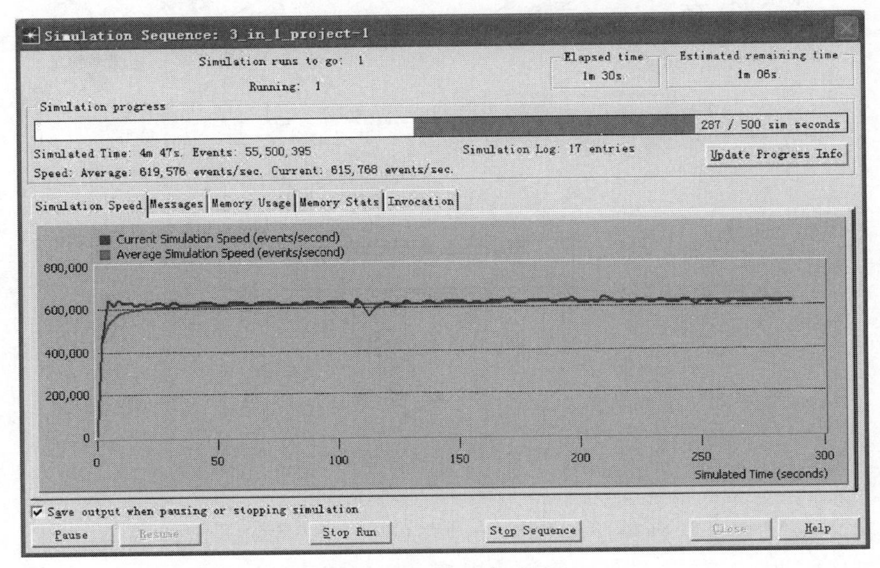

图 5-7　OPNET 仿真过程

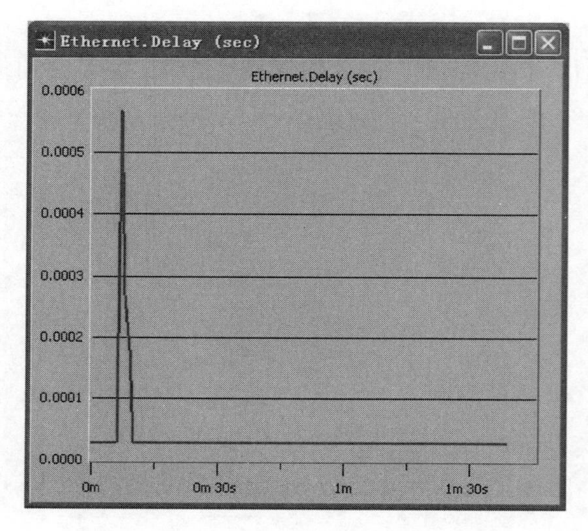

图 5-8　OPNET 仿真结果

仿真结果如图 5-8 所示，由于在 7s 时网络中 GOOSE 报文密度变大，网络延时发生突变，最恶劣情况下的网络延时为 0.6ms，满足标准对其传输时间的要求。

5.1.8　“三网合一”技术应用测试情况

2010 年 4～5 月，东北电力科学研究院进行了“500kV 智能化变电站保护及二次组网动模试验”，以图 5-9 所示组网方式为蓝本，从 GMRP 组播协议稳定性、IEC 61588 性能检查、大背景流量下网络试验等方面对“三网合一”技术进行可行性验证，试验结果与理论分析结果一致。2011 年 10～12 月，东北电科院就“三网合一”再次进行了测试，进一步验证了“三网合一”技术工程应用的可行性。

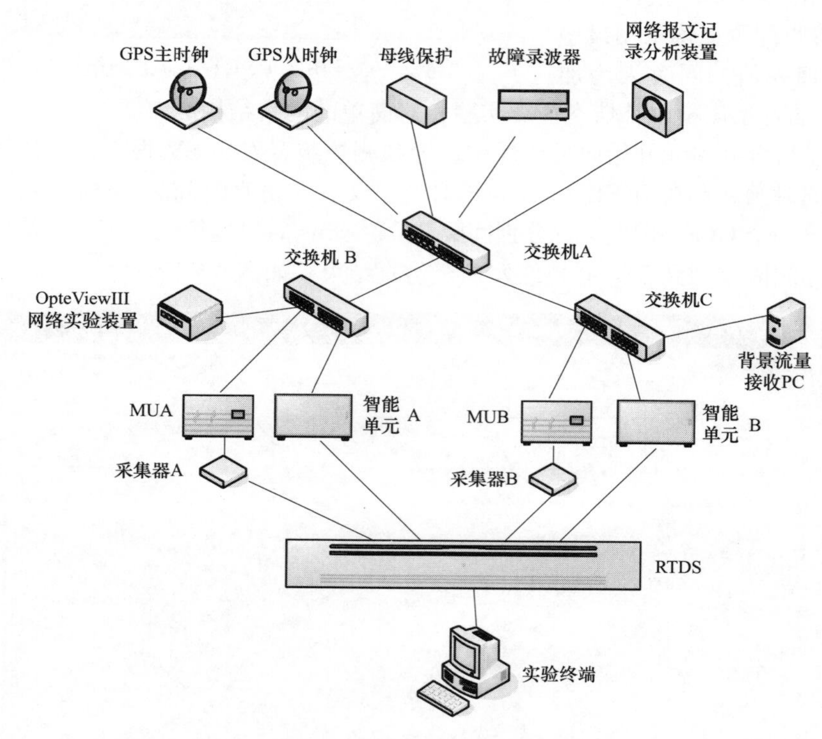

图 5-9　“三网合一”技术验证试验组网方式

河南某 220kV 变电站过程层网络采用“三网合一”技术，由许继、南瑞、南自设备供货，自投运以来，运行状况良好。该工程的过程层网路结构如图 5-10 所示。

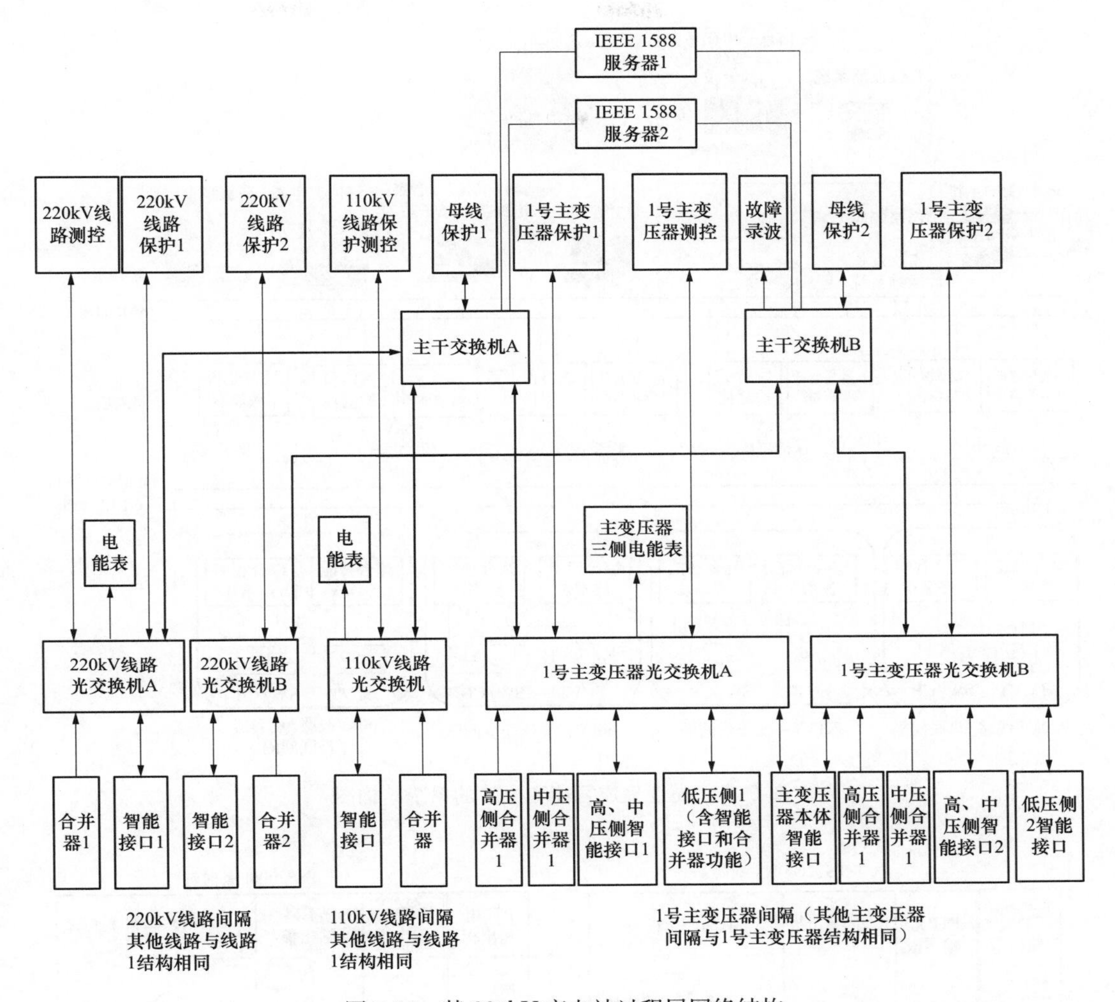

图5-10　某220kV变电站过程层网络结构

变电站过程层信息对于实时性、可靠性要求极高，过程层“三网合一”技术实现了过程层SV、GOOSE和IEC 61588对时信息的共网传输，但需重点关注网络流量和实时性问题。

5.2　时钟源无缝切换方案

5.2.1　总体方案

高度集成智能变电站全站配置了两套成都可为公司生产的CT-TSS2000B型GPS/北斗双卫星时间同步系统，采用IEEE 1588标准协议实现全站对时通信服务。站控层IEEE 1588对时通信服务与MMS共享网络资源给相关自动化设备对时；间隔层、过程层IEEE 1588对时通信服务与GOOSE、SV三网合一，共享网络资源，给220、66kV的集中保护测控计量一体化装置、综合智能终端提供对时同步服务。系统结构图如图5-11所示。

主、备及交换机边界时钟时间流接线示意图如图5-12所示。

图5-11中的220、66kV的A网通过A网交换机进行级联；220、66kV的B网通过B

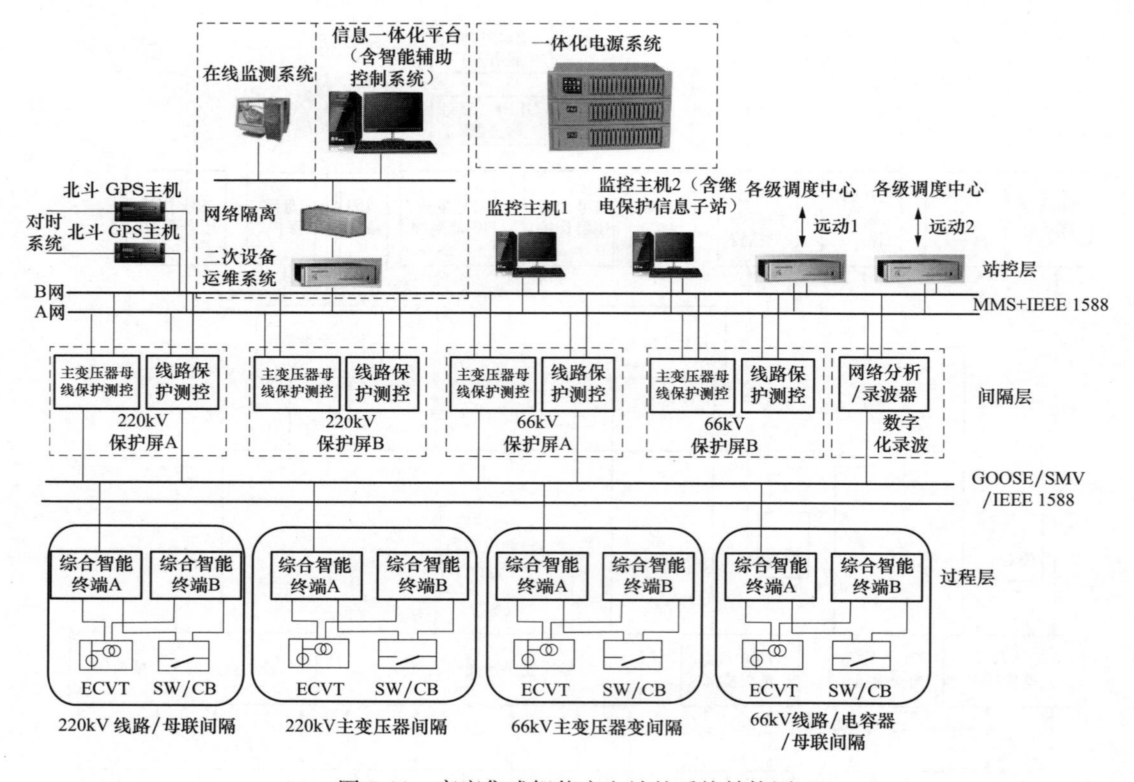

图 5-11　高度集成智能变电站的系统结构图

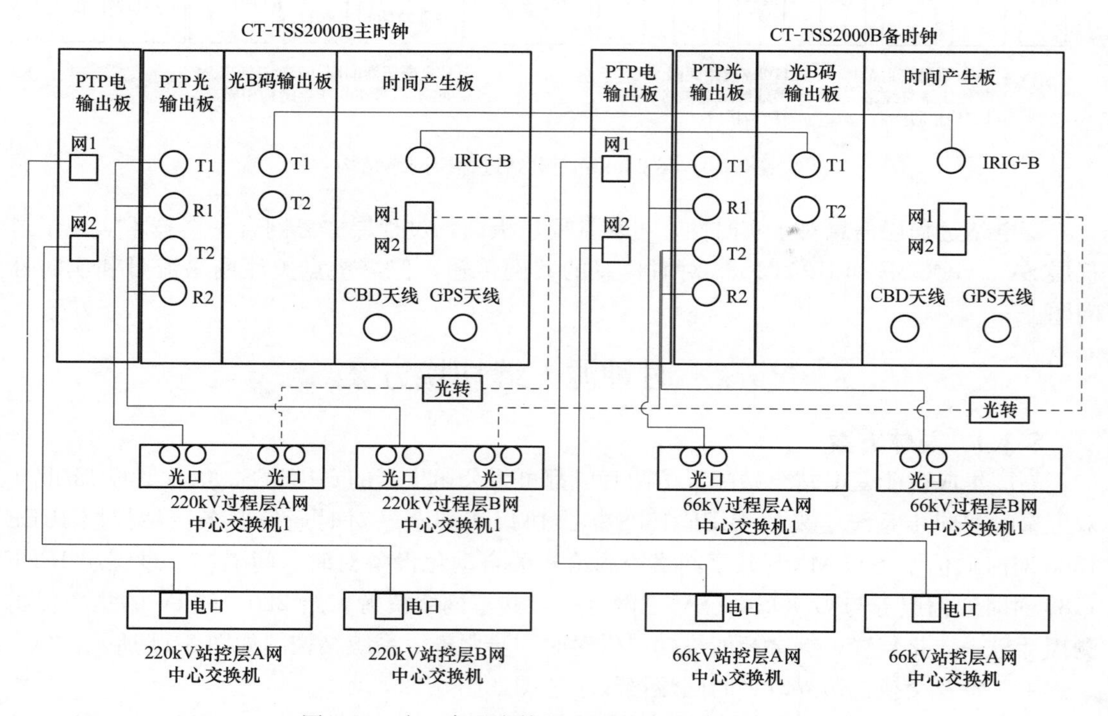

图 5-12　主、备及交换机边界时钟时间流接线图

网交换机进行级联，PTP 即 IEEE 1588 协议简称。

5.2.1.1 方案实现的总体目标

两个主时钟加 IEEE 1588 交换机的时钟构成一个三时钟系统，给网络中的设备提供统一的时钟源。组网的总体目标是保证在这三个时钟的切换过程中不会造成继电保护系统的闭锁。

具体要求是：同一时钟设备的 GPS、北斗、IRIG _ B 外源切换时设备的 IEE 1588 参考时间输出抖动不能超过 100ns，IEEE 1588 BMC 算法进行 IEEE 1588 时间源选择切换时输出到网络上的参考时间抖动不能超过 500ns。

5.2.1.2 时钟同步装置时间服务机制

全站时钟同步系统由两套 CT-TSS2000B GPS、北斗双卫星同步装置通过 IRIG _ B 码实现互备连接，互享 GPS 和北斗资源，增强接收机故障点的容错机制。主时钟同步装置提供 4 个独立网口，分别接入到站控层的 A、B 网，间隔层与过程层的 A、B 网；做到每个网络都能充分享有时钟同步设备的冗余资源。完全物理独立的网口，保障 4 个网络时间数据流不跨网传输。

5.2.1.3 IEEE 1588 网络交换设备工作机制

每个网络上的核心交换机 IEEE 1588 设置成透传钟和普通钟模式，工作优先级设置比时间同步装置低，其他网络交换设备设置成从模式。

5.2.1.4 IEEE 1588 时钟源使用机制

CT-TSS2000B 主备时钟同步设备，IEEE 1588 核心交换设备给每个网络提供了三个 IEEE 1588 时间源；优先级设置为主时钟优先级最高，备用时钟次之，网络交换机的优先级最低。当主备时钟因故障均退出系统后，IEEE 1588 核心交换机还能充当时钟源继续给网络自动化设备进行授时服务。

根据系统工作状态的优先级，IEEE 1588 时间源设备采用 BMC 算法判断自己应处于静默状态还是工作状态，网络上要求只能有一个 IEEE 1588 主钟处于工作状态。

5.2.1.5 时钟系统异常工作状态后的恢复机制

高度集成智能变电站的主时钟系统中，两个 CT-TSS2000B 主时钟有三个时钟源，即卫星、IRIG _ B 码、PTP 时源。在工程应用过程中，应充分保障时钟源、时钟设备在退出后的恢复过程中时间跳变的步长不会影响继电保护工作；当存在时间偏差时，需要按照不影响继电保护功能的原则进行调整。尤其是当两个主时钟损失后，由交换机承担系统授时源的情况，由于交换机没有和卫星同步，运行一段时间后会与卫星时间产生一个较大的时间偏差。当主时钟恢复到网络中工作时，必须先调整主时钟的时间同步，使其与网络中的参考时间同步一致，才能输出时间信息到网络中，给网络上的被授时设备进行授时，同时缓慢与外部卫星时间基准靠近，这个过程中时间跳变步长不能影响继电保护功能运行。

本方案中主时钟系统的 PTP 时源，仅工作在变电站系统正常工作且主时钟设备退出网络后需重新进入网络的阶段，此时处于恢复状态的主时钟不输出时间信息到网络里，以当前网络中的 IEEE 1588 主钟为 PTP 时源，调整自身的时间与网络系统一致后，才输出时间信息到网络。PTP 时源停止工作时，GPS、北斗和 IRIG _ B 开始工作，主时钟缓慢跟踪 GPS、北斗，IRIG _ B，让整个网络时间逐步回归到与 UTC 时间相一致。

CT-TSS2000B 主时钟系统实现无缝切换的策略见表 5-5～表 5-7。

表 5-5　　主时钟多源选用策略　ID＝0

GPS	CBD	B	PTPSLAVE	时间源	时间质量	输出 PTP 到网络
×	×	×	同步	PTP	同步（时间质量为 0）	输出
×	同步	×	无	CBD	同步（时间质量为 0）	输出
同步	异步	X	无	GPS	同步（时间质量为 0）	输出
异步	异步	同步	无	IRIGB	同步（时间质量为 3）	输出
异步	异步	异步	无	LOCALTIME	不同步（可用）	输出

表 5-6　　备时钟多源选用策略　ID＝1

GPS	CBD	B	PTPSLAVE	时间源	时间质量	输出 PTP 到网络
×	×	×	同步	PTPSALVE	同步（时间质量为 0）	输出
×	×	同步	无	IRIGB	同步（时间质量为 3）	输出
×	同步	异步	无	CBD	同步（时间质量为 0）	输出
同步	异步	异步	无	GPS	同步（时间质量为 0）	输出
异步	异步	异步	无	IRIGB	不同步（可用）	输出
异步	异步	丢失	无	LOCALTIME	不同步（可用）	输出

表 5-7　　PTP 光口输出到网络中策略

主时钟选用时间源	备时钟选用时间源	PTP 输出
PTPSALVE，CBD，GPS，IRIGB	×	主时钟输出 PTP 到网络中
LOCALTIME	PTPSALVE、CBD、GPS、IRIGB	备钟输出 PTP 到网络中
LOCALTIME	LOCALTIME	主时钟输出到 PTP 网络中
退出系统	除退出系统外的状态	备时钟输出到 PTP 网络中
主时钟选用时间源	备时钟选用	PTP 输出
PTPSALVE，CBD，GPS，IRIGB	×	主时钟输出 PTP 到网络中
LOCALTIME	PTPSALVE、CBD、GPS、IRIGB	备钟输出 PTP 到网络中
LOCALTIME	LOCALTIME	主时钟输出到 PTP 网络中
退出系统	除退出系统外的状态	备时钟输出到 PTP 网络中

5.2.2　主要特点与分析

（1）间隔层、过程层 IEEE 1588 与 GOOSE、SV 三网合一。

（2）全站实现 IEEE 1588 对时。

全站 220、66kV 两个电压等均采用 IEEE 1588 对时方式；站控层也采用 IEEE 1588 对时。

（3）多溯源特性。多溯源特性能达到如下两个基本目的：

1）多标准时间源输入为甄别标准信号的真实有效性提供了保证和可能。

2）多有效时间源可以保证节点时钟工作在同步状态，最大限度的避免了系统工作在降值的保持工作模式。

（4）可靠性设计要求和保证。节点时钟的每一个板卡的故障都不会影响其余板卡的正常工作，能最大限度地保证系统有效工作，把影响降到最小。

时钟设备异常工作状态后的恢复机制，可实现时间源进出网络的平滑切换。

（5）设备的状态检测。设备具有各种工作特性的自我检测功能，分两类：

1）状态检测。各板卡的输入信号检测和输出信号的检测；各板卡的电源检测。

2）量值检测。本地时间与标准时间的偏差测量；输出时间的一致性检测。

（6）自我保护机制。自我保护机制是指系统中某一个板卡故障时，能自动切断该板卡的电源供给，保证系统不因该板卡的故障导致系统崩溃。

5.3　合并单元与对侧差动保护同步方案

随着智能变电站的电子式互感器的使用，合并单元代替了传统继电保护装置的电气量采集模块，继电保护装置的电气量采集由原来的模拟量输入变为全数字输入。电气量采集方式的变化给智能变电站中输电线路的光纤差动保护带来了新的课题，特别高度集成智能变电站中，如何对光纤差动保护与合并单元的功能整合，实现变电站的高度集成成为了一个重要的课题，本节就针对这一课题进行相关的研究。

5.3.1　光纤差动保护及其采样同步法

电流差动保护原理简单，不受系统振荡、电力线路串补电容、平行互感、系统非全相运行、单侧电源运行方式的影响，差动保护本身具有选相能力，保护动作速度快。近年来，随着光纤技术、DSP技术、通信技术、继电保护技术的迅速发展，光纤电流差动保护的也逐渐成为了高压线路主保护的主流配置。

光纤电流差动保护是在传统的线路电流差动保护的基础上演化而来的，基本保护原理也是基于基尔霍夫电流定律，它能够理想地使保护实现单元化，原理简单，不受电网运行方式变化的影响，而且由于两侧的保护装置没有电联系，因此提高了运行的可靠性。目前电流差动保护在电力系统的主变压器、线路和母线上广泛使用，其灵敏度高、动作简单可靠快速、能适应电力系统震荡、非全相运行等优点，是其他保护形式所无法比拟的。光纤电流差动保护在继承了电流差动保护优点的同时，以其可靠稳定的光纤传输通道，保证了传送电流的幅值和相位正确可靠地传送到对侧。时间同步和误码校验问题，是光纤电流差动保护面临的主要技术问题。在复用通道的光纤保护上，保护与复用装置时间同步的问题，对于光纤电流差动保护的正确运行起到关键的作用，因此目前光纤差动电流保护都采用主从方式，以保证时钟的同步；由于目前光纤均采用2Mbit/s数字接口的光纤电流差动保护，因此能很好地解决误码校验精度的问题。

光纤通信技术的迅猛发展已经为光纤差动保护装置传送数字信号提供了可靠的光纤通道，而采样数据的同步则成为保护装置所要解决的主要问题。目前解决数据同步问题的方法主要有采样数据修正法、采样时刻调整法、时钟校正法、基于参考矢量的同步法、基于GPS的同步法。其中采样数据修正法、采样时刻调整法和时钟校正法都是基于假设传输通道两端数据传输延时相等的“乒乓法”的同步方法。而采样数据修正法在每次差动保护算法计算时都要进行数据修正处理，计算量大且比较复杂，不是理想选择。基于参考矢量的同步法计算量大，且由于电力线路模型的准确性和电气测量误差等因素的影响，也很少被采用。基于GPS的同步法虽然具有精度较高，不受光纤传输通道影响等优点，但需要硬件支持，又受到自然环境制约，而且对GPS系统具有依赖性，因此不能完全依赖于该方法。

5.3.2 合并器采样同步方案

合并单元的采样同步方案有很多种，这里仅介绍应用于高度集成智能变电站的方案，具体结构如图 5-13 所示。智能变电站的数据源来自电子式互感器，经合并单元同步合并处理后发送给间隔层装置。合并单元到间隔层装置之间采用 IEC 61850-9-2 规约传输数字量采样值，组网模式是指合并单元将处理之后的采样值报文发送至过程层网络，间隔层装置从过程层网络获取所需要的采样数据。

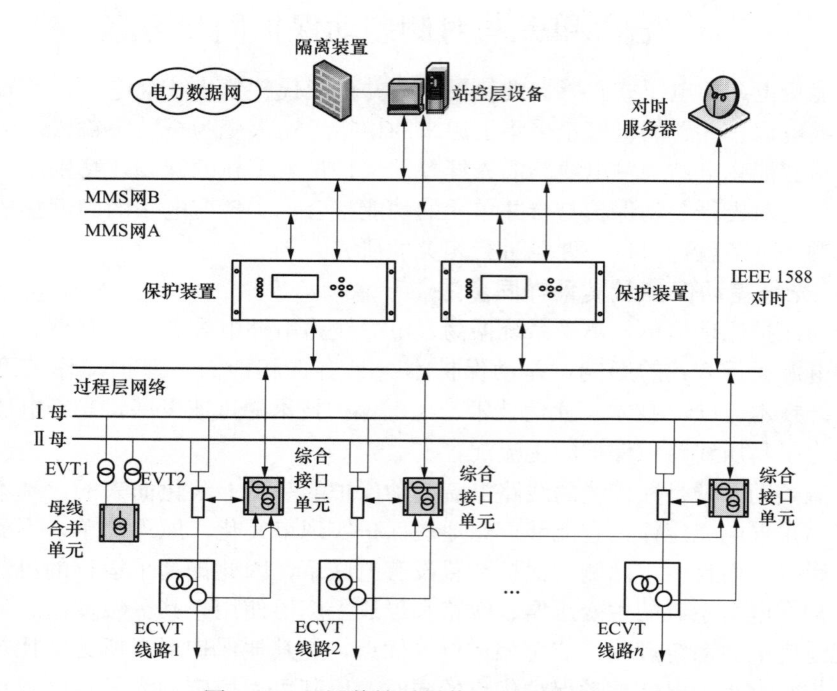

图 5-13　组网传输采样值系统结构示意图

基于电子式互感器的采样系统，其采样流程为电子式互感器对模拟量信号进行采集，输出的数字量采样信号经过合并单元数据同步之后供保护装置使用。采样时序如图 5-14 所示。采集器到合并单元之间采用 IEC 60044-8 FT3 规约传输数字量采样值，由于 FT3 为串口通信，传输延时固定，电子互感器各自独立采样，并将采样的一次电流或电压数据以固定延时时间发送至合并单元，合并单元采用同步插值法完成各采集器间的采样同步。

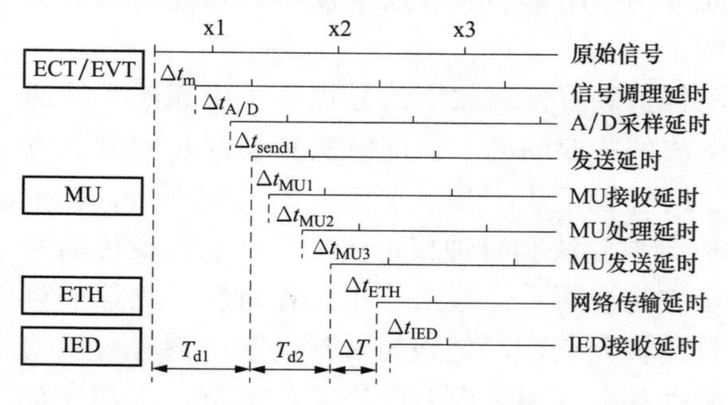

图 5-14　基于电子式互感器采样的时序

合并单元到保护装置之间采用组网模式传输采样值报文，合并单元输出的数字量采样值信号经以太网交换机共享至过程层总线，传输延时不稳定，所以应由过程层合并单元实现全站采样数据时间同步，间隔层保护装置仅需要对齐采样序号即可完成采样的同步。

5.3.3　保护采样同步方案

关于光纤差动保护，传统变电站中站间保护装置采样同步均在间隔层保护设备中完成，站间保护装置的采样同步方法目前常用的有数据调整法、采样时刻调整法、时钟校正法、参考相量法以及 GPS 同步法等。而在智能变电站中，采用 SV 组网方式时，采样同步都是由过程层合并单元完成的，如果沿用传统变电站的做法，在保护装置内再对站间数据进行同步，就需要保护装置重复合并单元的功能，增加精确对时等硬件投入。硬件功能模块重复，不利于智能变电站的高度集成。在高度集成智能变电站中，利用合并单元的重采样模块完成站间数据的同步，对于变电站的集成度尤为重要，下面就讨论如何在合并单元里完成站间数据的同步。

5.3.3.1　采样同步流程

在常规的合并单元中，同步模块仅完成间隔内采样数据的数据同步，要实现站间数据的同步，需在原合并单元功能基础之上增加独立功能模块以完成站间的采样同步功能。合并单元采样同步功能结构图如图 5-15 所示，在合并单元装置内部，站内采样同步模块和站间采样同步模块采用同一时钟信号。由于目前合并单元的采样率为 80 点/周波，与原保护装置的采样率不尽相同，为兼容原来的光纤通道，保护装置的站间同步采样率不能与合并单元的站内采样率保持一致，因此站间采样同步需进行单独重采样，与合并单元的重采样同步模块相互独立。

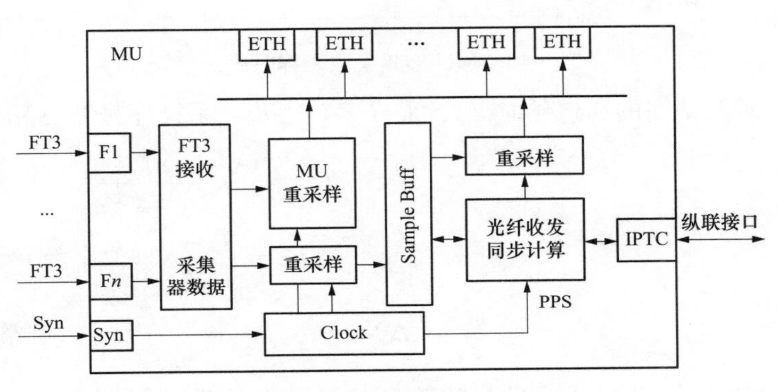

图 5-15　合并单元采样同步结构图

站间数据同步模块具体流程如下：

（1）直接对本侧采集器的数据进行重采样以获取所需采样频率的数据，将此数据发送给对侧保护的同时存入采样缓存区。

（2）实时进行同步计算以求出两侧的采样偏差。如果对侧为常规变电站或 SV 直采方式时，直接调整对侧的采样时刻，完成两侧采样的同步，本文不再深入讨论。

（3）将接收到的对侧采样数据也存入采样缓存区。

（4）依据计算出的两端采样偏差对对侧采样值进行重采样，完成站间采样的同步。

（5）将重采样之后的对侧数据以 IEC 61850-9-2 规约发送至保护装置。

合并单元发送的本侧和对侧采样值报文相同样本计数的采样值为同一时刻本侧和对侧的采样数据。保护装置根据样本计数完成站间采样同步。

站间采样数据同步包括三个环节，即本侧数据重采样、站间采样偏差计算和对侧数据重采样同步。

为保证合并单元本身功能与站间同步功能相互独立，同时由于保护装置与合并单元的采样率可能不相同，因此向对侧发送的采样数据独立采样。为了保证数据同步，合并单元重采样和站间采样同步重采样基于相同的时钟信号，同时在整秒时刻采样序号均为 0。

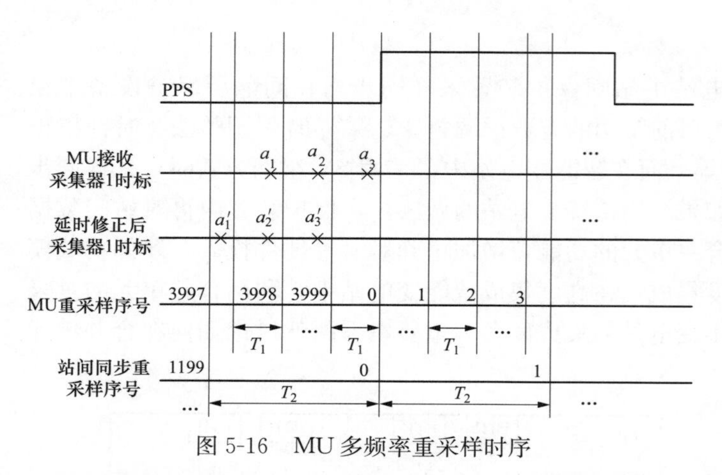

图 5-16　MU 多频率重采样时序

下面以站间采样同步重采样频率为 1200Hz、合并单元重采样频率为 4000Hz 为例进行讨论。MU 多频率重采样时序如图 5-16 所示，T_1 为合并单元重采样间隔，T_2 为站间同步的重采样间隔。重采样之后的采样数据和重采样时刻按序号依次存入采样缓存区，同时立即发送给对侧。

使用乒乓算法计算通道延时及站间的通道延时 T_d、采样偏差 ΔT_s、采样序号差 ΔNum 为

$$T_d = \frac{(y-x)T + t_1 - t_2}{2} \tag{5-1}$$

$$\Delta T_s = \frac{T_d - t_1}{T}(\text{取余数}) \tag{5-2}$$

$$\Delta Num = y - N - \frac{T_d - t_1}{T}(\text{取整数}) \tag{5-3}$$

式中：y 为接收前最近的并且已经发送的采样序号；x 为对侧反馈的序号；N 为对侧序号；t_1 为接收时刻与 y 点时刻之差；t_2 为对侧接收与发送时间差；T 为采样时间间隔。

接收到对侧采样数据后，根据其自身的采样序号、计算出的序号差 ΔNum 计算出与其对应的本侧采样序号，取出本侧数据的重采样时标，减去计算出的两端采样偏差 ΔT_s，得到对侧采样的时刻，将对侧数据和对侧采样时刻存入采样缓存区，同步计算如图 5-17 所示。

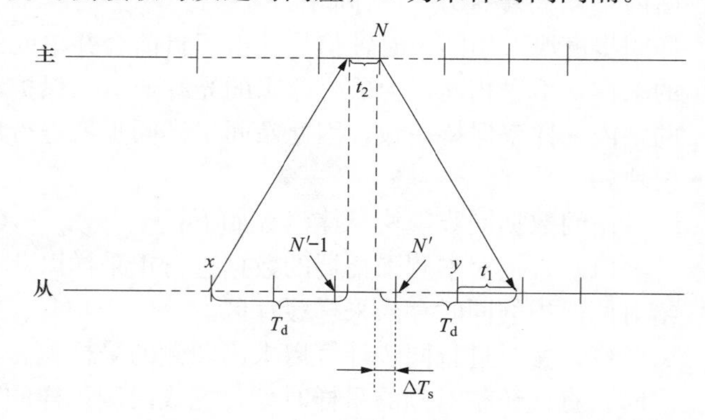

图 5-17　同步计算示意图

依据对侧采样时刻对其采样数据进行重采样，同步脉冲产生时刻重采样样本计数为零。重采样之后相同样本计数的本侧和对侧采样数据为相同时刻的模拟量信号。将重采样之后的对侧数据以 IEC 61850-9 规约发送至过程层网络。对侧数据重采样同步如图 5-18 所示。

站间采样同步功能和合并单元本身的功能基于同一时钟信号，当合并单元失去外部对时信号时，采用内部时钟工作，所以当合并单元失去外部对时信号时线路差动保护仍然可以正常工作。

5.3.3.2　*采样同步误差分析*

在合并单元实现站间数据同步后，增加了一级数据重采样，这会对数据采集带来误差。下面分析由合并单元进行站间采样同步带来的误差。

在目前的合并单元中，重采样方法一般采用插值算法，插值算法的算法简单，占有 CPU 资源较少。常用的插值算法包括 Lagrange 插值、Newton 插值等方法，较为常用的是 Lagrange 插值，其公式为

$$L_n(x) = \sum_{i=0}^{n} f_i l_i(x) \tag{5-4}$$

式中：

$$l_i(x) = \prod_{\substack{j=0 \\ j\neq i}}^{n} \frac{x - x_j}{x_i - x_j}$$

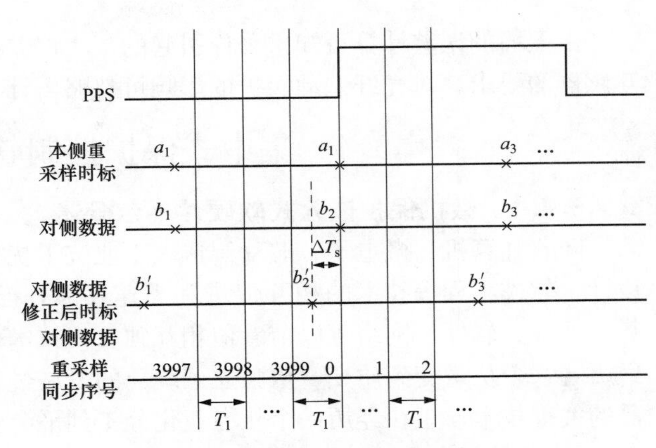

图 5-18　对侧数据重采样同步

利用式 5-4 进行插值所引起的误差可用下式表示

$$R_n(x_i) = f(x_i) - L_n(x_i) = \frac{f^{(n+1)}(\xi)}{(n+1)!}\omega_n(x) \tag{5-5}$$

式中：

$$\omega_n(x) = \prod_{j=0}^{n}(x - x_j)$$

一次插值多项式即为线性插值多项式，二次插值多项式的图形为抛物线，所以二次插值也称为抛物线插值法。对于重采样算法，综合考虑数据精度和数据处理的复杂度，通常取 $n=2$，采用二次插值法，从而可以得到抛物线插值法的计算公式

$$L_2(x) = \frac{(x-x_1)(x-x_2)}{(x_0-x_1)(x_0-x_2)}y_0 + \frac{(x-x_0)(x-x_2)}{(x_1-x_0)(x_1-x_2)}y_1 + \frac{(x-x_1)(x-x_0)}{(x_2-x_1)(x_2-x_0)}y_2 \tag{5-6}$$

误差计算公式为

$$R(x) = \frac{1}{6}(x-x_0)(x-x_1)(x-x_2)f^{(3)}(\xi) \tag{5-7}$$

假设采样的信号是频率为 50Hz 的正弦波，即 $f(t) = \sin(100\pi t)$，采样频率为每周波 80 点，采样间隔为 250μs，对每一个采样点，取其前两个点参与重采样计算，如图 5-19 所示，为了方便计算，我们可以取 x_0 为坐标零点，这样就可以得到抛物线插值的三个点为 x_0 [0，$f(x_0)$]、x_1 [250×10^{-6}，$f(x_1)$]、x_2 [500×10^{-6}，$f(x_2)$]，取 $x=450\times10^{-6}$，把这些点代入式（5-6）可以求得该采样点重采样后的值，并由式（5-7）可以得到抛物线插值重采样引起的误差为

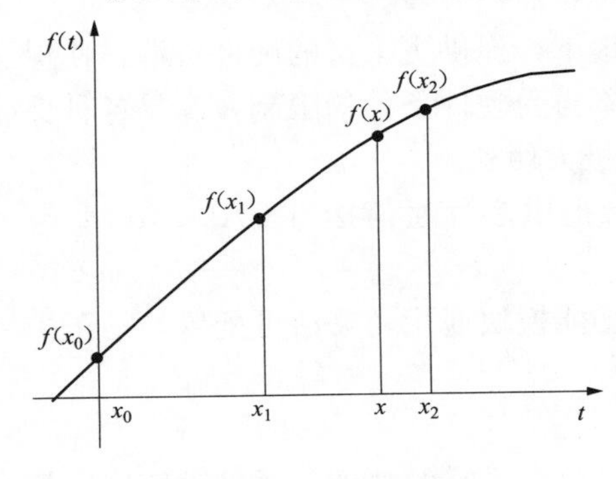

图 5-19　重采样示意图

$$|R_n(x_i)| \leqslant 2.3\times10^{-5}$$

由式（5-5）可以看出，对于给定的坐标点，频率越高，计算误差越大。同样，可以计算出 13 次谐波的计算误差。

$$|R_n(x_i)|_{13} \leqslant 5.0\times10^{-2}$$

由上面的误差计算可知重采样引起的基本误差符合 IEC 60044-8 标准中附录 C 对电子互感器的要求，对光纤差动保护的影响可忽略不计。

5.4 集中式保护控制软硬件平台技术

5.4.1 微机保护嵌入式软硬件平台概述

随着计算机、微电子、芯片制造、工业抗干扰技术、通信技术、信息建模技术、硬件设计、软件工程等技术的相互促进和飞速发展，已呈现出其相关技术相互协同发展的趋势，硬件、软件、网络等以前看似相互独立的技术范畴也开始相互渗透、互相促进，并正经历着一个从量变到质变、从独立到统一的发展过程。而这些技术作为电力系统自动化所需的关键技术，正在经历一个从专业化分工到平台化设计的转型阶段，开发企业级的基础公用软/硬件平台产品能显著提高产品设计效率，增强产品可靠性，降低产品的全生命周期设计成本。

智能电网的发展，对于智能设备赋予了新的技术含义，具备了许多创新的技术特征，如产品通信能力更强、信息建模更加标准，智能交互及互操作性更强，因此对智能设备产品的软/硬件设计提出了大量崭新需求。归纳起来就是，智能设备必须具备高速数据处理、高速网络处理，同时又必须稳定可靠。而且电力系统快速变化的需求以及日益紧迫的研发周期，同时，电力系统一、二次设备对于高实时性要求、多种高数据模型、丰富的显示及交互界面、快捷的开发环境以及完善的工程配置、维护配套工具等，所有这些都对软/硬件开发及系统集成提出了更高的要求。

5.4.2 集中式保护控制系统硬件平台

目前，微机保护产品在继承常规保护成熟的技术原理的基础上，其智能化的特点日益突出，这不仅更好地满足了电力系统对可靠性和安全性的要求，而且为保护的测试试验和现场维护带来了更多的便利，随着电力系统对微机保护装置性能的要求不断提高、保护原理和算法的研究和发展、硬件产品技术的进步，以及微机保护运行环境的更为复杂和严酷。新型的、高可靠的硬件平台系统成为网络化保护的实现基础；硬件平台系统作为网络化保护原理的载体和实现继电保护全部功能的基础。

集中式保护控制系统的硬件平台具备以下几个基本特点：

（1）在保证可靠性、快速性、稳定性等原则的前提下，提供更丰富的硬件资源，使保护模块开发中的先进保护原理以及更高级应用的实现不再受硬件条件的限制，满足各种保护装置等多种智能 IED 的开发，为维护和升级提供了极大便利。

（2）由于对多种产品的开发提供支撑，硬件平台提供多种通信接口 CAN、10/100/1000M 以太网等。

（3）内部高速总线，采用模块化设计，具备硬件功能模块通用，灵活可配置，易于扩展、易于维护的特点。

平台主要包括以下硬件子系统：

（1）中央运算单元子系统。中央运算单元子系统是整个系统的基础，通过通信接口与其他子系统互联，完成继电保护装置数据运算、保护逻辑判断的功能，主要包括中央处理器、非易失性存储体、DDR2 SDRAM 内存、通信接口等部分。更快（处理能力）、更强（功能）、更低（低成本和功耗）是电子产品持续发展的动力，变电站通信网络及系统的系列国际标准 IEC 61850 的逐步导入和推广，基于该标准发展起来的继电保护产品网络化发展趋势对当前所采用的硬件平台（特别是核心处理器）的性能可扩展性提出了严峻挑战，同时对核心处理器的通信能力和存储能力要求更高。

集中式保护控制装置需要长期不间断的运行，而且一台装置实现以前多台保护装置的功能，这样其可靠性变得比以前任何时候都更加重要。保护控制系统所有程序的运行都是在内存中进行的，因此内存的性能对计算机的影响非常大。同时内存还用于暂时存放 CPU 中的运算数据。只要保护控制系统在运行中，CPU 就会把需要运算的数据调到内存中进行运算，当运算完成后 CPU 再将结果传送出来，内存的运行也决定了计算机的稳定运行。而普通内存的高速读写不可避免出现数据以及程序出错的问题，ECC 内存有效验和纠错功能，从而保证装置的容错性，保证了装置在出现故障时，有强大的自我恢复能力。装置的可靠性和稳定得到了更加充分的保障，这样能保证系统稳定，正常的运行，避免了很多数据出错程序死机等问题。

（2）人机接口子系统。新平台的人机接口支持普通按键、PC 机键盘、触摸屏等。触摸屏作为一种新型的人机界面，简单易用，强大的功能以及优异的稳定性，使之非常适合于工业环境。触摸屏人机界面采用“人机对话”的控制方式，以触摸屏 HMI 做为操作人员和设备之间双向沟通的桥梁，用户可以自由的组合文字、按钮、图形、数字等来处理并监控管理设备，使用人机界面能够明确告知操作人员，设备目前的工作状态，使操作变得简单生动。触摸屏人机界面由触控面板、液晶显示面板、主控机板三部分组成。在触摸屏人机界面上可以设置各种单状态或多状态的按钮、开关、指示灯，能利用多状态灯功能实现动态画面，形象、实时；可以设置键盘、拨盘开关，进行数字输入或修改系统的各个参数的设定；实现多通道动态数据的监控；也可以制作各种系统工作的流程图，动态显示工作过程中的各个控制状态的变化实况，界面形象，监管全面、直观；还可以设置系统报警记录，把系统工作中发生的各种故障记录下来；同时也可以制作故障提示窗口，便于操作者检修维护。

（3）过程层通信接口子系统。相对于传统的网络，过程层网络具有实时性要求高、数据量大、可靠性要求高等特点，这就要求过程层通信接口提供足够的数据带宽，同时又具有高速的数据处理能力，最大需满足 1000M 的接收和处理能力。

（4）站控层通信接口子系统。站控层通信网络是站控层和间隔层之间数据传输通道，通信网络的性能直接影响着整个变电站自动化系统的性能。随着变电站通信网络及系统的系列国际标准 IEC 61850 的逐步推广和使用，基于该标准发展起来的继电保护产品网络化发展趋势对当前所采用的硬件平台的通信性能提出了严峻挑战。所以开发高性能的通信硬件平台势在必行。

由于各种原因，国内的变电站自动化系统存在大量不同厂家、不同通信方式的设备，因此短期内变电站内部网络不会被一种现场总线所垄断，多种现场总线将长期并存。现阶段，普遍应用于变电站自动化领域的现场总线有 RS-485、RS-232 和 CAN 总线。此外，以太网的低成本、开放性、广泛地开发和应用的软/硬件支持，已经使其成为目前应用最广泛的局域网络技术，也已经越来越多地应用到变电站自动化系统中，成为变电站现场总线重要组成部分。硬件平台的通信接口类型丰富，可充分满足变电站内日益增多的设备的需求。

（5）开关电源子系统。开关电源为整个系统提供直流电源，其可靠性尤为重要，为了提高整个装置的可靠性，提高电源的可靠性非常重要。通过以下措施可以提高开关电源的可靠性。

开关电源可靠性热设计，除了电应力之外，温度是影响设备可靠性最重要的因素。电源设备内部的温升将导致元器件的失效，当温度超过一定值时，失效率将呈指数规律增加。国外统计资料表明电子元器件温度每升高 2℃，可靠性下降 10%；温升 50℃时的寿命只有温升 25℃时的 1/6。热设计的原则，一是减少发热量，即选用更优的控制方式和技术，如用移相控制技术、同步整流技术来提高开关电源的效率等；二是选用低功耗的器件，减少发热器件的数目；三是加强散热，即利用传导、辐射、对流技术将热量转移。

冗余功能是提高系统可靠性的最简单和实用手段。在保护装置中采用两套独立电源插件分别对不同负荷插件进行供电，以保证系统在正常环境下每套电源的负载条件比较接近（小于额定输出 50%）。在任何一组电源失效的情况下，另一组电源可以无缝接入另外一组负荷。电源并机功能电路（Oring Control）可以保证并机插件在接入过程中不会产生瞬间相互干扰和掉电，并支持在带电条件下进行热插拔操作。此外，任何一组电源插件在本身失效情况下（其中任何一个器件在开路或短路失效情况下），供电系统不会垮掉。

5.4.3 集中式保护控制系统软件平台

集中式保护控制系统的软件平台设计给集中式保护设备提供软件平台支撑，为应用层提供应用接口、各种管理和处理功能接口，使应用层专注于应用开发，完全脱离 BSP 层。

集中式保护控制系统的软件平台提供系统管理和调度功能、通信管理功能、故障事件管理功能、录波及日志系统管理功能、报告管理功能、实时数据库管理功能、设备驱动管理、应用模块加载等管理功能、参数配置接口等诸多应用，给应用开发提供强劲支撑，集中式保护控制系统软件平台如图 5-20 所示。

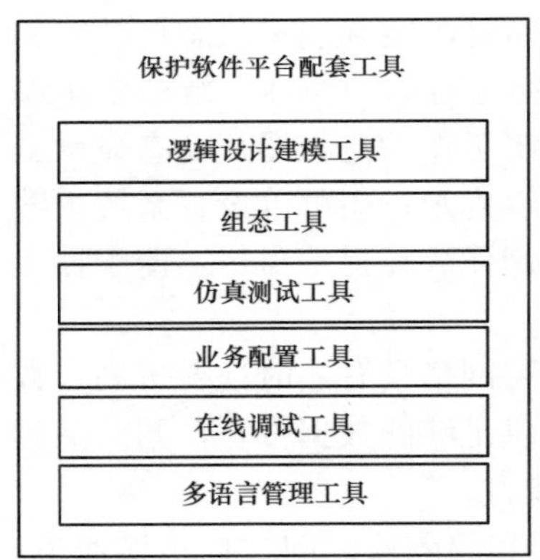

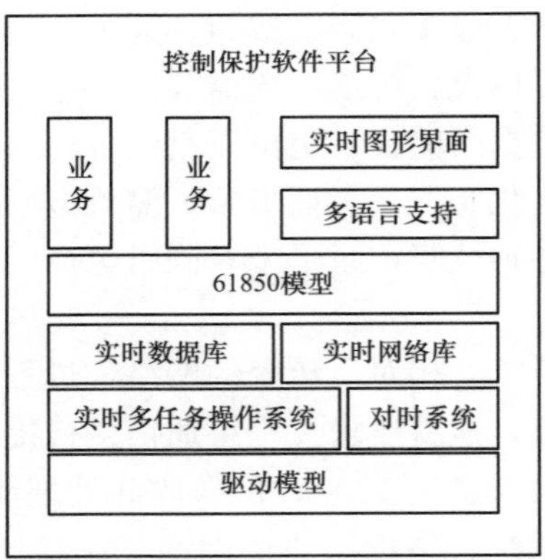

图 5-20　集中式保护控制系统软件平台示意图

（1）实时多任务操作系统应用设计。软件平台引进实时操作系统（RTOS）Nucleus Plus，Nucleus Plus 是实时的、抢先的、多任务的内核。随着软件规模的上升和对实时性要求的提高，靠用户自己编写一个实现上述功能的内核一般是不现实的。此外，为了缩短产品的研发周期，延长产品的市场生命，也迫使管理人员寻找一种程序继承性和移植性强、多人并行开发的研发模式。在这种形势之下，使用由专业人员编写的、满足大多数用户需要的高性能 RTOS 内核是一种必然结果。基于 RTOS 和 C 语言的开发，具有良好的可继承性，在应用程序、处理器升级以及更换处理器类型时，现存的软件大部分可以不经修改地移植过来。RTOS 建立在硬件系统之上，用户的一切开发工作都进行于其上，采用 RTOS 的程序员不必花大量时间学习硬件，和直接开发相比起点更高。RTOS 还是一个标准化的平台，引入

RTOS的开发，相当于引入了一套行业中广泛采用的嵌入式系统应用程序开发标准，使开发管理更简易、有效。对于开发人员来说，则相当于在程序设计中采用一种标准化的思维方式，同时因为具有类似的思路，可以更快地理解同行其他人员的创造成果。

(2) 自描述实时数据模型管理系统设计。集中式保护控制系统软件平台对于信息的描述采用面向对象的自描述，不再使用“面向点”的数据描述方法。“面向点”的数据描述方法，在信息传送时收/发双方必须对数据库进行约定，若增加或删除功能必须修改协议，从MMI到主站系统的数据库必须全部改动，这在目前的自动化系统中是很大的一部分工作量。面向对象的数据自描述，传输到接收方的数据都带有自我说明，不需要再对数据进行工程物理量的对应以及标度转换的工作，简化了数据管理和维护。

通过提炼不同保护产品中保护信息的共性，建立一个统一的保护数据结构模板，包含每种保护所需的一切信息，形成保护程序的一个统一的开发平台，定义保护程序和内核的接口，促进编制保护程序的标准化。降低了保护程序的开发难度，提高保护程序的可靠性。同时开发了一个通用的系列保护调试配置软件，对用户来说模糊了不同类型保护产品的差别，降低了使用系列保护控制产品的学习量和使用难度。

(3) 双层设备驱动模型设计。随着嵌入式芯片运算能力的日益强大，不同种类的外部设备逐渐增多，系统日趋复杂。传统的嵌入式软件开发模式应用程序与硬件相关程序紧密地结合在一起，限制了程序的可移植性和通用性。一旦硬件发生变化，应用程序也需随之改动，代码的维护性和可移植性均不高。研究建立双层设备驱动的开发模式，可使上述现象得到极大改善。

双层设备驱动模型分为硬件抽象层和硬件相关层的双层模型，每层都使用各自通用的接口，使得相似设备驱动程序的主要部分可以复用，简化了驱动的开发过程。应用程序对硬件设备的操作通过硬件抽象层来实现，这部分与所使用的硬件设备无关，易于跨平台和移植，增强了应用代码的可移植性和稳定性。硬件相关层与硬件设备直接相关，根据不同的硬件设备单独编译和加载，将硬件设备的变化局限到很小的范围内，提高了间隔层平台应对硬件变化的快速适应能力。

(4) 软件多模块自动加载管理系统设计。集中式保护控制系统软件平台包括通信管理模块、人机接口、系统平台、设备驱动和应用等相关软件模块。随着嵌入式芯片技术的飞速发展，相关模块得以在一块CPU处理器上来完成。然而，传统的嵌入式开发过程需要将各模块编译链接成一个整体，然后下载到目标机上去运行。如果调试中发现了问题或者为了实现新的功能而修改某一模块时，必须把软件部分全都重新编译链接和下载，这样既延长了软件的开发周期，又增加了软件开发的难度和复杂度，因而越来越难适应高速市场化的需求。

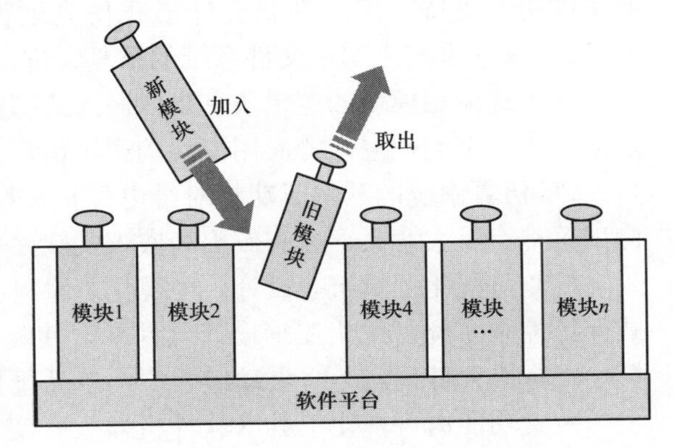

图5-21 软件多模块自动加载管理系统示意图

软件多模块自动加载管理系统，如图5-21所示，它完全实现了通信管理模块、人机接口、系统平台、设备驱动和应用模块的独立编译和下载，并在初始上电过程中，自动识别各软件模块，建立各模块的初始工作环境，自动执行软件模块的相关操作。这样，调试升级或系统功能变化时，只要对相关功能模块进行升级、编译和下载，从而将设计、调试、测试等缩小到一个有限的范围，既缩短了开发周期，又降低了软件开发的难度和复杂度。

（5）保护多模块管理系统设计。集中式保护控制系统在一个 CPU 板上集成了多个间隔保护控制设备的功能，使得保护模块的设计开发变得越来越复杂。传统的保护开发模式由于需要对 CPU 板上的保护模块进行统一设计和开发，并编译链接成一个整体下载到目标机上去运行，很难适应集中式保护多模块的开发和使用要求，这也增加了软件开发的难度和复杂度。同时，集中式装置中在同一个 CPU 板上集成的保护模块种类和数量也不是固定不变的，需要在工程应用阶段根据用户的实际需求来确定，无法在保护控制设备的开发阶段进行固定的编译和链接。

保护多模块管理系统完全实现了多个保护模块各自独立的开发、编译、下载和操作展示功能，并在初始上电的过程中，动态加载各保护模块到各自独立的内存程序空间中，建立各模块独立的工作环境。这样，同类的保护设备只需执行简单的拷贝复制操作，即可自动产生多个保护设备，避免了大量的重复开发工作。同时，由于各模块有自己相对独立的程序、数据和存储空间，某台保护设备的升级不会影响其他保护模块的功能和整定值，从而将影响缩小到一个有限的范围，简化了现场使用和维护操作，同时，也有利于提高整体可靠性。

（6）PC 机仿真系统设计。随着继电保护应用逻辑的日益复杂以及对嵌入式程序的可靠性准确性的要求也越来越高，尤其针对集中式保护控制系统的开发，传统的带仿真器方式程序调试已不能满足本行业快速发展的需要；以现有技术为依托，开发出一套基于 PC 的 Windows 仿真系统对软件平台及保护逻辑的开发、测试、验证等都很大现实意义。

PC 仿真系统主要以多窗口图形界面仿真、嵌入式操作系统仿真、嵌入式文件系统仿真、嵌入式硬件仿真为基础，并以多窗口图形界面系统仿真线程作为主线程来展开；其中主要包括几个分模块的仿真，嵌入式平台程序的仿真、嵌入式驱动程序的仿真、嵌入保护程序的仿真、嵌入式通信模块的仿真等。

基础仿真主要包括嵌入式操作系统的仿真、嵌入式文件系统仿真、嵌入式硬件仿真等；应用 PC Windows 提供基本的线程创建管理、内存创建管理、定时器创建管理等提供基本的仿真支持，用二进制文件形式仿真硬件 FLASH，使用完全符合 ANSI C 标准的 YAFFS 文件系统来实现文件系统的仿真，进而实现嵌入式软件的基础仿真。

嵌入式应用模块的逻辑仿真是以嵌入式基础仿真为依托，用等效 C 代码代替少量核心汇编代码，来实现嵌入式应用模块的逻辑仿真。

PC 仿真系统的开发成功将对继电保护程序的开发设计、逻辑验证、问题查找、单元测试等都有重大意义，可有效提高嵌入式软件平台的可靠性。

（7）可视化逻辑组态设计。可视化逻辑组态是嵌入式软件开发的一个发展方向，集中式保护控制系统可视化逻辑设计软件平台使装置开发过程变更为软件工厂模式：“应用建模——标准元件代码——自动组装——产品维护”，代码设计集中于高度重用的标准元件上，装置功能由可视化工具（软件机器人）实现。由于产品开发基于高度重用的基础上，避免了重复开发，保证了产品的一致性，解决了个性化需求与产品通用性的矛盾。

集中式保护控制装置可视化逻辑设计软件平台是在嵌入式继电保护产品应用模型和应用逻辑基础上总结出的技术研究和产品开发平台，此平台实现了应用模型及应用逻辑与程序语言和硬件的完全分离，实现了行业语言向编程语言的转换。它通过对专业应用进行抽象和建模，采用通俗易懂的图形编程语言，来简化保护及控制装置的二次软件开发，指导了专业应用领域软件开发的新方向；同时也提供了专业知识积累和管理的工具，通过数据库方式积累和管理本专业的相关知识及应用方法。集中式保护控制系统可视化逻辑设计软件平台技术的推广使用将使集中式软件产品开发更快、更可靠，从而更好地为用户提供服务，如图5-22所示为可视化逻辑设计结构示意图。

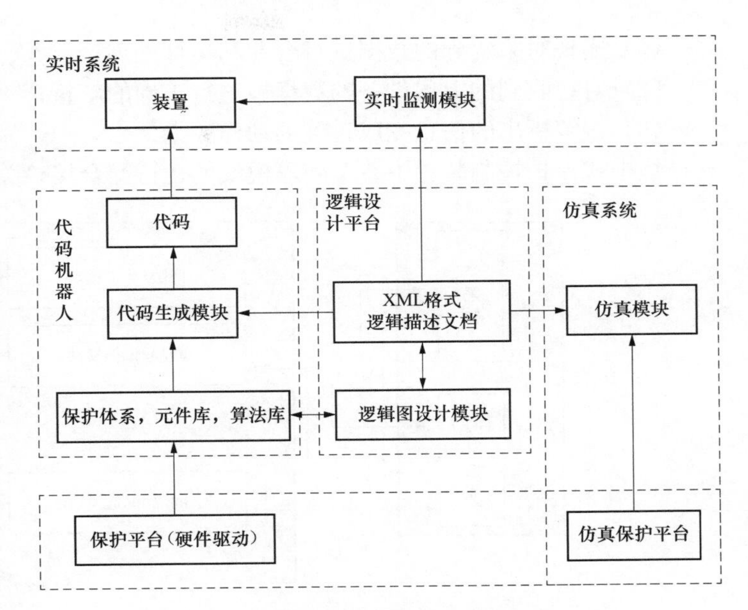

图5-22　可视化逻辑设计结构示意图

5.5　集中式保护控制系统功能分解

5.5.1　集中式保护控制系统结构

高度集成的智能变电站关键技术之一在于二次保护控制功能的高度集成化的设计。常规变电站二次保护控制功能按照间隔及母线分别配置物理上独立的继电保护装置及测控装置、计量装置等设备，以一个典型的220kV变电站为例，220kV电压等级的单套配置保护装置及测控装置各为20套左右，保护屏柜达40余面之多。高度集成的智能变电站采用集中式保护控制装置设计模式，物理上一台保护控制装置能够实现220kV电压等级的多个间隔保护、测控及计量功能。集中式保护控制装置采用高性能的硬件平台，单台物理装置最多可以完成8个间隔的保护、测控及计量功能，这样一个典型220kV变电站的220kV电压等级完全可以由两台集中式保护控制装置完成，如果两台集中式保护装置采用集中组屏方式，则一面屏柜即完成了常规变电站40余面屏柜的功能。

单台集中式保护控制装置需要同时运行多个间隔的模块，如何处理好同时运行多个模块的问题是集中式保护控制实现的难点。

集中式保护控制平台主要有以下功能：完成对过程层GOOSE、SV数据采集并发给保护CPU进行保护程序处理；与站控层设备进行通信并实现MMS报文的解析和处理；接收过程层对时命令实现装置对时。

为了满足集中式保护控制的以上功能，同时兼顾程序的运行速度，智能组件的主控制器软件系统要实现的任务有以下三个：

(1) 实现对采集到的数据进行合并和运算处理;

(2) 对接收到的上层设备的数据帧进行正确的解析;

(3) 按解析出的信息完成正确的动作。

集中式保护控制装置中各个间隔模块的运行配合接口关系,如图 5-23 所示。

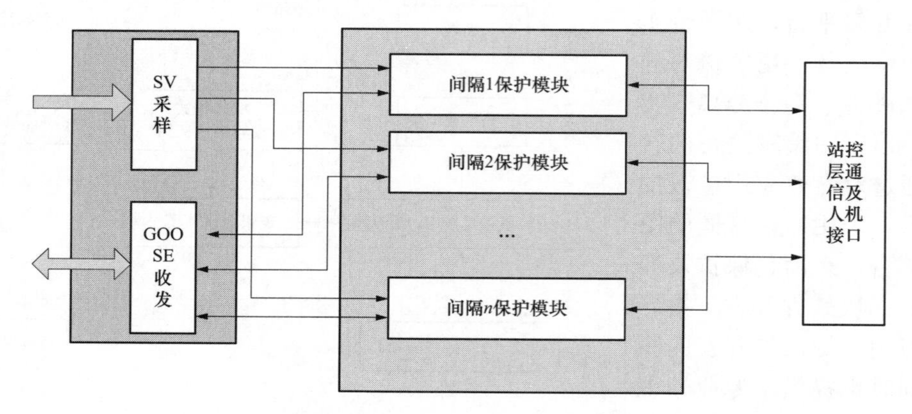

图 5-23 集中式保护控制装置中各个间隔模块的运行配合接口关系

保护装置中每个模块具有独立的外部连接虚端子,工程设计仍按照独立间隔进行虚端子的连线配置,下载到集中式保护装置内部,将外部的输入信号自动分解传输到每个独立的软件模块中,集中式保护装置能够支持的间隔保护数量即为最多能够同时加载的软件模块,这与硬件平台的内存空间及处理速度相关。采用高性能的多核处理器后,一般能够同时运行较为复杂的保护模块数量可以达到 10～20 个之多。

集中式保护控制装置包括多种保护测控功能,保护的开发难度大,如何简化程序的开发过程是需要考虑的一个重点问题。为此,本方案提出了三点关键技术实现集中式保护控制软件平台,包括可视化编程技术、多模块自动加载技术、双核分布式处理技术。

5.5.1.1 可视化编程技术

集中式保护控制软件采用新一代保护开发工具,即可视化逻辑设计 VLD(Visual Logic Design)软件。VLD 软件是一种逻辑设计可视化、模块化的保护开发软件,它通过调用库函数、公用元件等封装模块代替手写程序代码,与传统的手写代码的开发模式相比,VLD 实现了用画逻辑图方式设计程序,因此操作简单、修改容易且执行效率高。

可视化逻辑设计 VLD 软件是一种以图形化、模块化逻辑功能图形代替编写程序源代码的一种程序开发软件。与 VISIO、AUTOCAD 相似,VLD 设计软件有许多函数库、元件库、模块等,这些公用的函数库、元件库等在编译程序时可以调用,相当于 VISIO 里的模板,使用这些公用元件或者模块可以避免重复设计相同的元件,进而节省时间并有助于程序设计的标准化,并且可以极大地方便程序的修改和维护。例如,全周傅里叶算法、计算零序电压、判别电压互感器(TV)断线等。在使用这些公用算法模块时,只需要从元件库中调用,通过运用逻辑连接指令运用到工作区中即可实现对这些公用模块或元件的调用。而在编译程序时,对于多处应用的同一元件,VLD 则在元件库中调用同样的程序代码段。

采用可视化技术有如下技术特点:集中式保护控制装置软件在统一软件平台上使用

VLD 可视化逻辑编程工具实现，保护源代码完全由 VLD 自动生成，正确率达到 100%，杜绝了人为原因产生软件 Bug。保护逻辑均由基本的算法、逻辑功能元件或组件组成。通过分层、模块化、元件化的设计，实现装置内部元件级、模块级、总线级三级监视点，可以监视装置内部任一个点的数据，发生事故后通过透明化事故分析工具，可以对故障进行快速准确的定位，事故分析透明化处理，如图 5-24 所示。

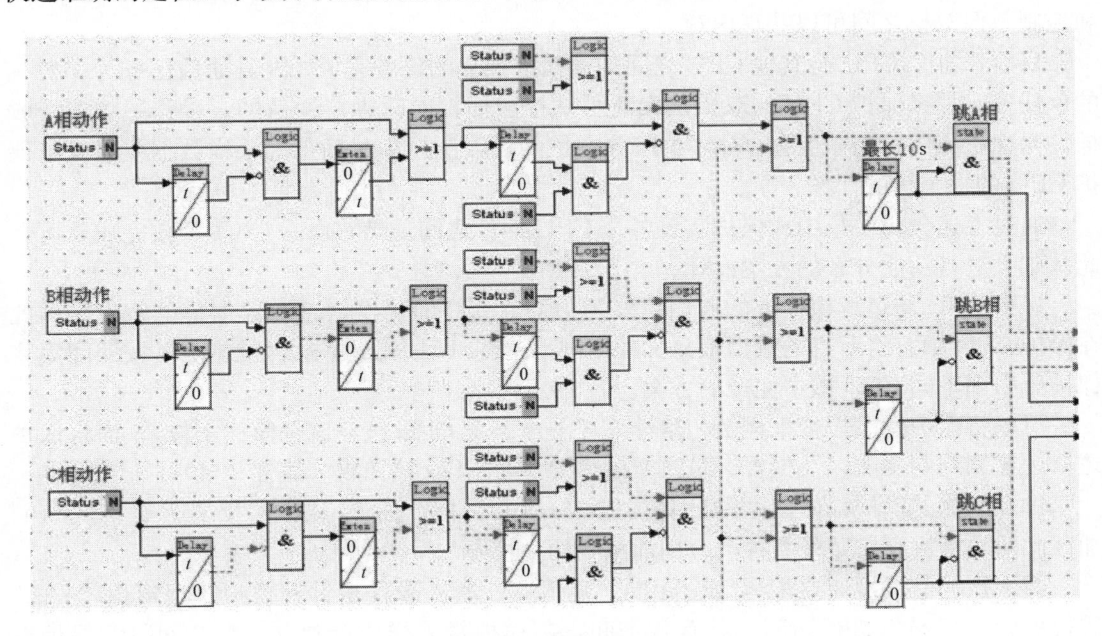

图 5-24　事故分析透明化处理

5.5.1.2　多模块自动加载技术

针对不同工程集中式保护控制装置需要配置不同的保护程序，尤其在升级某间隔程序时需要重新编译并测试全部程序的问题，本方案提出了集中式保护控制软件平台基于多模块独立编译、自动加载技术。采用了自描述技术实现的嵌入式实时数据库管理系统。并采用了双层驱动模型设计实现了设备驱动程序的复用。以上技术的应用很好地解决了集中式保护控制平台研发的难点。

(1) 多模块重定位技术。集中式保护控制平台在一块 CPU 板上集成了大量传统保护装置的软件功能。由于实际工程应用的差异，各软件模块在工程应用阶段才能最终确定。为了解决静态编译模块在工程应用阶段的灵活部署和拷贝复制功能，集中式保护控制软件平台开发完成了多模块重定位技术，通过重定位实现了保护功能模块在 CPU 板上的自由部署，从而大大简化了实际的工程应用，提高了整体可靠性。

(2) 多模块自动加载管理系统。集中式保护控制软件平台研究开发的多模块自动加载管理系统，完全实现了通信管理模块、人机接口、系统平台、设备驱动和应用模块的独立编译和下载，并在初始上电过程中，自动识别各软件模块，建立各模块的初始工作环境，自动执行软件模块的相关操作。这样，调试升级或系统功能变化时，只要对相关功能模块进行升级、编译和下载，就能将设计、调试、测试等缩小到一个有限的范围，既缩短了开发周期，又降低了软件开发的难度和复杂度。

智能变电站建设存在改扩建的可能性，可利用多模块自动加载技术的优点，采取按照本期规模配置模块和按照远期规模配置模块两种软件方案，满足改扩建的要求。

5.5.1.3 双核功能分布式处理技术

同一个CPU双核关系介于两个独立CPU和一个单核CPU之间，分别为独立的运算器和寄存器，可以独立进行任务计算，因此对于双核需要使用两个软件平台进行任务调度和控制，但双核之间可以共享内存。

目前，每个CPU与其他CPU之间的通信由独立的任务完成，并且通信任务为一对一的单任务，那么保护CPU的双核是无法与站控层插件同时进行通信的。过程层数据接收插件与保护CPU之间也是一对一单任务通信的，因此过程层插件的采样数据仅能发给保护CPU的一个核的任务。

通过上述分析，集中式保护装置各个CPU插件之间通信宜由一个CPU核完成，可在此基础上进行功能分布的方案设计。

保护CPU与过程层插件的通信主要为IEC 61850的建模信息和数据集的收发，因此在保护CPU中宜将所有的模型信息文件由同一个CPU核完成，这样就排除了按照间隔将保护分布到不同CPU核中完成的方案。

可以将保护的模拟量采样及相量计算任务由一个CPU核完成（简称1核），而将保护逻辑运算和判别功能以及报告、录波交由另外一个CPU核完成（简称2核）。

每个间隔的保护程序由两种任务构成，一是“1核”任务；二是“2核”任务。CPU加载此间隔程序时按照任务种类分别加载到两个核中。

两个核的模拟量通道配置完全相同，定值共一套。采样指针和模拟量通道由“1核”进行更新，“2核”进行访问。并且各个间隔的模拟量采样指针独立，每个间隔的保护模拟量通道设置仍然按照从0通道开始，增加相对通道号的配置信息，在工程上进行配置以将所有间隔保护的模拟量通道按照顺序排列，见表5-8、表5-9。

表5-8　　间隔1保护

<table>
<tr><th>序号</th><th>模拟量通道名称</th><th>通道号</th><th>属性</th><th>通道类型</th><th>相对序号</th></tr>
<tr><td>1</td><td>A相电流</td><td>0</td><td>…</td><td>实通道</td><td rowspan="4">0</td></tr>
<tr><td>2</td><td>B相电流</td><td>1</td><td>…</td><td>实通道</td></tr>
<tr><td>3</td><td>C相电流</td><td>2</td><td>…</td><td>实通道</td></tr>
<tr><td>4</td><td>A相差流</td><td>3</td><td>…</td><td>虚通道</td></tr>
</table>

表5-9　　间隔2保护

<table>
<tr><th>序号</th><th>模拟量通道名称</th><th>通道号</th><th>属性</th><th>通道类型</th><th>相对序号</th></tr>
<tr><td>1</td><td>A相电流</td><td>0</td><td>…</td><td>实通道</td><td rowspan="4">4</td></tr>
<tr><td>2</td><td>B相电流</td><td>1</td><td>…</td><td>实通道</td></tr>
<tr><td>3</td><td>C相电流</td><td>2</td><td>…</td><td>实通道</td></tr>
<tr><td>4</td><td>A相差流</td><td>3</td><td>…</td><td>虚通道</td></tr>
</table>

应用程序访问时各个间隔保护程序的模拟量通道首地址为该间隔保护第一个通道的实

际首地址，不是第一个间隔保护第一个通道的首地址。

在“1核”接收过程层插件的SV数据时按照所有间隔的模拟量配置信息和相对序号将采样数据分别存放在各个间隔的通道中。

考虑各个间隔共享的模拟量通道数据，如母线电压，这种情况宜将母线电压采样数据复制分发到各个间隔的采样通道中。

“1核”完成采样后，还根据本间隔的任务计算本间隔所需要的相量数据，由VLD逻辑图实现。所有的相量数据存放在任务数据表中，在任务结束后通过一个元件将这些数据集中复制到全局数据结构中，复制过程加锁。

“2核”也可以访问模拟量通道，同时也在所有任务执行前集中读取全局数据结构，完成将“1核”计算的相量一次性读取，读取过程加锁。

5.5.2　保护功能配置

目前应用最广的继电保护原理是电流差动保护，并且差动保护多数为工频量计算方法，也有采用瞬时值的差动计算方法。电流差动保护原理为节点电流定律或者基于磁平衡原理，原理较为简单，但灵敏度高，凡是电流差动保护应用之处必然配置为主保护。

一般后备保护配置有近后备保护和远后备保护。失灵保护是最为重要的一种近后备保护，除此之外线路保护一般配置距离保护、零序保护作为本线近后备保护，同时也兼做相邻开关的远后备保护。

5.5.2.1　电流差动保护

电流差动保护以其优越的性能，被广泛地应用于电力系统的发电机、变压器、线路、母线等诸多重要电气设备的保护之中。凡是有条件实现的地方，其主保护均使用了这种原理的保护。对于电力系统的高压、超高压线路保护来说，基于基尔霍夫电流定律（流向一个节点的所有电流之和等于零）的分相电流差动保护，原理简单可靠，具有天然的选相能力，保护灵敏度高且动作速度快，能适应电力系统振荡、非全相运行、双回线跨线等各种复杂的故障和不正常运行状态，能很好地解决目前高压、超高压线路在保护选型时所遇到的同杆并架双回线、串补电容线路以及T形分支线路等保护配置的困难和城域网中的短线路保护难以整定的问题，还能较好的适应架空线路与地下电缆混合输电系统等。

当线路内部发生高阻接地故障时，传统稳态量差动判据的灵敏度受故障点影响非常大。当接地电阻一定时，在受电端故障时的制动量将比送电端小很多，而保护动作量相差不大，因此，保护在受电端灵敏度更高，带过渡电阻能力更强。

（1）基本原理。

1）线路差动保护。基于线路的差动保护原理上同常规的线路差动保护。本方案通过暂态数据网络获取对侧的数据，在暂态网络层解决对侧数据的传输与同步问题，以实现两侧保护功能的解耦。

a. 采样值差动。采样值差动继电器充分利用光纤通道传送信息，采用采样值差动元件，以提高差动保护动作速度及可靠性；取两侧电流采样值相加的绝对值作为差动电流，两侧电流采样值相减绝对值作为制动电流。

b. 分相稳态量差动元件。动作方程

$$I_{CD\Phi} > I_{SET\Phi}, I_{CD\Phi} > 0.75 I_r$$

c. 分相稳态量差动元件。动作方程

$$\Delta I_{CD\Phi} > I_{SET\Phi}$$
$$\Delta I_{CD\Phi} > 0.75\Delta I_r$$

d. 零序电流差动元件。动作方程

$$I_{CD0} > I_{SET\Phi}$$
$$I_{CD0} > 0.75 I_{r0}$$

零序差动元件配合差流选相元件选择差流最大相出口，满足条件后延时 100ms 动作，当差流选相元件拒动时延时 250ms 固定三跳。两侧任一相发生 TA 断线则闭锁零序差动。

2）变压器保护。装置采集变电站内主变压器的各侧电流信息，完成主变压器的差动保护功能，动作后跳变压器各侧开关。

装置包含稳态比率差动保护、变化量比率差动保护和差动速断保护，并包含励磁涌流、TA 饱和等判据。

a. 比率制动差动保护。比率制动差动保护能反映变压器内部相间短路故障、高（中）压侧单相接地短路及匝间层间短路故障，既要考虑励磁涌流和过励磁运行工况，同时又要考虑 TA 异常、TA 饱和、TA 暂态特性不一致的情况。

由于变压器联结组不同和各侧 TA 变比的不同，变压器各侧电流幅值相位也不同，差动保护首先要消除这些影响。本保护装置利用数字的方法对变比和相位进行补偿，方法参见附录二，以下说明均基于已消除变压器各侧电流幅值相位差异的基础之上。

比率差动动作方程

$$\begin{cases} 当\ I_{res} \leqslant 0.8I_N\ 时, I_{op} > I_{op.0} \\ 当\ 0.8I_N < I_{res} \leqslant 6I_N\ 时, I_{op} \geqslant I_{op.0} + S(I_{res} - 0.8I_N) \\ 当\ I_{res} > 6I_N\ 时, I_{op} \geqslant I_{op.0} + S(6I_N - 0.8I_N) + 0.6(I_{res} - 6I_N) \end{cases}$$

励磁涌流判据：装置提供两种励磁涌流识别方式，当“二次谐波制动”控制字整定为1时，采用二次谐波原理闭锁；当“二次谐波制动”控制字整定为 0 时，采用波形比较原理闭锁。

（a）二次谐波判据。变压器空投时，三相励磁涌流中往往有一相含有大量的二次谐波。但是，变压器差动保护各侧电流要进行相位调整，相位调整后的电流不再是真实的励磁涌流，电流中的二次谐波含量也会发生变化。本装置根据变压器的不同工况自动选择电流计算二次谐波含量，如在变压器空载合闸时采用相位调整前的电流计算二次谐波含量，因此，计算励磁涌流的二次谐波含量更加真实，性能更加可靠。变压器在正常运行时，装置采用差动电流中的二次谐波含量来识别励磁涌流。判别方程如下

$$I_{op.2} > K_2 I_{op.1}$$

如果某相差流满足上式，则同时闭锁三相差动保护。

本装置在采用二次谐波“或”闭锁的同时采用空投主变压器过程中故障识别专利技术，短时投入按相综合开放判据，既能正确识别励磁涌流，又能在空投故障变压器时快速可靠地开放差动保护，提高在空投变压器于故障时差动保护的动作速度。

（b）波形比较判据。本装置根据变压器的不同工况自动选择差动电流或相电流计算波形的不对称度，计算出励磁涌流的波形不对称度更加真实，保护性能更加可靠。判别方程如下

$$S_{sum+} > KS_{sum-}$$

b. 增量差动保护。增量差动不受正常运行的负荷电流的影响，具有比纵差差动更高的灵敏度，由于纵差差动保护制动电流的选取包括正常的负荷电流，变压器发生弱故障时，纵差差动保护由于制动电流大，可能延时动作或者不动作。增量差动主要解决变压器轻微的匝间故障和高阻接地故障。

动作方程

$$I_{op} > 0.2I_N$$

$$I_{op} > 0.65I_{res}$$

c. 差动速断保护。由于纵差差动保护需要识别变压器的励磁涌流和过励磁运行状态，当变压器内部发生严重故障时，不能够快速切除故障，对电力系统的稳定带来严重危害，所以配置差动速断保护，用来快速切除变压器严重的内部故障。

当任一相差流电流大于差动速断电流定值时差动速断保护瞬时动作，跳开各侧断路器。

d. 分侧差动保护。分侧差动保护主要应用于自耦变压器，电流取自变压器的高压侧TA、中压侧TA和公共绕组TA，能反应高（中）压侧相间故障和接地故障。

动作方程

$$\begin{cases}\text{当 } I_{res} \leqslant 0.8I_N \text{ 时}, I_{op} > I_{op.0} \\ \text{当 } I_{res} > 0.8I_N \text{ 时}, I_{op} \geqslant I_{op.0} + 0.5(I_{res} - 0.8I_N)\end{cases}$$

3）母线保护。基于母线的差动保护原理上同常规的母线差动保护。在本方案中，母线保护按照母线段配置，即每一条母线配置各自的差动保护。

母差保护由分相式比率差动元件构成。需要考虑在连接支路变化时的自适应能力以及变化过程中的安全性。

母线差动保护为分相式比率制动差动保护，设置大差及各段母线小差。大差由除母联外母线上所有元件构成，每段母线小差由每段母线上所有元件（包括母联）构成。大差作为启动元件，用以区分母线区内、外故障，小差为故障母线的选择元件。大差、小差均采用具有比率制动特性的分相电流差动算法，其动作方程为

$$I_d > I_s$$

$$I_d > kI_r$$

（2）技术特点。

1）解决单端保护整定困难的问题。66kV无快速主保护，后备保护定值整定和配合困难，线路末端故障时，只能依靠距离Ⅱ段延时切除故障。运行方式变化引起误动作、多样化输电方式引起的保护问题等。采用元件差动主保护将实现线路故障全线零时限切除，解决后备保护的配合问题。

2）解决分布式电源接入问题。系统将来接入分布式电源后将对原有保护控制管理系统的智能性和灵敏性提出的新挑战。网络中潮流的方向不再单一，会随着分布式电源运行方式的切换而发生相应的改变。发生故障时，短路电流的方向也不能确定，给继电保护的整定、运行带来了很多问题，原有的简单保护方案已经不能适应有分布式电源接入的配电网对保护的要求。

5.5.2.2 后备保护配置

集中式保护控制系统的后备保护可以仍然按照各个间隔进行后备保护功能的配置，后备保护主要作为本间隔的近后备，并兼做下一级线路或者元件的远后备保护。按照典型220kV变电站的220kV电压等级的间隔划分，主要的后备保护及控制功能主要有如下部分。

（1）线路保护：三段式接地、相间距离保护，两段定时限零序方向过电流保护，一段反时限零序过电流保护，并配置有自动重合闸功能、失灵远跳保护。

（2）主变压器保护：一般配置有相间阻抗保护、接地阻抗保护、复压过电流保护、零序过电流保护、间隙过电流保护、间隙零序过电压保护、失灵联跳保护。

（3）母线保护：主要配置作为全站近后备的失灵保护。

按照电力系统相关规程，一般线路后备保护主要作用为近后备保护使用，变压器后备保护除间隙保护外一般作为相邻设备或者系统的远后备保护。失灵保护作为全站的近后备保护。

集中式配置的后备保护原理与常规变电站相同，此处不再一一赘述。

5.5.2.3 扩大化差动保护

与采用单端电气量的距离、过电流保护相比，差动保护采用多端电气量来判断故障范围，不受系统振荡影响，具有天然的选相功能等。因此，传统的线路纵差保护已成为最为广泛应用的线路主保护，部分地区甚至将一条线路的两套主保护全部采用纵联差动保护。

对于传统的线路纵差保护而言，线路区外故障，由于无法得到相应的故障电流，因此仍然采用距离或零序过电流保护作为相邻线或变压器的后备保护。采用距离保护，不仅需要考虑保护判据本身对各类故障的适用性，还需要考虑相应的故障选相元件，以及考虑躲电力系统的振荡，为其配置各种振荡闭锁元件。历代继电保护工作者也为之呕心沥血，付出了毕生心血，但由于原理固有的局限性，难免存在一些缺点，如需要考虑配合问题，特别是距离Ⅲ段需要保护变电站的主变压器低压侧时，其时限应该大于主变压器复合电压闭锁过电流时限+0.3s，因此本线路的距离Ⅲ段保护往往需要经过1s以上的延时，严重影响了系统输电容量。

在继电保护系统中，断路器失灵是一个重要的问题，在传统保护系统中需设置断路器失灵保护，当发生断路器失灵时跳开接在同一母线上的所有电源支路断路器。在站域集中式继电保护系统中可方便地实现断路器失灵保护功能。当线路本间隔发生故障断路器失灵，装置检测到第一时间跳开开关后故障电流仍存在时，则判断断路器失灵，由站域差动保护第二时限跳开本间隔相关的断路器，切除故障。

而站域集中式保护可以获取系统中多个测量点的故障电流，因而站域集中式保护中主保护和后备保护均可以采用差动保护。此处的站域扩大化差动保护作为元件差动保护的后备保护。

以开关为单位（包括母联及分段开关）配置的自适应后备保护，采用差动保护原理，替代传统保护体系中的阶段式保护及断路器失灵保护、死区保护。基于装置能力，按功能类型集中配置在若干台保护装置中。

采集该开关可能连接的元件（例如，双母线出线开关所连接的1号母线和2号母线）

的对侧电流，完成差动保护功能，动作后第一时间跳本开关，第二时间跳该开关当前状况下所连接的元件开关。

下面以线路为例进行说明。

如图 5-25 所示，CB1 为保护对象，差动保护引入与 CB1 相联系的相关电流量，具体为 CT6、CT2、CT3、CT4 作为差动保护的基本组成量，这样在 CB1 与 CB6 的线路上发生故障时，原来线路上配置的差动保护可以快速动作，若 CB1 因为一些原因不能跳开时，例如，CB1 断路器失灵，或者故障点位于 CT1 与 CB1 之间的死区故障，新的基于 CB1 开关的差动保护能够动作，第一时间跳开 CB1，若 CB1 仍然有电流，则第二时间跳开与 CB1 相连的 CB2、CB3、CB4，以达到隔离故障的目的。

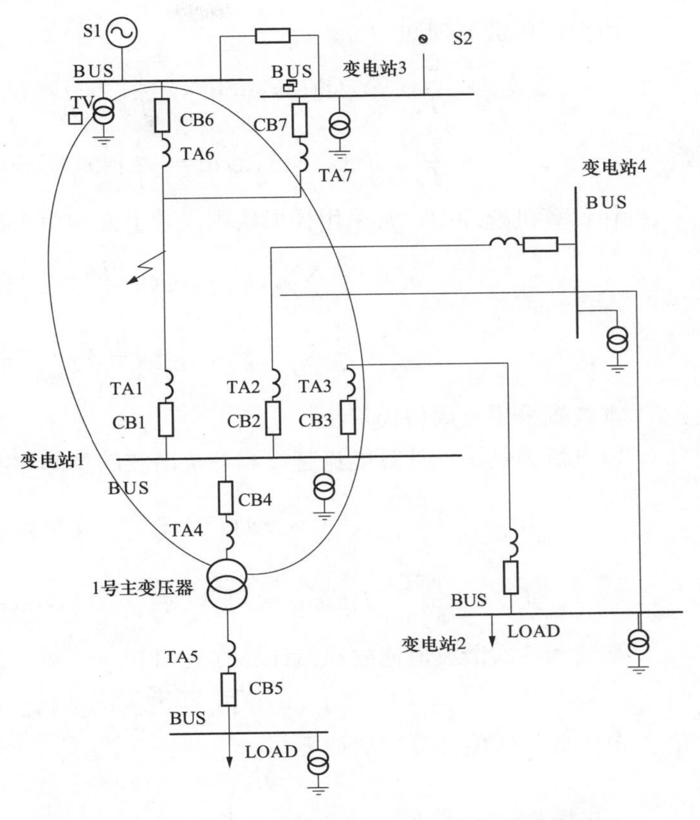

图 5-25 线路开关配置的自适应后备保护动作过程

5.5.3 测量控制功能配置

集中式保护控制系统的测量、非关口电能计量及控制功能也集成到同一个物理装置中完成。按照间隔划分测量控制功能模块，相同的模块按照间隔数量进行动态加载，每个测量控制模块的主要功能构成如下。

5.5.3.1 遥测及电度

集中式测控装置通过 SV 接口采集电流、电压等采样数据，进行电流、电压、功率、频率、积分电能等量值的计算。

(1) 电流电压的计算。采用傅氏算法计算基波值和各次谐波值。

傅氏算法来自傅里叶级数，算法本身具有滤波作用，可滤掉整数次谐波。

如果被采样的模拟信号是一个周期性的时间函数，除基波外还包含各次谐波和不衰减的直流分量，那么这个模拟信号可以表示为

$$x(t) = \sum_{n=0}^{m} (a_n \cos n\omega t + b_n \sin n\omega t)$$

式中 n——谐波次数；

ω——基波角频率；

a_n，b_n——实部和虚部。

由傅氏级数原理知

$$a_n = \frac{2}{T}\int_{-T/2}^{T/2} x(t)\cos n\omega t\,\mathrm{d}t = \frac{2}{T}\int_{0}^{T} x(t)\ \cos n\omega t\,\mathrm{d}t, n = 0,1,2,\cdots$$

$$b_n = \frac{2}{T}\int_{-T/2}^{T/2} x(t)\ \sin n\omega t\,\mathrm{d}t = \frac{2}{T}\int_{0}^{T} x(t)\ \sin n\omega t\,\mathrm{d}t, n = 0,1,2,\cdots$$

在计算机处理中，常采用梯形法则来求上面的两个积分，即

$$a_n = \frac{2}{N}\sum_{k=1}^{N} x(k)\cdot\cos(n\frac{2k\pi}{N}) \qquad n = 0,1,2,\cdots$$

$$b_n = \frac{2}{N}\sum_{k=1}^{N} x(k)\cdot\sin(n\frac{2k\pi}{N}) \qquad n = 0,1,2,\cdots$$

本装置采用全周傅氏算法。

以电流为例子，计算电流基波和各次谐波的实部和虚部

$$I_{r.n} = \frac{2}{T}\int_{-T/2}^{T/2} i(t)\cos n\omega t\,\mathrm{d}t = \frac{2}{N}\sum_{k=1}^{N} i(k)\cos(nk\frac{2\pi}{N}), n = 1,2,\cdots,m$$

$$I_{i.n} = \frac{2}{T}\int_{-T/2}^{T/2} i(t)\sin n\omega t\,\mathrm{d}t = \frac{2}{N}\sum_{k=1}^{N} i(k)\sin(nk\frac{2\pi}{N}), n = 1,2,\cdots,m$$

基波和各次谐波电流的幅值计算方法如下

$$I_n = \sqrt{I_{r.n}^2 + I_{i.n}^2}, n = 1,2,\cdots,m$$

电流的有效值计算方法如下

$$I = \sqrt{\sum_{n=1}^{m} |I_n|^2}$$

（2）有功功率的计算。计算方法如下

$$P = \sum_{n=1}^{m} P_n = \sum_{n=1}^{m} U_n I_n \cos\varphi$$

$$= \sum_{n=1}^{m} (U_{r.n} I_{r.n} + U_{i.n} I_{i.n})$$

（3）无功功率的计算。计算方法如下

$$Q = \sum_{n=1}^{m} Q_n = \sum_{n=1}^{m} U_n I_n \sin\varphi$$

$$= \sum_{n=1}^{m} U_{i.n} I_{r.n} - U_{r.n} I_{i.n}$$

（4）视在功率的计算。计算方法如下

$$S = UI$$

（5）频率的计算。装置采用软件进行测频，其原理为设电压信号是一个恒定频率和幅值的正弦波形，电压信号可用下式表示

$$v(t) = V\sin(2\pi ft)$$

当电压信号以 T_s 为时间间隔采样时，第 k、$k+1$、$k+2$、$k+3$ 点的采样值可以表示为

$$v_k = V\sin(2\pi ft + \theta) \tag{5-8}$$

$$v_k + 1 = V\sin[2\pi f(t + T) + \theta] \tag{5-9}$$

$$v_k + 2 = V\sin[2\pi f(t + 2T) + \theta] \tag{5-10}$$

$$v_k + 3 = V\sin[2\pi f(t + 3T) + \theta] \tag{5-11}$$

由式（5-8）～式（5-11）可得

$$\frac{V_K + V_{K+3}}{V_{K+1} + V_{K+2}} = \frac{\cos(3\pi fT)}{\cos(\pi fT)} = 1 - 4\sin(\pi fT)\sin(\pi fT)$$

令

$$\frac{V_K + V_{K+3}}{V_{K+1} + V_{K+2}} = X$$

由于 $X>0$，对于等比数列

$$\frac{a}{b} = \frac{c}{d} = \frac{e}{f}$$

由等比数列的特点可知

$$\frac{a}{b} = \frac{|a|+|c|+|e|}{|b|+|d|+|f|}$$

为了使测量频率误差减小，计算频率时用一个周期的采样点（以 12 点为例），即

$$X = \frac{|X_0 + X_3| + |X_4 + X_7| + |X_8 + X_{11}|}{|X_1 + X_2| + |X_5 + X_6| + |X_9 + X_{10}|}$$

则测量频率 $f = \arcsin(0.5\sqrt{1-X})/(\pi T)$。

（6）积分电能的计算。计算有功功率部分用积分算法。

瞬时功率为

$$p(k) = u(k)i(k)$$

则积分电度为

$$W_P = \int p\mathrm{d}t$$

离散后，计算公式为

$$W_p = \sum u(i)i(i)$$

5.5.3.2　遥信

遥信：通过 GOOSE 接口或光耦输入采集状态量信息，能够反映断路器位置、隔离开关位置及其他遥信状态。

遥信处理分为单点遥信和双点遥信，通过消抖时间确认遥信状态的变位。

对于重要的断路器或隔离开关用它的跳位状态和合位状态组成一个双点遥信来表示它的状态，两路开入组成的双点遥信有四种状态：00、01、10、11，其中 01、10 对应双点遥信的合、分状态，00、11 是无效状态，对双点遥信的消抖处理也就是对上述四种状态的消抖处理，其消抖判断示意图如图 5-26 所示。

如图 5-26 所示，“正常变位”的图例体现了从合位状态经过一个短暂的过渡状态进入稳定的分位状态的过程；“扰动”的图例体现了消抖功能对扰动的屏蔽作用；“无效状态”的图例是当双点遥信组合中某一个开入出现异常时发生的情况，此时装置会向监控后台发出异常信息的提示。

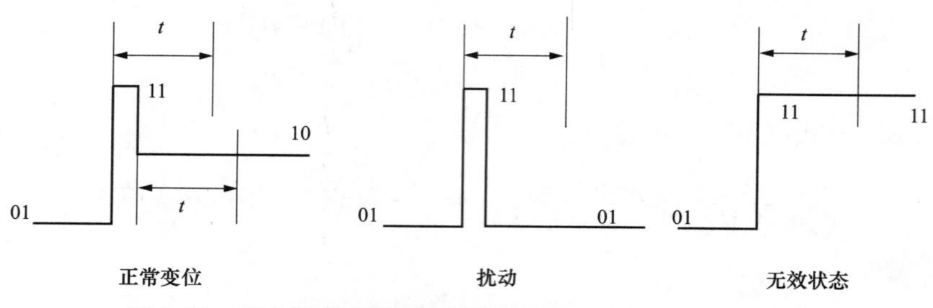

图 5-26　双点遥信的消抖判断示意图（图中 t 为消抖时间）

5.5.3.3　遥控

遥控输出模式：遥控通过 GOOSE 接口输出。

遥控操作分为选控和直控两种类型，可以选控方式对断路器、隔离开关、接地开关等进行控制，还可以以直控方式进行复归操作。选控受远方压板的闭锁，远方压板退出时闭锁选控的远方操作。

选控的分、合操作可编辑逻辑条件，在所编辑逻辑条件满足的情况下方能进行操作，该逻辑的是否判别可通过联锁压板控制，联锁压板投入情况下操作需要判别所编辑逻辑，退出情况下则不判别。

操作闭锁的逻辑示意图如图 5-27 所示。

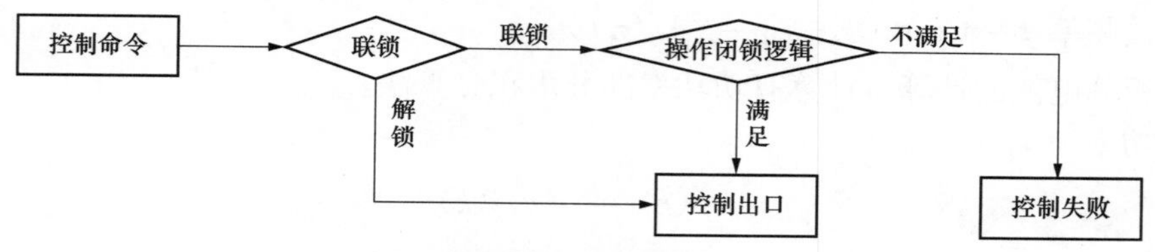

图 5-27　操作闭锁逻辑示意图

为保证机构就地操作也可通过测控装置编辑逻辑，装置还对每个选控对象设置一个就地闭锁出口，该出口受所编辑逻辑的控制，逻辑满足时，该出口闭合并保持；逻辑不满足时，该出口打开。联锁压板退出时，该出口也闭合并保持。就地操作闭锁出口应用示意图如图 5-28 所示。

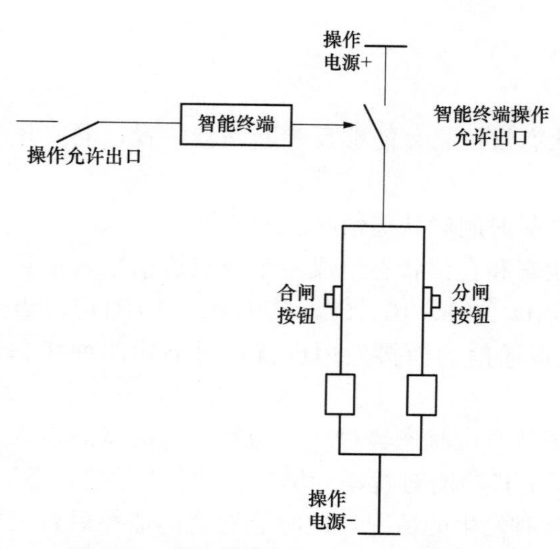

图 5-28　就地操作闭锁出口应用示意图

为保证出口的可靠性，装置自检出现异常时对所有出口信息品质均置为无效。

5.5.3.4　遥调

挡位输入形式采用 GOOSE 模拟量输入方式，挡位控制可投入滑挡闭锁功能，挡位调节执行一段时间内（滑挡闭锁时间）挡位未达到预期的位置，测控装置可自动开出急停出口。

5.5.3.5　同期

（1）同期功能的选择。就地合闸及手合同期功能的选择通过三个软压板（无检定、检无压、检同期）控制，这些压板可以通过后台监控或远方调度投退。同期方式与压板的对应关系见表 5-10。

表 5-10　同期方式与压板选择表

同期方式 \ 压板	无检定压板	检无压压板	检同期压板	备注
不检定方式	1	x	x	x 代表可为 0，可为 1
检无压方式	0	1	0	
转换方式	0	1	1	先检无压，无压条件不满足时自动转为检同期方式
检同期方式	0	0	1	

远方合闸同期功能的选择通过主站下发的 CSWI 模型中 Check 的 sync 位区分检同期与无检定，检无压方式通过创建不同实例实现。

（2）同期操作模式。同期操作有远方同期、就地同期和手合同期三种操作模式。

1）远方同期操作。远方遥控合闸命令触发同期判别。

2）就地同期操作。通过装置面板的主接线图合闸操作触发同期判别。

3）手合同期操作。由手合同期开入触发同期判别。

（3）同期逻辑图。进行手合同期操作时，其逻辑图如图 5-29 所示。

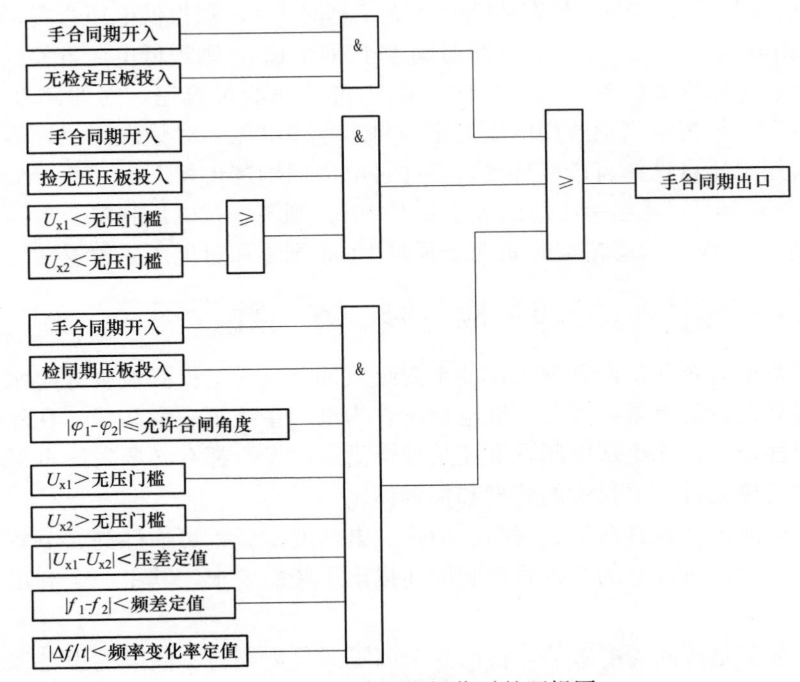

图 5-29　手合同期操作时的逻辑图

说明：

1. U_{x1}，U_{x2} 为同期电压；f_1，f_2 为同期电压对应的频率；φ_1，φ_2 为同期电压对应的角度。Δf 为两个同期电压的频率差。

2. 在同期条件满足时，经 T-t_1 时限，同期出口。T 为接收同期命令到捕捉同期点的时间；t_1 为断路器动作时间定值。

(4) TV断线告警检测功能。TV断线后发告警信号。TV断线检测通过控制字进行投退。

控制字投入，满足以下条件：

1）只要有两个线电压之差大于18V，状态持续时间大于延时10s，则报TV断线。

2）任意两个线电压之差均小于18V，状态持续时间大于延时10s，则TV断线返回。

(5) TA断线告警检测功能。TA断线后发告警信号。TA断线检测通过控制字进行投退。TA断线区别两表法和三表法。

控制字投入，满足以下条件：

1）三表法。零序电流$3I_0$大于100mA，且三相电流中至少有一相小于20mA，状态持续时间大于延时10s，则报TA断线；零序电流$3I_0$小于100mA，状态持续时间大于延时10s，则报TA断线返回。

2）两表法。任一相电流大于100mA且至少有一相小于20mA，状态持续时间大于延时10s，则报TA断线；两相电流均大于100mA或两相电流均小于20mA，状态持续时间大于延时10s，则报TA断线返回。

(6) 低电压告警检测功能。检测到低电压后发告警信号。低电压告警检测通过控制字进行投退。

控制字投入，满足以下条件：

1）三相电压均小于10V，状态持续时间大于延时10s，则报低电压告警。

2）任一相电压大于10V，状态持续时间大于延时10s，则报低电压告警返回。

(7) 零序过电压告警检测功能。零序过电压告警功能可投退，对线路及主变压器测控，零序过电压告警逻辑判别所用电压固定为自产零序电压，对母设测控，零序过电压告警逻辑判别所用电压可选择自产或外接，零序过电压判别逻辑如下：

1）$3U_0$大于30V，状态持续时间大于延时10s，则零序过电压告警。

2）$3U_0$小于30V，状态持续时间大于延时10s，则零序过电压告警返回。

5.6 检修方案

设备检修是电力企业生产管理工作的重要组成部分，它对提高设备健康水平、保证电力系统安全可靠运行具有重要意义。继电保护作为电力系统第一道防线，在保障电网安全方面具有决定性作用，无论从电网发展还是社会需求出发，都有必要对继电保护检修模式进行优化，实行更先进、更科学的管理和检修体制。

集中式保护测控装置具有集成度高、简化变电站的配置、可靠性高、节省建设费用等一系列优点的同时，对现有的运行管理制度还提出了新的要求，其中一个突出的挑战是检修及隔离。

常规保护装置是按间隔配置的，检修某个间隔时只需要将本间隔的设备退出运行，很容易隔离对其他间隔的影响。相比之下，集中式保护由于软硬件集成度高，一台装置集成了多个间隔的保护/控制功能，如图5-30所示。当某个间隔检修时，如检修间隔1，则间隔1对应的二次设备与不需要检修的间隔2、3等对应的二次设备在物理上是一体的（如集中式保护B装置），间隔1对应的二次设备的测试、停电对于物理上一体的集中式保护B上的间隔2、3等对应的二次设备有较大影响且难以隔离。这种检修方式对于双重化配置的220kV保护而言增加了间隔单套运行的时间，不满足继电保护规范的要求。

为了解决集中式保护故障或者检修时影响范围较大、停电时间加长的问题，我们提出了以下220kV集中式保护冗余配置方案。

（1）整体方案。220kV集中式保护按过程层单网双套配置，即220kV线路共配置四套软硬件相同、配置相同的保护装置。为了降低检修人员实施的难度，集中式保护检修和运行状态由系统自动进行判断并实现两种状态的自动切换；对于检修和运行两种状态集中式保护不降低系统运行的可靠性。

正常运行时过程层单套综合智能单元同时接收到2套保护的跳闸GOOSE命令后才能出口。当一台保护装置出现故障或者检修时自动切换到1取1模式，即综合智能单元只接收一套保护装置的跳闸命令即可出口。

除保护跳闸以外的GOOSE信息，综合智能单元采用常规处理模式，接收任一保护装置的GOOSE后即可实现相应的操作。

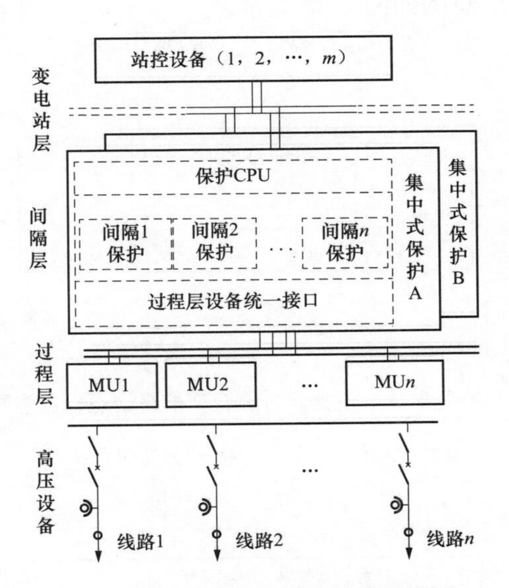

图5-30 集中式保护网络结构示意图

（2）正常运行时模式。配置相同的四套装置同时运行，其中A网两套装置A1，A2同时接收采样值并同时发送跳闸命令到智能终端。B网运行模式同A网，正常运行时网络结构如图5-31所示。

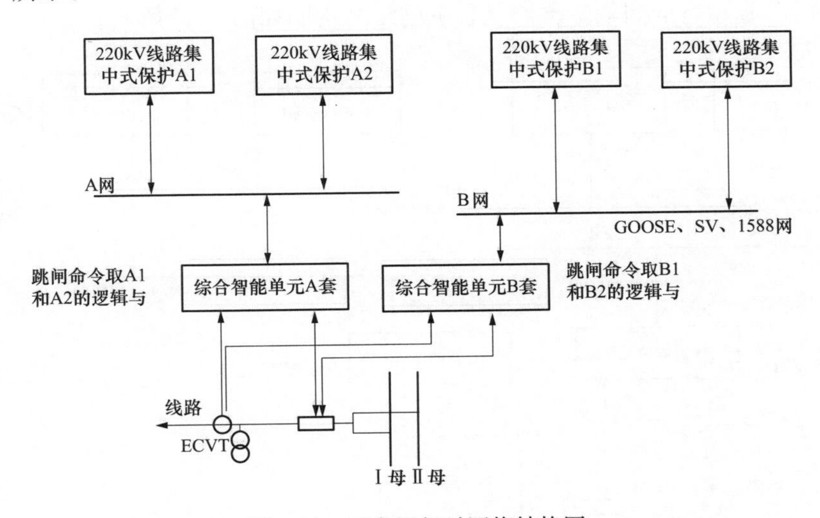

图5-31 正常运行时网络结构图

此模式下A（B）网的两套装置都跳闸命令分别驱动智能终端的不同出口，工程上将两个跳闸节点串联后接入操作回路，两个出口同时动作时才会真正跳闸出口。综合智能终端逻辑处理示意图如图5-32所示。

对于光纤通道的保护信息，此模式下A（B）网的两套装置的保护启动信号在综合智能终端中作或逻辑后发送给对侧保护，保证对侧保护快速启动。综合智能终端逻辑处理示意图如图 5-33 所示。

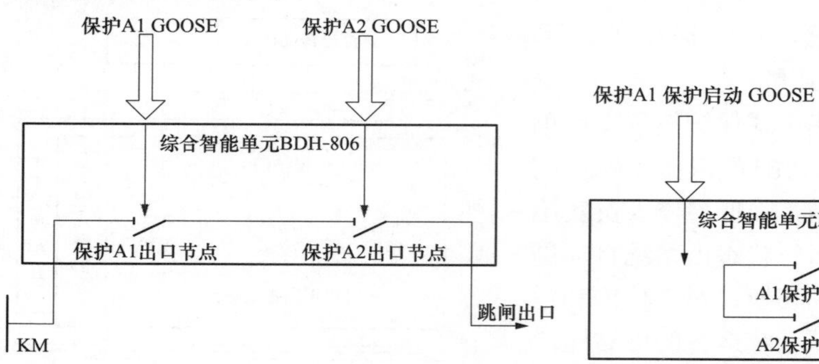

图 5-32　正常运行综合智能终端逻辑示意图

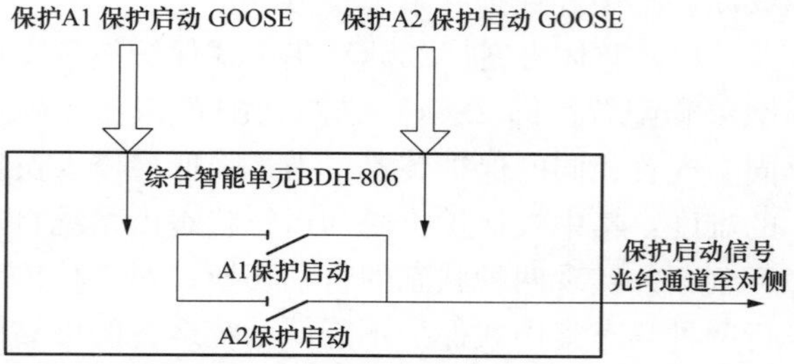

图 5-33　正常运行综合智能终端逻辑示意图

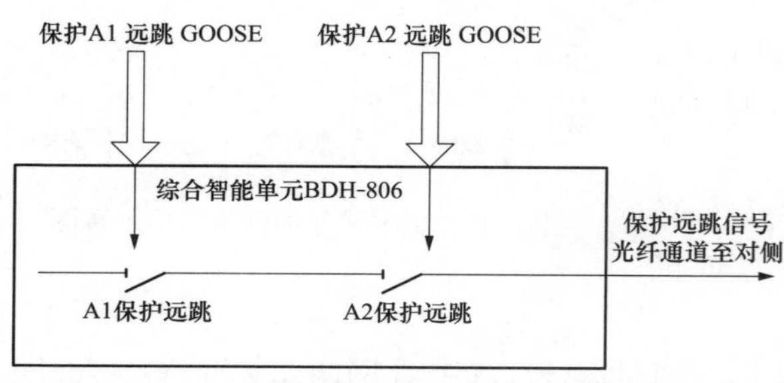

图 5-34　正常运行综合智能终端逻辑示意图

此模式下 A（B）网的两套装置的保护远跳信号在综合智能终端中作与逻辑后发送给对侧保护，提高保护远跳的可靠性。综合智能终端逻辑处理示意图如图 5-34 所示。

（3）整装置停运检修时运行模式。当运行中的一套保护装置（例如 B2）故障或者停运检修时，单网只有一台装置运行，此时智能终端只收到单台保护（B1）的跳闸命令即可出口。这种方案解决了保护装置检修时单套运行的问题，检修状态下网络结构图如图 5-35 所示。

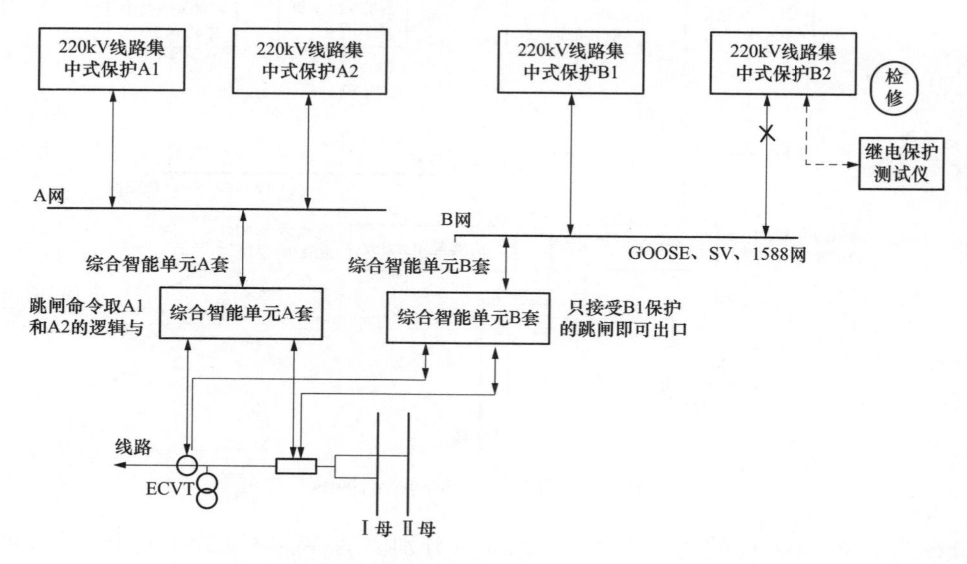

图 5-35　检修状态下网络结构图（以检修 B2 保护为例）

集中式保护检修或故障时，综合智能终端根据 GOOSE 报文自动切换到单套保护运行模式，这种模式下综合智能终端接收单套保护即可实现出口，综合智能终端逻辑示意图如图 5-36 所示。

（4）技术特点。正常运行时采用继电保护动作出口表决机制，提高了防拒动能力；单套装置运行时也不降低系统的可靠性。即提高了整个系统的可靠性，又支持灵活运行及维护方式，完美地解决了集中式保护检修难的问题。集中式保护检修状态切换如图 5-37 所示。

对于 110（66）kV 及以下电压等级的集中式保护装置，由于保护已采用了双套配置，检修时单套运行满足继电保护规范要求，可以采用常规检修方案。

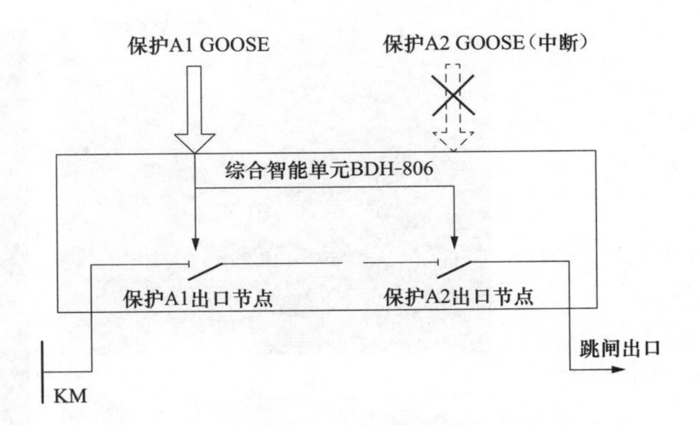

图 5-36　保护检修时综合智能终端逻辑示意图（以检修 A2 为例）

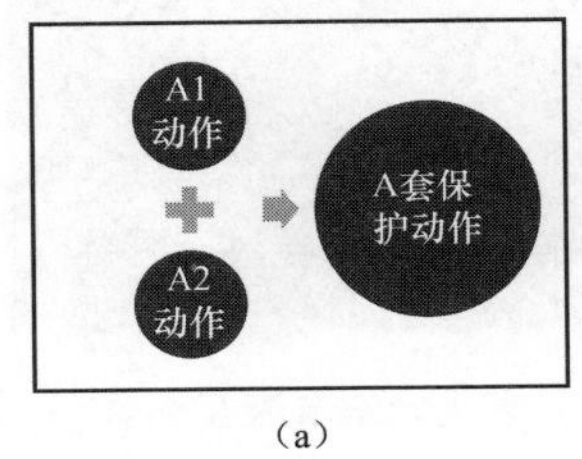

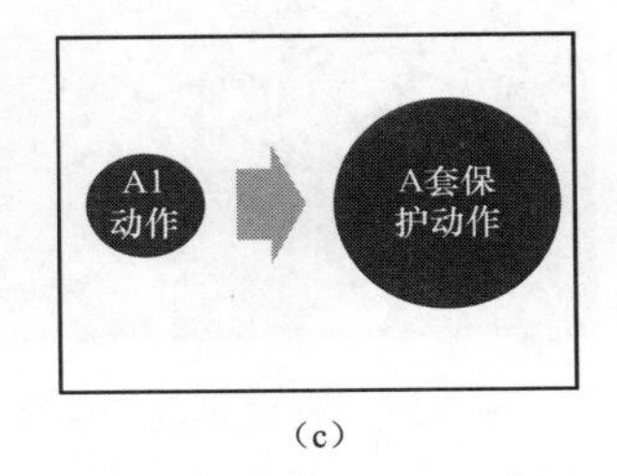

（a）　（b）　（c）

图 5-37　集中式保护检修状态切换示意图

（a）正常运行状态；（b）两种状态自动切换；（c）A2 装置故障式检修状态

5.7　HGIS 外卡式光学电流互感器

外卡式光学互感器是结合 HGIS 应用所创新设计的一种最新的光学电流互感器的结构，其结构型式既有别于支柱式和悬挂式磁光晶体型的光学电流互感器，也有别于光纤式光学电流互感器。

外卡式光学电流互感器的结构设计充分利用了磁光晶体传感光路的结构特点，具有结构简单、安装调试灵活等优点。由于可以方便地组合安装于 GIS、HGIS 或罐式断路器等密闭设备的外部，不存在拆装设备主体，也不影响设备主体的绝缘，因此可与 GIS、HGIS 或罐式断路器等设备实现现场组装，可在不停电的情况下实现检修或更换。

因组合安装于一次高压密闭设备主体的外部，其设计结构不会改变一次设备绝缘状况，也消除了因互感器自身或连接法兰密闭不严而产生漏气的可能性。图 5-38 为在高度集成智能变电站现场运行中的外卡式光学电流互感器。

外卡式光学互感器的整体结构由一次互感器部分、光缆和二次装置部分构成，其总体结构图如图 5-39 所示。其中，一次互感器部分位于户外，二次装置部分可安装于控制室内，也可户外就地配置。当二次装置部分户外就地安装时，增加二次就地安装柜。

一次互感器部分是由对称的两个半环结构构成的，在每个半环之中包含铝壳体、光学传感器、自愈环节（或温度补偿）以及用于连接的光缆连接器。整体用环氧树脂封装于铝壳体中，如图 5-40 所示。一个光学电流互感器产品实际上是由结构对称的两组光学电流互感器单元（简称 OCS）组成；每个 OCS 的光信号传输链路也各为独立的链路。

图 5-38　高度集成智能变电站现场运行中的外卡式光学电流互感器

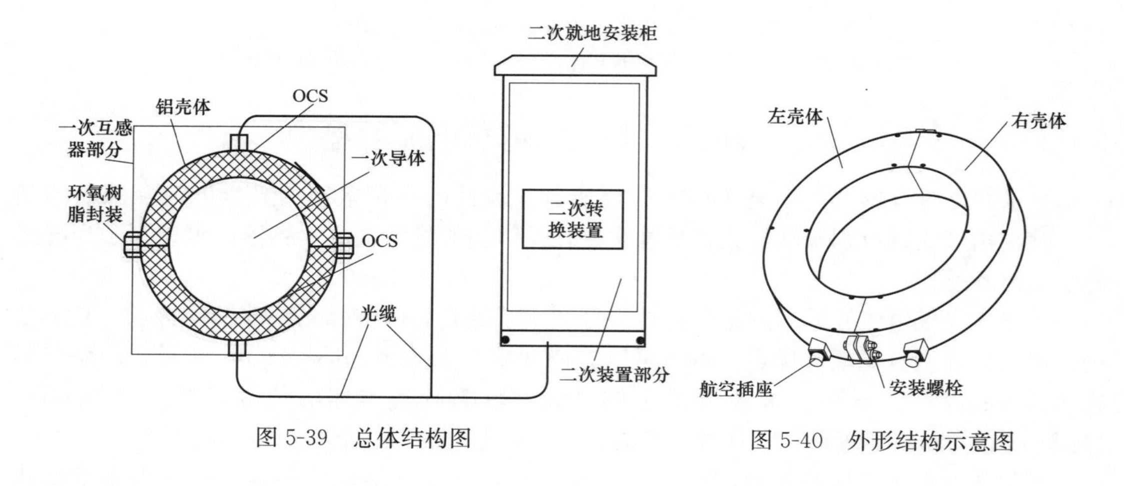

图 5-39　总体结构图

图 5-40　外形结构示意图

5.8　变压器油色谱检测“一拖二”技术

变压器是变电站的核心设备，保证变压器的安全可靠运行，对电网的供电可靠性具有十分重要的意义。变压器油中溶解气体的在线监测方法是基于油中溶解气体分析的理论；变压器油中溶解气体在线监测系统通过对变压器运行过程中的油中溶解气体的定时在线智能化监测与故障诊断，可以及时掌握变压器的运行状况，发现和跟踪变压器在运行过程中随时可能出现的潜伏性故障，因此，变压器油中溶解气体在线监测系统的应用具有重要的现实意义和实用价值。

5.8.1　系统简介

MGA2000 系列变压器油色谱在线监测系统（以下简称 MGA2000 系统）采用了气相色谱检测原理。其检测原理过程是变压器油在内置一体式油泵作用下进入油气分离装置进行油气分离，分离出溶解于变压器油中的特征气体；而经过油气分离后的变压器油仍流回变压器油箱。分离出来的特征气体在内置微型气泵的作用下进入到电磁六通阀的定量管中。定量管中的特征气体在载气作用下进入色谱柱，然后，检测器按各种气体成分所流出色谱柱的顺序分别将各组分离气体成分含量变换成电压信号量值，并通过 RS-485/CAN/100M 以太网接口将数据上传至数据处理服务器（安装在主控室），最后由 MGA200 状态监测与预警软件进行数据处理和故障分析。

MGA2000 系统主要由油样采集单元、油气分离单元、色谱分离单元、气体检测单元、数据采集控制单元和 PID 温度控制器单元及附件七部分组成，如图 5-41 所示。

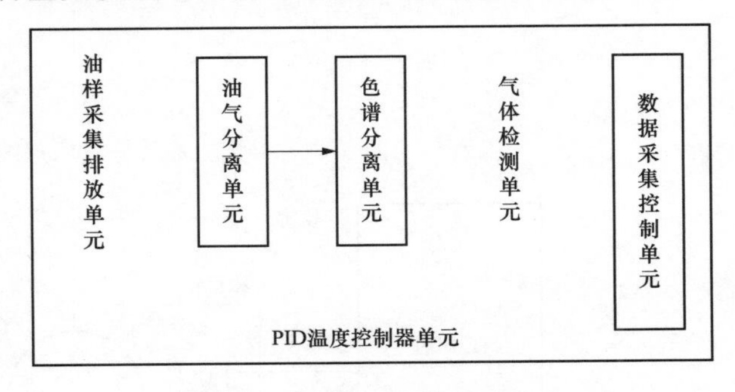

图 5-41　MGA2000 系统的构成

（1）油样采集单元采用变压器油循环采集方式。

（2）色谱分离单元主要完成气体的定量采集和气体分离，在载气的作用下采集气体通过色谱柱顺序分离出 H_2、CO、CH_4、CO_2、C_2H_4、C_2H_2、C_2H_6 等气体送入气体检测器。

（3）气体检测单元采用半导体气体检测器，在恒温状态下完成各种组分气体的检测和信号输出。

（4）数据处理单元完成各种组分气体数据的采集、存储，并完成远程监控中心的通信。

（5）PID 温度控制器单元主要完成脱气室、柱箱和气体检测器的恒温控制。

5.8.2　一拖二配置工程实施方案

为了满足高度集成智能变电站的两台变压器集成共用一台 MGA2000 系统的配置（以下简称一拖二配置）要求，经认真研究及讨论，在设计方案的基础上确定以下实施方案。

5.8.2.1　方案配置原理

本项目 MGA2000 一拖二配置采用两套循环取油的油气分离模块，共用一套色谱分离及检测模块。如图 5-42 所示，两台变压器各自独立配置一路油气分离装置，定量管 1 与定量管 2 中的特征气体通过特制十通阀进样装置切换控制后进入色谱柱，完成气体成分分离及含量检测。

5.8.2.2　方案工作流程

（1）初始 A 状态。油气分离 1、油气分离 2 同时进行油气分离。定量管 1 回路先进行气体进样检测（图 5-42 中红色流路）。

（2）切换成 B 状态。十通阀切换成 B 状态时，如图 5-43 所示，定量管 2 回路进行进样检测（图 5-43 中短实线流路），定量管 1 与油气分离 1 则进行气体置换（图 5-43 中红色流路）。15min 后，定量管 2 回路检测结束。

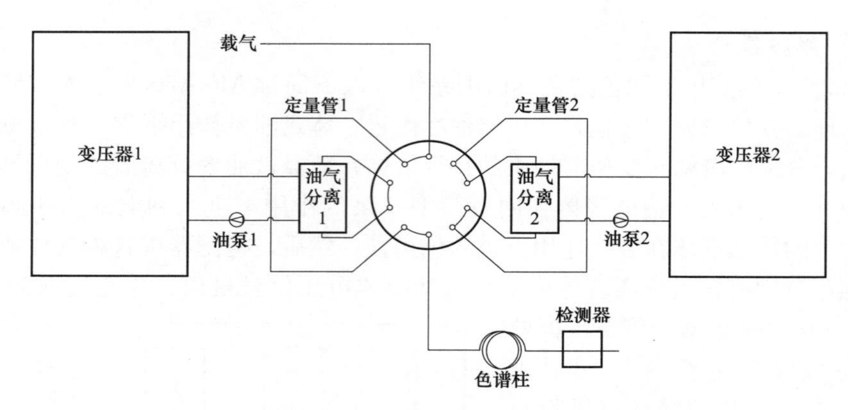

图 5-42　一拖二油气分离原理图 1（十通阀 A 状态）

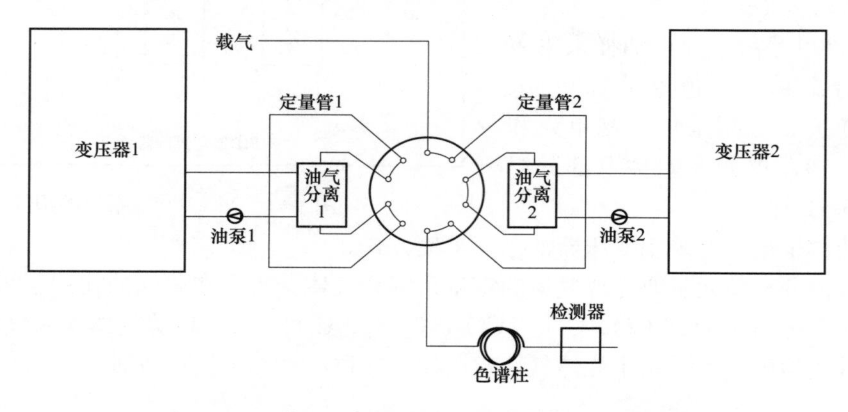

图 5-43　一拖二油气分离原理图 2（十通阀 B 状态）

（3）切换成 A 状态。再次将十通阀切换成 A 状态，如图 5-43 所示，定量管 1 回路重新进行进样检测（图 5-42 中短实线流路），定量管 2 与油气分离 2 则进行气体置换（图 5-42 中蓝色流路）。15min 后，定量管 1 回路检测结束。

5.8.2.3　方案特点

（1）方案设计巧妙、结构紧凑，充分利用特制十通阀的流路切割原理，实现二路油气分离与一路气体检测流路的切换。

（2）方案充分考虑两台变压器在线监测的需要，不排放、不消耗、不污染变压器油。

（3）方案充分考虑了两台变压器 60m 间距，设计了合理的油路加热系统，确保在低温环境下的油气分离流程正常。

5.8.2.4　方案实现

（1）系统组成。系统根据功能划分主要由油气分离单元、色谱分离检测单元、系统控制单元和数据处理服务器五部分组成，各部分间的工作接口关系如图 5-44 所示。

（2）现场安装示意图。MGA2000 系统的色谱数据采集器安装在两台变压器中间空余位置，色谱数据采集器与变压器预留接口通过 1/4in 不锈钢管连接，MGA2000 数据处理器安装在变电站（电厂）主控室内，与现场色谱数据采集器通过通信电缆连接，色谱数据采集器安装示意图如图 5-45 所示。

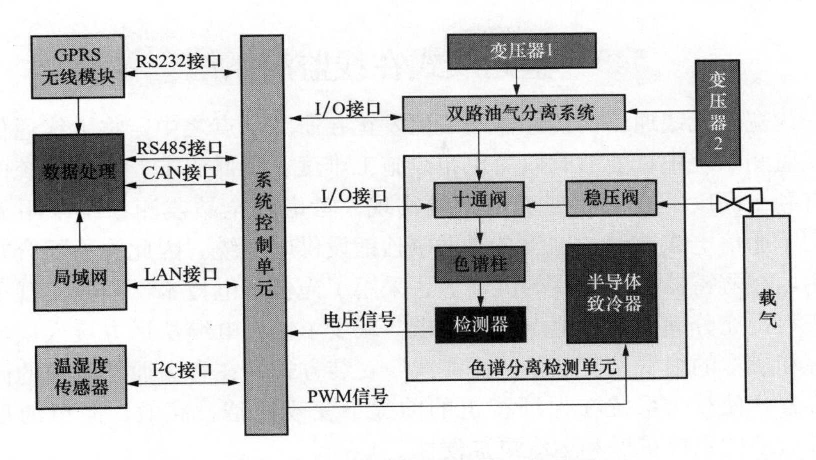

图5-44　系统的组成及接口关系图

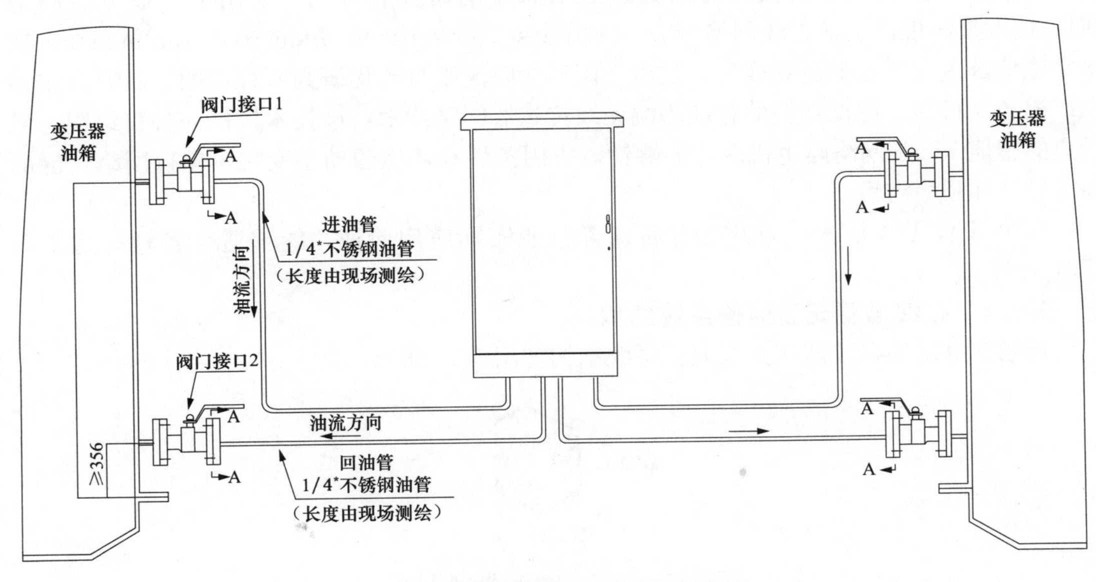

图5-45　色谱数据采集器安装示意图

（3）油路加热模块。油路加热源采用自限温电伴热带（AC220V，25W/m），电伴热带结构如图5-46所示，保温材料采用发泡聚苯乙烯，外加PVC管防护。

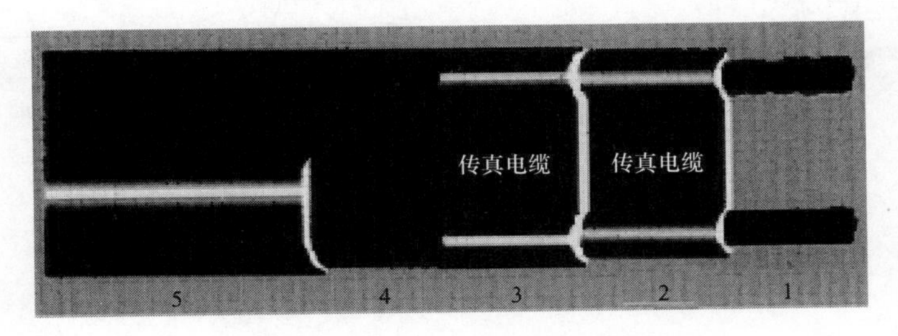

图5-46　电伴热带结构示意图

1—铜芯导线；2—导电塑料层：PTC；3—绝缘层：改良性聚烯烃；
4—屏蔽层：镀锡软圆铜线，覆盖密度80%；5—护套层：改良性聚烯烃

5.9 全无线式在线监测系统

目前新一代宽带无线通信的传感器网络研发正在研究试点之中，将无线通信技术应用到变电站在线监测系统中，能够有效简化布线施工难度、降低成本、提高系统的灵活性和可维护性，有利于高度集成的智能变电站的实现。考虑到全站监测系统采用无线通信技术，已经省去了通信电缆铺设，也没必要再单独铺设供电电缆。因此为了配合在线监测无线网络的应用，在避雷器监测装置的供电上还采用了光伏供电技术，从而实现了避雷器监测的全无线安装，充分满足安装地点灵活要求；减少了铺设电缆从远方接入供电电源所造成的大量资源和成本的浪费。实现了“无缆线”安装方式，在省去通信电缆的同时进一步简化了供电方案，使整个系统在保证稳定的前提下实现简洁、高效、简单的目标，使安装、调试以及后续的系统扩展和运维更加便捷。

高度集成智能变电站在线监测无线通信系统的研究和应用，采用了工业无线网络WIA技术来实现。工业无线网络WIA（Wireless Networks for Industrial Automation）技术是工信部重大课题的研究成果，是由中国科学院沈阳自动化研究所推出的，具有自主知识产权的高可靠、超低功耗的智能多跳无线传感器网络技术，该技术提供一种自组织、自治愈的智能Mesh网络路由机制，能够针对应用条件和环境的动态变化，保持网络性能的高可靠性和强稳定性。

WIA工业无线技术经过化工、石油等行业实际应用验证，能够适合各种恶劣工业环境。

5.9.1 在线监测无线通信系统结构

智能变电站的在线监测无线通信系统结构如图5-47所示。

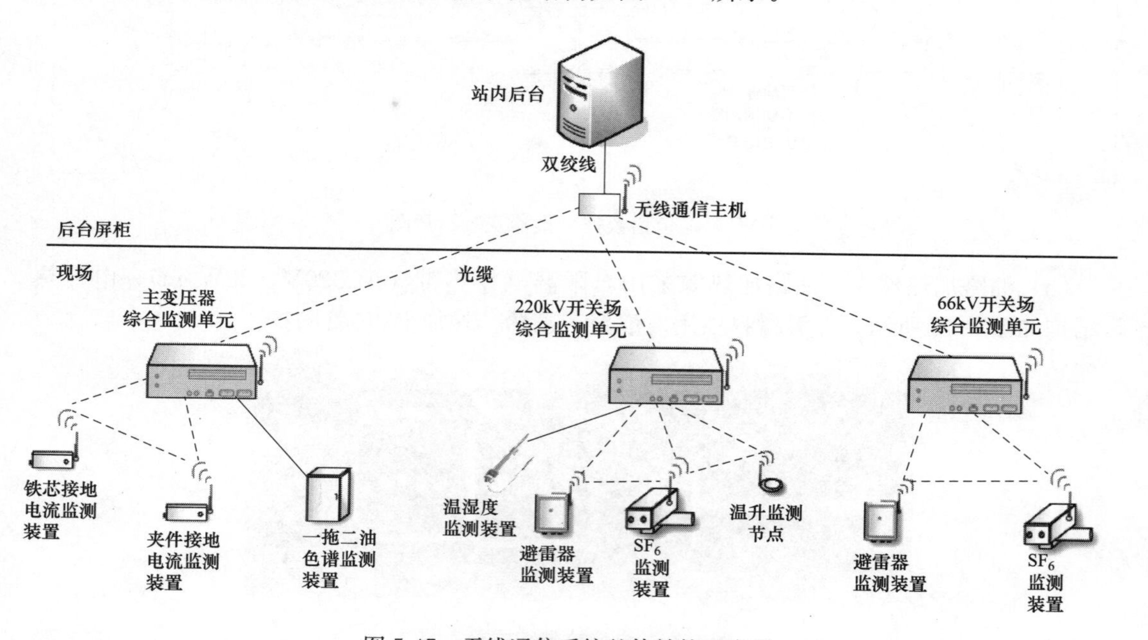

图5-47 无线通信系统整体结构示意图

如图5-47所示，无线通信系统分为两层，下层为WIA通信网络，由WIA网关和各种监测装置组成，负责现场监测数据的采集；上层为WIFI通信网络，负责现场监测数据与后台主站之间的交互。现场每个综合监测单元都连接一个WIA通信网关且带有WIFI通信功能，负责完成相应区域的数据采集，并传送给后台主站，变电站现场有多个综合监测单元，组成多个WIA通信网络，每个网络具有不同的通信信道和网络ID，保证各个网络之间不会存在干扰。

5.9.2　在线监测无线通信系统的优势

相对于传统的变电站设备状态系统监测，利用无线传感器网络的优势有以下几点：

（1）无线传感器网络中的节点高度集成了数据采集、数据处理和通信等功能，大大简化了设备装置。例如，变电站母线测温系统中，由于监测点电压高、电流强、安装空间狭小等实际问题，采用传统的热电阻或热电偶变送器难以完成直接温度测量。而利用无线通信方式则可以把MEMS测温模块和无线模块集成到一起，实现一体化，体积小的温升监测节点，简化了装置本身，也降低了安装维护难度。工程实际中，温升监测节点如图5-48所示，安装时采用直角安装夹具，夹具以垫片的方式固定在接线排螺栓与螺母之间，温升监测节点本体附贴在接线排侧平面上，底部传感器与接线排直接接触。

图5-48　温升监测节点安装图

（2）由于是无线通信模式，不需要复杂的通信线路的布线，因此降低了布线施工成本。例如，避雷器监测装置如果采用传统的有线通信方式，则在建站之前需要对现场电源线和通信线进行布线规划，明确电缆槽的走向和分布，安装过程中，拉线和接线的工作更是繁复，很容易出现线路接错的情况，工作量大，成本高。采用无线通信方式能够有效地解决这些问题。

基于无线通信的监测装置现场安装灵活，施工简单的特点，提高了智能变电站的结构紧凑性，也为全无线智能变电站的实现提供了有力依据。

（3）无线传感器网络的自组织性和动态性，可以提高系统通信的灵活性和可扩展性。WIA无线通信技术是一种自组织、自治愈的智能Mesh网络路由机制，网络中节点之间的相互邻居关系不是固定的，每个节点都能够自动进行配置和管理，当有节点加入或者删除时，可以通过拓扑机制和网络协议重新组织网络，自动寻找新的链路，并尝试建立新的连接，以适应节点的动态变化。

这些特点使得应用WIA技术的节点能够根据现场的应用情况任意改动，在变电站改造项目中，由于监测点位置的改变或者增减导致传统的有线监测方式改造复杂，工作量大，而WIA网络节点则可以很好地适应这种情况。另外，对节点单独离线维护不会影响网络的总体通信，从而大大提高了系统的可维护性。

5.9.3　太阳能供电设计

避雷器监测装置采用太阳能板供电，无线模块和监测模块集成为一体，无需任何布线接线工作，现场安装情况如图5-49所示。

（1）光伏供电系统原理方案。由于智能变电站状态监测系统的避雷器绝缘在线监测设

图 5-49 避雷器监测装置安装图

备功耗较低，所使用的光伏供电系统属于小型光伏供电系统。该系统的特点是系统中只有直流负载而且负载功率比较小，整个系统结构简单，操作简便。

光伏供电是利用太阳能电池将太阳光能直接转化为电能。无论是独立使用还是并网发电，光伏供电系统主要由太阳能电池阵列、控制器和蓄电池储能系统三大部分组成，它们主要由电子元器件构成，不涉及机械部件，所以，光伏供电设备极为精炼，可靠稳定寿命长、安装维护简便。理论上讲，光伏供电技术可以用于任何需要电源的场合。光伏供电系统具有诸多优点：无枯竭危险，太阳能作为一种巨量可再生能源，可以说是取之不尽、用之不竭；能源质量高；建设周期短，获取能源花费的时间短；无需消耗燃料和架设输电线路即可就地发电供电；安全可靠、无噪声、无污染排放；没有机械旋转部件，不存在机械磨损；不受资源分布地域和地形等的限制。

太阳能供电系统主要是将转换效率达 18%的太阳能电池方阵产生的能量输送到控制器中，通过控制器产生一定的电压和电流给蓄电池充电，同时通过蓄电池给负载供电，而在夜间或者阴雨天等没有太阳光的情况下则完全由蓄电池给负载供电。

太阳能电池方阵利用光伏效应把光能转换成电能。充放电控制器通过设定相应的浮充电压范围和均充电压范围，根据蓄电池的容量和电压状态对蓄电池进行相应的浮充电或均充电，同时给负载供电。当蓄电池的电压过高时，终止对蓄电池的充电，当蓄电池电压过低时，终止蓄电池对负载放电，保护蓄电池。控制器是系统的关键控制部件。储能蓄电池是系统管理核心，用来存储太阳能电池方阵转换成的而负载使用不完的电能，以备没有阳光的情况下使用，保证连续可靠供电。

为了更好地保护蓄电池，控制器对蓄电池的充放电电压的控制主要分为以下四个方面：①直充保护点电压：直充属于快速充电，一般都是在蓄电池电压较低的时候用大电流和相对高电压对蓄电池充电，但是有个保护点，当蓄电池两端电压高于这些保护值时，停止直充，防止过充对电池的损坏；②均充控制点电压：直充结束后，蓄电池会被静置一段时间，其电压自然下落，当下落到“恢复电压”值时，会进入均充状态；③浮充控制点电压：均充完毕后，蓄电池也被静置一段时间，使其端电压自然下落，当下落至“维护电压”点时，就进入浮充状态，目前均采用 PWM 方式，类似于“涓流充电”，以免电池温度持续升高；④过放保护终止电压：国家标准规定蓄电池放电不能低于这个值，为了安全起见，12V 电池的过放保护点电压设置为 11.10V。

（2）光伏供电系统结构及配置。

1）系统结构。高度集成智能变电站的集成度很高，占地面积较小，因此对避雷器绝缘在线监测装置进行供电的光伏供电系统的结构框图如图 5-50 所示，采用简单设计，符合简洁紧凑可靠的要求。

变电站中的电磁环境恶劣，需设计合理可靠的保护电路。

2）系统配置。根据上述系统结构框图，需要明确的是光伏电池阵列的功率和面积、控制器设计和蓄电池容量选择。系统设计原则是：根据安装地点太阳能资源具体情况和负载耗电量，确定太阳能发电容量；保证所有设备供电可靠；环保、经济、实用、安全。

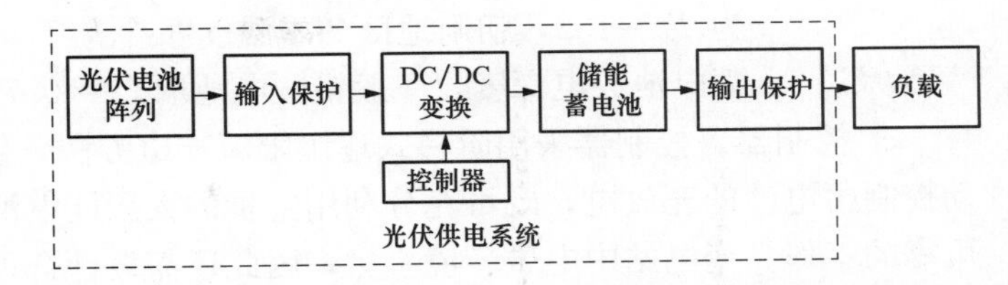

图5-50　避雷器绝缘在线监测装置光伏供电系统结构框图

查阅了大量有关小型光伏供电系统组件设计的文献，发现文献中的计算方法一致性较差，以下设计方案是在综合比较了所查阅的计算方法的基础上，并结合智能变电站的具体情况给出的。这里形成了符合变电站具体情况的计算公式和设计方案，根据该方案设计的光伏供电装置经过出厂试验和变电站现场应用的实际测试，结果证明方案设计合理，光伏供电装置长期运行平稳可靠。

a. 光伏电池阵列功率设计。该光伏供电系统是根据所在地区的纬度、平均日照时间以及避雷器绝缘在线监测装置的功耗计算出来的。

光伏电池阵列的功率 W_s 如下

$$W_s = \frac{U_1 I_1 t_1}{t_s \eta_1 \eta_2}$$

式中　U_1——避雷器绝缘在线监测装置工作电压；

I_1——避雷器绝缘在线监测装置工作电流；

t_1——避雷器绝缘在线监测装置日工作时间；

t_s——根据所在地区平均日照计算的有效充电时间；

η_1——综合充电效率，0.7；

η_2——损耗，0.9。

计算结果要考虑一定的裕量，最终现场应用选择功率为30W的光伏电池板，具体参数见表5-11。根据所在地区所处的纬度，为了保证太阳光尽可能的直射太阳能电池板，并综合考虑降雨降雪、污秽易于滑落以及风力等因素，实际安装时设置电池板与水平面的夹角为48°左右。

表5-11　某高度集成智能变电站光伏供电系统电池板参数

标称功率 W_s（W）	最佳工作电压 U_{mp}（V）	最佳工作电流 I_{mp}/（A）	短路电流 I_{sc}（A）	开路电压（V）	组件尺寸（mm×mm×mm）	组件质量（kg）
30	17.5	1.72	1.8	22	550×453×36	2.9

b. 储能蓄电池容量计算。蓄电池的容量与避雷器绝缘在线监测装置的功耗、供电可持续的连续阴雨天数以及所处地区的温度等因素有关。

蓄电池的容量 W_H 为

$$W_H = \frac{A I_1 t_1 T_w T_o}{C_c}$$

式中　A——安全系数，A=1.1～1.4；

T_w——最长连续阴雨天数，本系统设为 $T_w=7$；

T_o——温度修正系数，一般0℃以上为 $T_o=1$，−10℃以上为 $T_o=1.1$，−10℃以下

为 $T_o=1.2$，朝阳地区冬季温度寒冷为 $T_o=1.2$；

C_c——蓄电池放电深度，一般铅酸电池取 $C_c=0.7$。

c. 控制器。控制器采用阶梯式逐级限流充电方法，依据蓄电池组端电压的变化趋势自动控制蓄电池的充放电，既可充分利用宝贵的太阳能电池资源，又可保证蓄电池的安全和可靠的工作。变电站中电磁环境恶劣，因此还需设计合理的电磁兼容保护电路，保证对在线监测设备的可靠供电，进而保证对避雷器泄漏电流的长期稳定监测，有效预防避雷器因绝缘问题产生的事故。

所设计控制器的参数见表 5-12。

表 5-12　　控制器的参数

直流标称电压（V）	12V
额定电流（A）	5A
太阳能电池与蓄电池之间电压降（V）	2.2
蓄电池与负荷之间电压降（V）	0.1
保护、报警功能	夜间防反充电保护、蓄电池开路保护、太阳能电池接反保护、蓄电池过充电报警、过放电报警、输出短路报警、输出过载报警以及电磁兼容防护等

第 6 章

智能变电站实际工程实例

我国目前的智能变电站，初步显示出节约资源、绿色环保、设备智能、技术先进等特点。随着计算机硬件功能的不断增强，基于 IEC 61850-9-2 协议的采样技术和 IEC 61588 时间同步协议的设备的发展成熟，以及过程层“三网合一”技术的开发成功，才使得高度集成化智能变电站技术的研究与应用终于逐步成为可能。

辽宁省电力有限公司联合许继集团有限公司在充分调研国内外智能电网研究发展现状和智能变电站技术经验成果基础上，依托辽宁 220kV 何家变电站工程开展高度集成智能变电站试点建设。工程以变电站为整体保护对象，基于高性能的保护控制设备，显著提高二次设备集成度，简化变电站自动化系统。

本工程方案设计采用集中式保护、三网合一同步技术、网络化的保护技术、网络化的信号传递及跳合闸技术等多项技术创新，通过站级系统动模试验验证保护控制系统可靠性，从全寿命周期管理上节约建设、运维成本。

6.1 辽宁何家变电站工程配置方案

6.1.1 工程概况

6.1.1.1 建设规模

辽宁省电力有限公司某 220kV 何家变电站工程建设规模详见表 6-1。

表 6-1　　辽宁何家变电站工程建设规模

序号	项目	远期规模	本期规模
1	主变压器	3×180MVA	2×180MVA
2	220kV 出线	8 回	4 回
3	66kV 出线	26 回	10 回
4	66kV 电容器	6 组	4 组
5	66kV 站用变压器	1 台	1 台

6.1.1.2 电气主接线

220kV 本期采用双母线接线，设有专用母联断路器，远期仍采用双母线接线型式。

66kV 本期采用双母线接线，设有专用母联断路器，远期采用双母线单分段接线型式。

6.1.1.3 配电装置形式

220、66kV 均采用 HGIS 结构，户外布置。220kV 采用外卡式磁光玻璃电流互感器，66kV 采用罗氏线圈电子式互感器，与 HGIS 集成安装。

6.1.2 配置方案

变电站自动化体系结构由站控层、间隔层和过程层三层设备组成，并用分层、分布、开放式网络系统实现连接，全站三层设备及网络结构如图 6-1 所示。

（1）站控层配置采用综合应用服务器实现高级应用、信息子站等功能。

（2）间隔层配置按电压等级采用保护、测控、计量集中式一体化装置。

（3）过程层配置采用过程层合并单元与智能终端合一装置。

（4）过程层网络采用 SV/GOOSE/1588 三网合一传输技术。

（5）电子式互感器部分，一部分电流互感器采用磁光玻璃型互感器，另一部分电流互感器采用罗氏线圈的，电压互感器全部采用阻容分压电子式电压互感器。

（6）站控层配置采用综合应用服务器实现高级应用、信息子站等功能。

（7）间隔层配置按电压等级采用保护、测控、计量集中式一体化装置。

（8）过程层配置采用过程层合并单元与智能终端合一装置。

（9）过程层网络采用 SV/GOOSE/1588 三网合一传输技术。

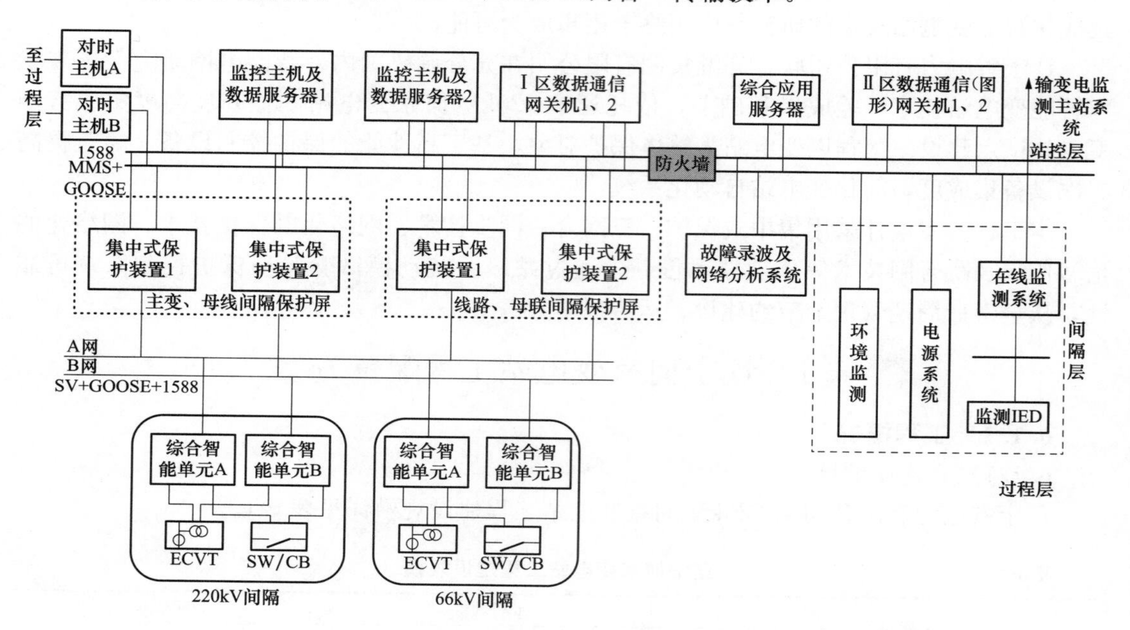

图 6-1　全站三层设备及网络结构示意图

6.1.2.1　站控层配置方案

站控层网络采用双星形拓扑结构，冗余网络采用双网双工方式运行；网络采用 MMS/GOOSE/IEEE1588 三网合一，站控层设备组成一个网络，实现智能变电站系统高度集成一体化。采用符合 IEC 61850 标准的监控系统、远动系统、故障信息子站、监控系统集成工程师站、VQC、五防一体化、程序化控制等功能，与间隔层保护测控设备采用 100M 双光纤环型以太网通信，通信协议采用 IEC 61850-8-1 规约。

站控层系统功能分布及信息传输示意图如图 6-2 所示。

站控层设备配置如下：

（1）监控主机集成数据服务器、操作员站、工程师站，双套配置；实现功能：采集电网运行和设备工况等实时数据，经过分析和处理后进行统一展示，并实现数据存储功能。

（2）综合应用服务器单套配置。综合应用服务器与故障录波、在线监测、辅助控制系统进行通信，并进行可视化展示。

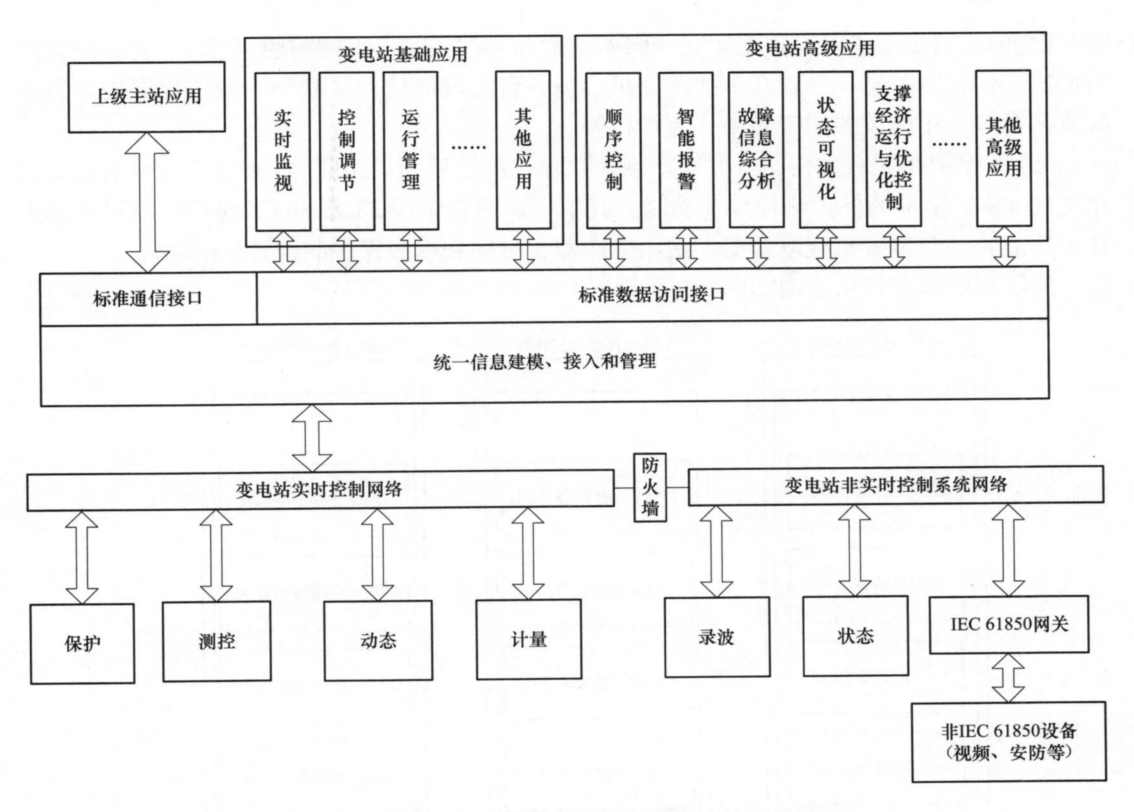

图 6-2　站控层系统功能分布及信息传输示意图

(3) Ⅰ区数据通信网关机双重化配置。Ⅰ区数据通信网关机实现Ⅰ区数据的信息上传。

(4) Ⅱ区数据通信网关机双套配置（集成图形网关机功能）。Ⅱ区数据通信网关机实现故障信息、辅助控制信息的上传及图形网关机功能。

(5) 监测主机实现站内监测信息的综合展示将报警结果上送到监控系统，并实现远传至输变电监测主站的功能。

(6) 辅助控制系统实现站内视频监控、环境监测、安全防护、门禁等信息的接入。

6.1.2.2　间隔层配置方案

间隔层按电压等级配置双重化集中式装置，装置集成多个间隔的保护、测控、计量功能。集中式保护有如下特点：

(1) 装置通过 1 个过程层千兆光口实现 GOOSE/SMV/IEC 61588 接入。

(2) 计量功能由集成一体化保护测控装置实现，保护测控装置通过积分实现电能量的功能。对于双套保护测控装置的问题可以通过设置电能量初始值来保证两台装置的同步。

(3) 计量电能表设置双重密码保证计量数据的安全性。

(4) 多间隔保护集成一体设计，保护间闭锁及启动信息通过内部交互，解决装置间信息交互复杂、调试维护工作量的问题。

(5) 各个间隔配置检修压板用于单间隔的检修。

220kV 电压等级的 8 条线路，母联、主变压器、母线保护组成 1 面屏（双重化配置后为 2 面屏），这 1 面屏可以独立实现一套本站的 220kV 保护（安装于主控室）。每面屏含两台集成一体化服务器，一台实现线路保护，另一台实现母线、母联和主变压器保护。另外配置两台热备用的装置用于集中式保护检修。

66kV 保护按照双重化配置原则实现，双重化配置后为 1 面屏。1 面屏共 4 台装置双重化实现 66kV 全部的保护测控计量功能。其中一台装置实现 13 条 66kV 线路间隔保护测控计量功能，一台装置实现电容器、站用变压器、母联和母线保护测控计量的功能。

间隔层屏体布置示意图如图 6-3 所示。

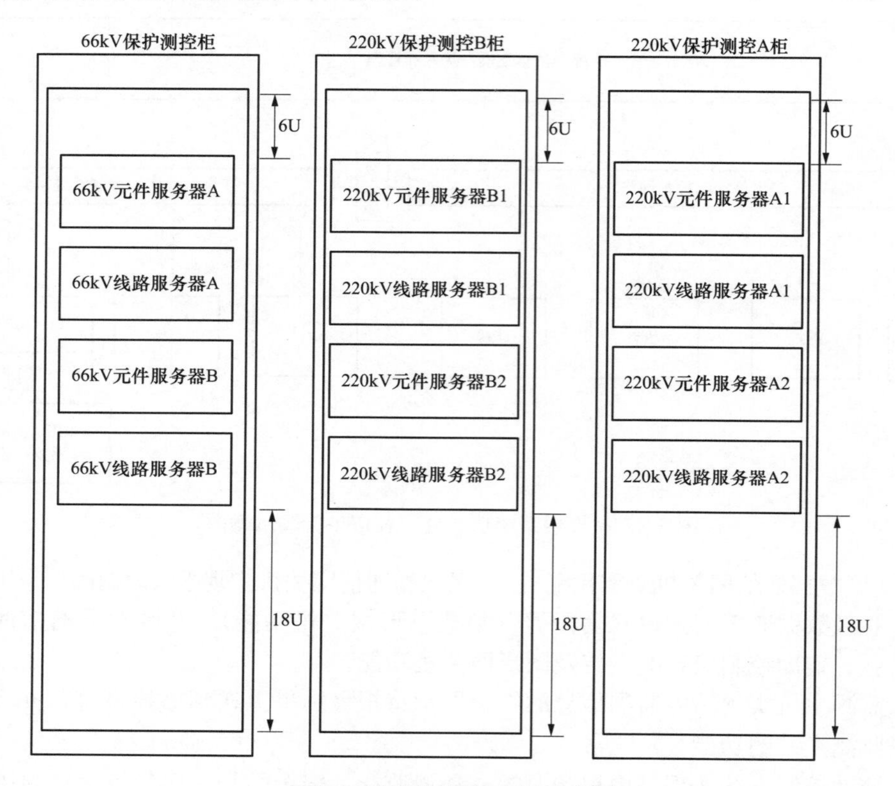

图 6-3 间隔层屏体布置示意图

6.1.2.3 过程层配置方案

过程层采用综合智能终端按间隔双重化配置，单台装置一个 CPU 实现合并单元与智能终端的全部功能，进一步减少了装置的数量，节约了安装空间。装置配置 1 个过程层光纤接口，SV/GOOSE/IEC 61588 共网传输，解决了网络节点众多的问题，减少了交换机接口数量，网络架构清晰明了。

综合智能终端配置有 9 路 FT3 的接收和合并功能、分相断路器控制输出触点和隔离开关控制输出触点以及多路开关量输入，如图 6-4 所示。

本工程创造性地将纵联保护光纤通道接入合并单元，由合并单元来实现本侧与线路对侧保护采样值的同步，从而取消了线路保护装置所必须实现的采样同步的功能，实现了网络采样技术的重大突破，提高了线路继电保护的可靠性水平。综合智能终端功能如图 6-5 所示。

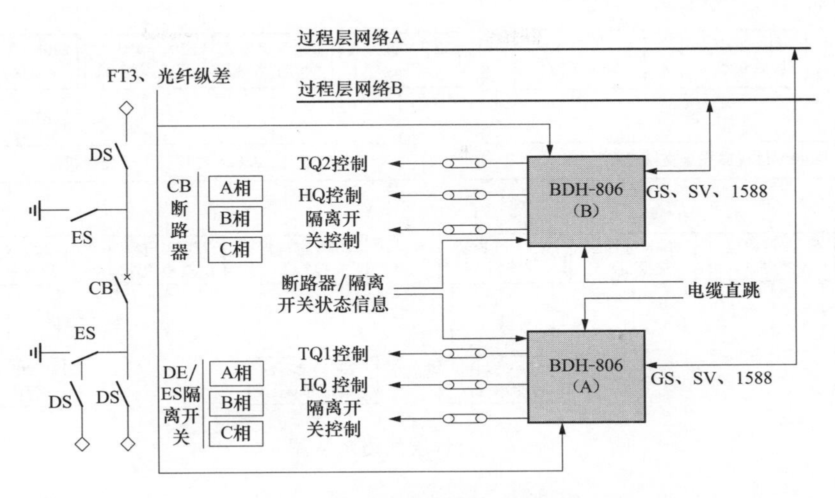

图 6-4　过程层综合智能终端配置示意图

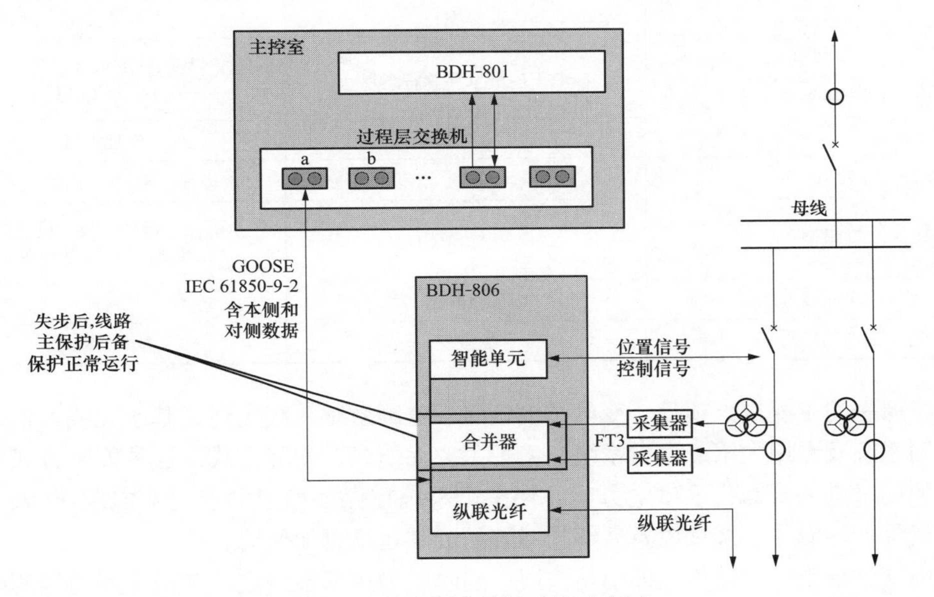

图 6-5　综合智能终端功能示意图

过程层网络采用 SV、GOOSE、IEEE 1588 共网传输；220/66kV 过程层采用双星形结构；集中式保护采用千兆光纤以太网；过程层综合智能终端采用百兆光纤以太网，过程层网络示意图如图 6-6 所示（以 A 网为例）。

全站共配置交换机（含站控层）24 台，与常规同规模智能变电站相比节约交换机数量 40%，全站光口数量共 360 个，与常规同规模智能变电站相比节省光口近 70%。

6.1.2.4　变电设备状态监测系统方案

变电站内采用“一次设备本体＋传感器＋智能组件”的方式实现一次设备智能化，智能组件布置于智能汇控柜，监测范围见表 6-2。

何家智能变电站的在线监测系统项目是国家工信部重大科技专项“新一代宽带无线通信”中“面向智能电网的安全监控、输电效率、计量及用户交互的传感器网络研发与应用

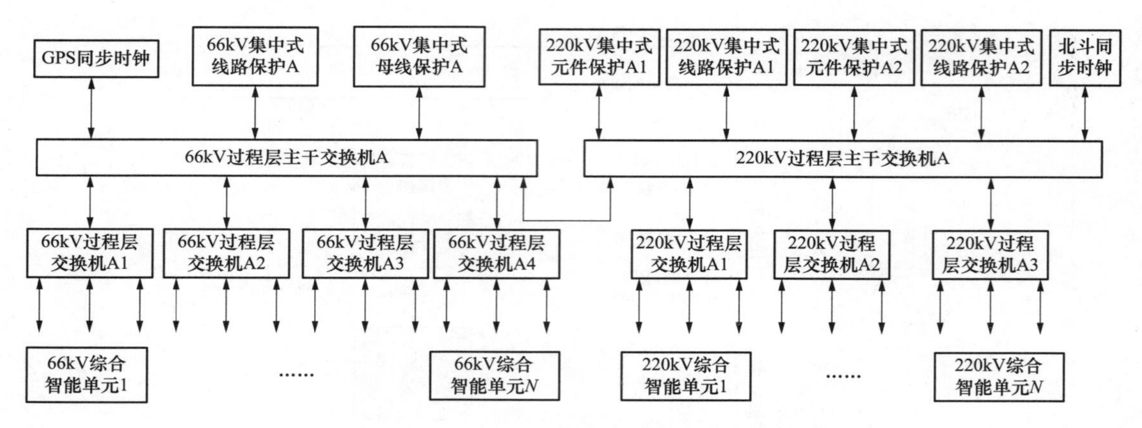

图 6-6　过程层网络示意图

表 6-2　　智能一次设备监测范围

一次设备	监测项目	监测参数
变压器	油中溶解气体及含水量	H_2、H_2O、CH_4、C_2H_6、C_2H_4、C_2H_2、CO、CO_2
	铁芯、夹件接地电流	接地电流
HGIS	SF_6 气体、压力、密度、温度	微水、密度、压力、温度
避雷器	绝缘监测	全电流、阻性电流、放电次数，最后一次放电时间
一次连接点	无线测温	温升
环境	温湿度	温度、湿度

验证”子课题的主要试点项目。变电站设备状态监测系统首次实现了基于无线通信的全站在线监测系统及专用太阳能供电系统，实现了“无缆线”安装方式。这种安装方式省去通信电缆的同时进一步简化了供电方案，使整个系统在保证稳定的前提下实现简洁、高效、简单的目标，使安装、调试以及后续的系统扩展和运维更加便捷。

站内部分采用三层结构，即由站控层、间隔层和过程层组成。三层之间通过两个网络进行通信，站控层与间隔层由站控层网络连接，站控层与过程层之间通过过程层网络连接。站端与远方之间通过综合数据网进行通信。在线监测系统结构如图 6-7 所示。

整个变电设备状态监测系统的硬件由传感器、就地的综合监测单元、监测装置、站内后台等部分组成。软件则由 IEC 61850 服务器、IEC 61850 客户端、数据服务、Web 服务、管理配置、状态评估、故障诊断专家系统等部分组成。整个系统的结构符合智能化的要求，采用分层分布式结构，采用 IEC 61850 标准进行建模和通信，并提供符合 PMS 系统模型的数据接口，提供灵活的传感器及软件接口模式，整个系统安全可靠、运行稳定，能够根据现场需求灵活配置，并能够提供丰富的展现方式以及便捷的分析诊断手段，为现场的运行监视以及远方的故障分析提供完整的解决方案。

6.1.2.5　互感器配置方案

220kV 间隔配置磁光玻璃型电子式电流互感器，66kV 间隔配置罗氏线圈电子式互

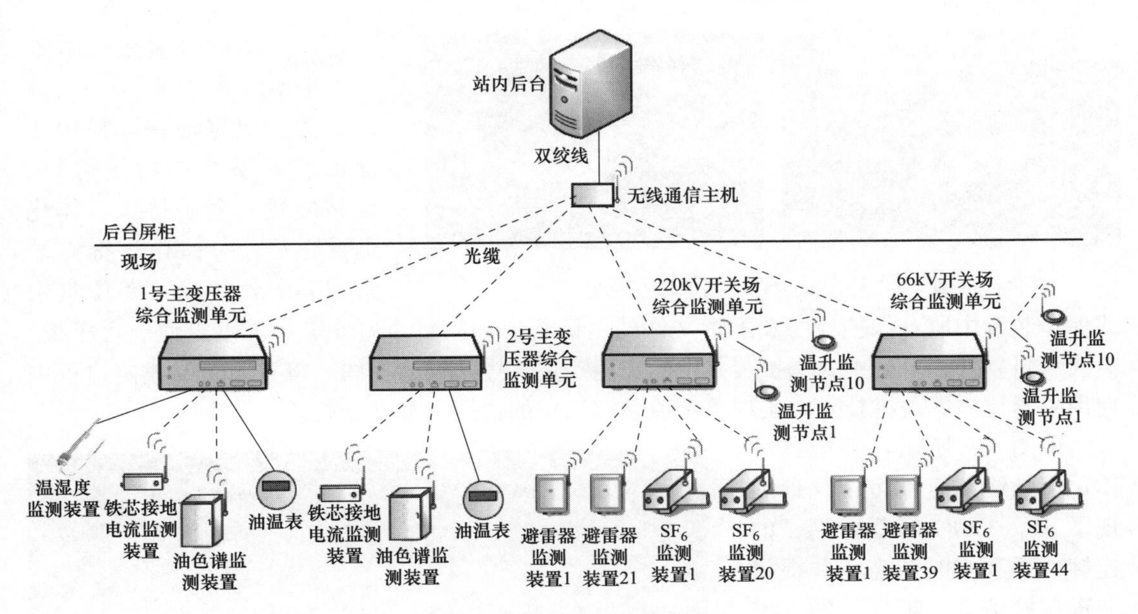

图 6-7　在线监测系统结构图

感器。互感器在 HGIS 的安装方式通过设计联络会与相关厂家最终确定，采用一体化设计，一体化安装。电子式互感器配置见表 6-3。

表 6-3　　电子式互感器配置

类别	型式	电压等级（kV）	互感器类型	数量（台）
220kV 母线电压互感器	HGIS	220	罗氏线圈电压互感器	7
66kV 母线电压互感器	HGIS	66	罗氏线圈电压互感器	6
220kV 进出线	HGIS	220	磁光玻璃电流互感器	12
220kV 母联	HGIS	220	磁光玻璃电流互感器	3
主变压器高压侧	HGIS	220	磁光玻璃电流互感器	6
主变压器低压侧	HGIS	66	罗氏线圈电流互感器	6
主变压器中性点	支柱式	35	罗氏线圈电流互感器	4
66kV 出线	HGIS	66	罗氏线圈电流互感器	30
66kV 母联	HGIS	66	罗氏线圈电流互感器	3
电容器	HGIS	66	罗氏线圈电流互感器	12
站用变压器高压侧	HGIS	66	罗氏线圈电流互感器	3
站用变压器低压侧零序电流互感器		0.38	罗氏线圈电流互感器	1

220kV 光学互感器采用外卡结构，便于运行维护，外卡式磁光玻璃电流互感器如图 6-8所示。互感器采用自愈光学电流传感、零和御磁结构、共模差分消振、容错光学电流传感、非接触光连接 5 项核心技术，有效保证温度稳定性、抗外磁场干扰能力、抗振动能力及运行可靠性。互感器采用一侧加绝缘法兰的方法去除环流，误差低于 2%。

图 6-8　外卡式磁光玻璃电流互感器

6.1.2.6　手持式一体化运维终端

为了更好地保证集中式保护装置系统的稳定可靠，全站配置一套手持式一体化运维终端。一体化运维终端采用 Ghost 技术，实现集中式保护装置中所有保护程序及配置文件的一键备份和恢复；另外工具辅以定值（含压板）离线编辑软件，对集中式保护装置中的定值实现离线编辑、在线一键整定，在整定过程中使用差异比对等关键技术，实现了定值整定工作的快捷、准确和高效。

如图 6-9 所示，手持式一体化运维终端直观可视化地展现了 SV、GOOSE 等虚端子的连接关系和实时状态，并提供装置自检信息、报告等的查看功能和调试阶段的自动对点服务，为装置的快速调试、方便维护提供了有效的技术手段，实现了繁琐配置工作的自动化，消除了人为错误的隐患，减少了变电站的运行维护成本，从而降低变电站自动化系统全寿命周期成本。

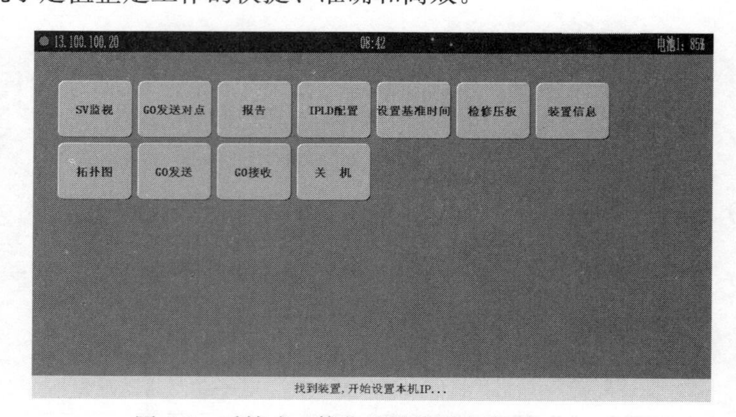

图 6-9　手持式一体化运维终端主界面

6.2　动　模　验　证

6.2.1　综述

辽宁 220kV 何家智能变电站的主要技术特征为间隔层设备高度集成，采用三网合一的组网方式，将同一个电压等级的所有线路保护及测控功能集成在一个装置中，将合并单元和智能终端集成在一个装置中，将母线和变压器保护及相关测控集成在一个装置中；全站的过程层设备和间隔层设备使用 IEEE 1588 精密时间协议实现时间对时同步。

针对何家智能变电站的以上技术特点，在动模试验验证的重点内容中专门对应设计有以下五个方面：

（1）间隔层设备采用保护测控一体化的高度集成设备，SV、GOOSE 和 IEEE 1588 共网传输，保护装置“网采网跳”，测试验证系统正常运行和系统故障时各网络端口的流量控制是否合理。

（2）网络采样、网络跳闸突出了中心交换机、间隔层设备的过程层网络接口可靠性的重要性，重点考核中心交换机长时间、大流量下的运行可靠性。

（3）集中式保护中各条线路保护与线路对侧分布式线路保护的适应性和准确性。

（4）IEEE 1588 应用中的可靠性和全站同步对时系统的坚强性。

（5）进行集中式保护运行维护策略进行探索。

动模验证系统主要是以 RTDS 实时数字仿真系统为基础，使用与 RTDS 相配套的电子式互感器采集卡和开关量转换装置等接口设备，搭建包含保护、测控、故障录波器、网络报文分析仪、时钟等二次设备的整个何家智能变电站的二次系统，全面仿真系统运行状态，完成对智能变电站系统集成工作的验证和全站规模的站级功能验证。通过模拟系统正常运行、异常及故障情况下，对全站性能指标进行整体测试，得到一次、二次设备异常及故障对变电站运行的影响程度及范围的结果，充分考核整站各装置之间的配合性能和各种异常及故障下的暂态特性，形成集成设备的运行维护策略，以及对何家智能变电站二次系统技术方案及可靠性进行评价。

本章只介绍与高度集成智能变电站技术创新有关的试验内容与结果，以及以前测试数据公布较少，而又普遍关心的与网络通信有关的试验内容与数据，以供大家参考。

6.2.2　动模试验平台

6.2.2.1　RTDS 动模试验平台

在 RTDS（实时数字仿真系统）上建立全站一次系统模型，模拟一次系统运行特性。全站的二次设备与 RTDS 进行模拟量及开关量的接口，从而构建全站的动态模拟仿真系统。

仿真系统能够动态仿真实际电力系统的运行特性、小干扰特性、故障状态下的暂态特性、电力系统振荡和频率异常特性等工况。

220kV 何家智能变电站一次系统图 RTDS 模型如图 6-10 所示。

6.2.2.2　网络流量测试平台

网络流量测试平台应用 NEW-TEA 串接到被测支路中，对支路或节点流量进行实时监视和记录；交换机启用 SNMT 服务功能，应用 EtherScopeII 接入网络，搭建全站网络流量检测平台。该设备可以监视全站交换机的端口，从而对所有网络支路流量进行实时监视和记录。

6.2.2.3　时钟同步系统测试平台

同步系统测试平台能够针对网络时间协议（NTP）、IRIG-B 码对时和精确时间协议 IEEE 1588（PTP）三种对时方式的对时精度进行测试；在测试多设备之间的同步性能时，采用高精度示波器。

6.2.3　二次设备通信异常试验

模拟智能单元（合并单元和智能终端一体化装置）异常、网络链路中断、同步对时信号异常、电源异常等二次系统异常，在此过程中考核其对保护动作行为的影响，同时记录相关二次设备及监控后台的报警信息，记录结果见表 6-4。

试验记录的数据表明：当二次系统异常（光纤折断或装置断电）时，监控后台、保护装置、智能终端报警正确，能够使运行巡检人员及时发现异常并处理，异常恢复后一段时间报警会自动复归，由于交换机内部所有端口为防意外环网而开启快速生成树算法，使得二次网络拓扑结构发生变化时会出现 SV 链路中断 1s 后返回的现象。

6.2.4　220kV 智能终端双出口继电器动作策略测试

辽宁何家智能变电站的间隔层集中式保护测控装置采用双套系统、4 个保护装置、2 个智能单元的配置方案，即单网（单系统）由 2 个集中式保护测控装置和一个智能单元构成，2 个集中式保护测控装置的 GOOSE 跳闸信号都接入一个智能单元，这样就出现了保

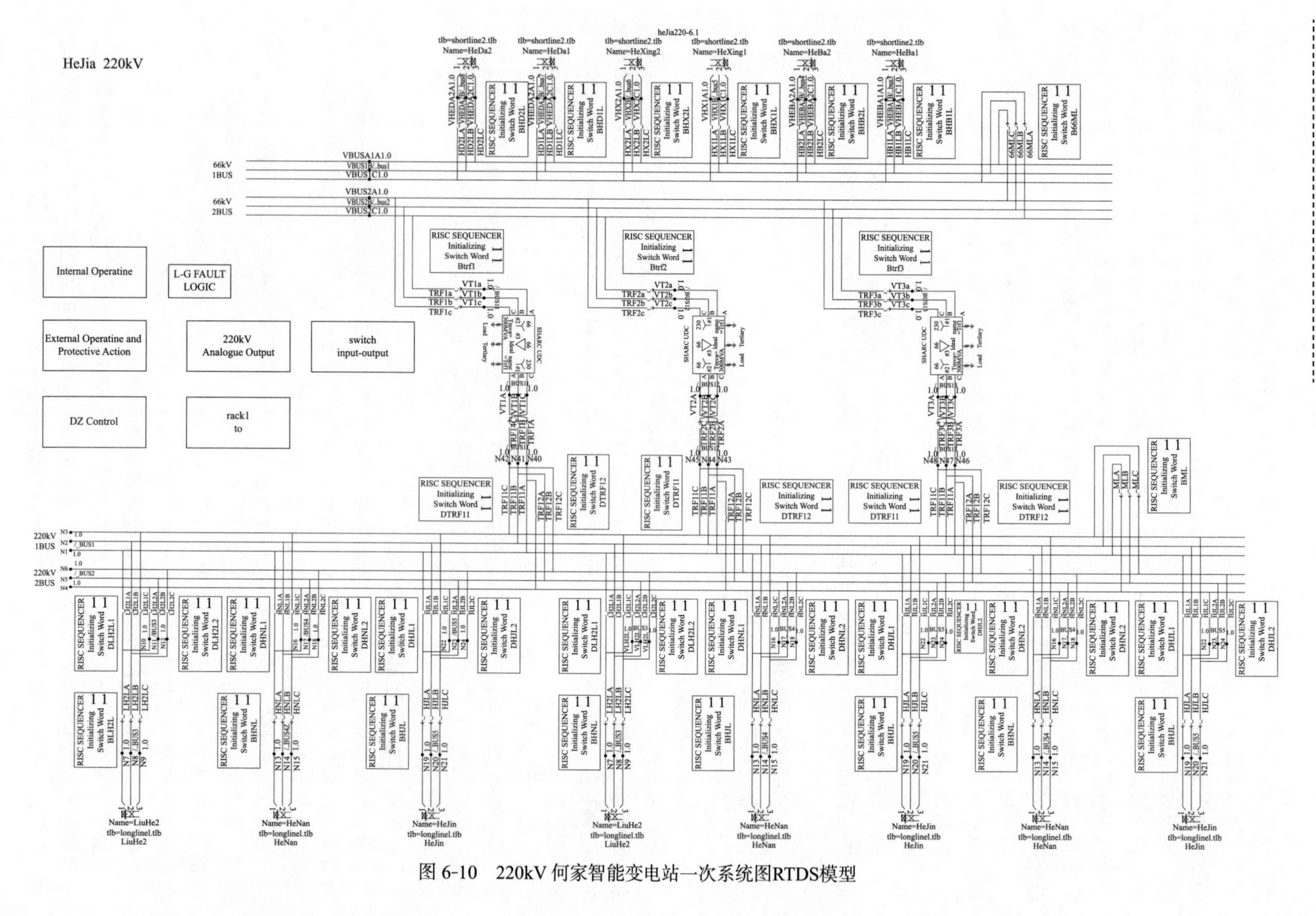

图 6-10 220kV 何家智能变电站一次系统图RTDS模型

表 6-4　何家智能变电站二次系统异常报警信息记录及对保护动作的影响结果

故障模拟操作＼装置显示	MU/智能终端	监控后台	线路保护	元件保护	对侧线路保护
拔掉何南线采集器A相光纤（恢复光纤后报警自动复归）	采集异常	TA品质异常，测控报智能终端采集器通道异常，线路、母线保护报TA品质异常	TA品质异常保护闭锁	母线保护TA品质异常	差动保护闭锁
拔MU到交换机光纤（恢复光纤后报警自动复归）	网络异常、对时异常	（1）元件保护、线路保护报GOOSE断链、采样值断链。 （2）线路测控无压无流。 （3）线路保护TA、TV品质异常，母线保护电流品质异常	A1、A2线路保护TA、TV品质异常，GOOSE断链、采样值断链，此时模拟单相故障时对侧线路后备保护动作，本侧断路器不动	母线保护电流品质异常	纵联通道异常，差动保护闭锁
拔线路保护（A2）到交换机光纤（恢复光纤后报警自动复归）	无影响	（1）线路保护采样中断，GOOSE断链、采样值断链。 （2）测控报MU网口中断，网络异常。 （3）智能终端切为2取1	A2线路保护采样中断，GOOSE断链、采样值断链	无影响	无影响
拔220A1、A2级联光纤（恢复光纤后报警自动复归）	无影响	线路保护报SV断链1s后返回（快速生成树造成），TA、TV品质异常1s返回	线路SV断链1s后返回（快速生成树造成），TA品质异常1s返回	元件SV断链1s后返回（快速生成树造成），TA品质异常1s返回	无影响
柳河2采集器断电（恢复上电后报警自动复归）	采集异常	保护：TA品质异常测控：线路无流	TA品质异常，测控报线路无流	柳河2线TA品质异常	差动闭锁
柳河2智能终端断电（上电后83s报警复归）	断电	线路、母线保护报SV断链，GOOSE断链，TV、TA品质异常，测控报TV、TA品质异常	SV断链，GOOSE断链，TV、TA品质异常	SV、GOOSE断链	纵联通道异常，差动闭锁
1号主变压器高压侧智能终端断电（上电后81s报警复归）	断电	主变高压侧保护测控A1、A2均TA、TV品质异常，GOOSE、SV断链，低压侧GOOSE断链	无影响	主变压器保护报高压侧TA、TV品质异常，GOOSE、SV断链	无影响

护动作对应的智能终端出口策略的2取2（即2个集中式保护测控装置同时动作，智能终端出口跳闸）或2取1（即2个集中式保护测控装置中只要有一个动作，智能终端就出口跳闸）模式的选择及策略方案。

220kV智能终端双出口继电器动作策略如下（单网两个集中式保护测控装置A1、A2）：

（1）智能终端为2取2模式，只有当A1和A2同时出口时才能跳断路器。

（2）当保护A1或A2投检修时，智能终端瞬时切换为2取1模式，此时处于运行态的保护动作则智能终端双跳闸节点开出。

（3）当A1或A2断电或拔光纤60s后，智能终端瞬时切换为2取1模式，此时处于运行态的保护动作则智能终端双跳闸节点开出。

（4）失灵保护为2取2模式，当线路或元件A1和A2失灵节点同时开出时，母线失灵保护才能动作。

（5）当A1或A2投检修后，智能终端瞬时切换为2取1模式，只要处于运行态的装置发出失灵信号，失灵保护就可以动作。

220kV智能终端双出口继电器动作策略的测试结果见表6-5。

表6-5　220kV智能终端双出口继电器动作策略的测试结果

序号	系统运行方式	双套保护运行状态		跳闸出口		故障点及结论
		A1	A2	A1	A2	
1	何南线、柳何2下面投Ⅰ母隔离开关，何锦线Ⅱ母隔离开关，1号主变压器高压侧Ⅰ母隔离开关，低压侧Ⅱ母隔离开关，220、66kV母联合闸，何巴Ⅰ线投运，智能终端2取2模式	运行（线路）	运行（线路）	投入（线路）	投入（线路）	何南线线路故障，动作正确
		运行（元件）	运行（元件）	投入（元件）	投入（元件）	1号主变压器低压侧故障，动作正确
2		运行（线路）	运行（线路）	投入（线路）	退出（线路）	何南线线路故障，动作正确
		运行（元件）	运行（元件）	投入（元件）	退出（元件）	1号主变压器高压侧相间故障，动作正确
3		运行（线路）	运行（线路）	退出（线路）	投入（线路）	何南线线路故障，动作正确
		运行（元件）	运行（元件）	退出（元件）	投入（元件）	1号主变压器高压侧相间故障，动作正确
4		运行（线路）	检修（线路）	投入（线路）	投入（线路）	何南线线路故障，动作正确
		运行（元件）	检修（元件）	投入（元件）	投入（元件）	1号主变压器高压侧相间故障，动作正确
5		检修（线路）	运行（线路）	投入（线路）	退出（线路）	何南线线路故障，动作正确
		检修（元件）	运行（元件）	投入（元件）	退出（元件）	1号主变压器高压侧相间故障，动作正确
6		检修（线路）	检修（线路）	投入（线路）	投入（线路）	何南线线路故障，动作正确
		检修（元件）	检修（元件）	投入（元件）	投入（元件）	1号主变压器高压侧相间故障，主变压器保护未动作
7		退出（线路）	运行（线路）	投入（线路）	投入（线路）	何南线线路故障，未动作
		退出（元件）	运行（元件）	投入（元件）	投入（元件）	1号主变压器高压侧相间故障，主变压器保护未动作

续表

序号	系统运行方式	双套保护运行状态		跳闸出口		故障点及结论
		A1	A2	A1	A2	
7	何南线、柳何2下面投Ⅰ母隔离开关，何锦线Ⅱ母隔离开关，1号主变压器高压侧Ⅰ母隔离开关，低压侧Ⅱ母隔离开关，220、66kV母联合闸，何巴Ⅰ线投运，智能终端2取2模式	运行（元件）	TA品质异常（元件）	投入（元件）	投入（元件）	Ⅰ母故障，母线保护智能终端未出口，对侧后备保护动作
8	系统运行方式如上，但A1或A2中断60s后试验，智能终端2取1	运行（线路）	退出（线路）	投入（线路）	投入（线路）	何南线线路故障，动作正确
		运行（元件）	退出（元件）	投入（元件）	投入（元件）	1号主变压器高压侧相间故障，动作正确
9		断电（线路）	运行（线路）	投入（线路）	投入（线路）	何南线线路故障，动作正确
		断电（元件）	运行（元件）	投入（元件）	投入（元件）	1号主变压器高压侧相间故障，主变压器保护动作

智能单元双出口继电器动作策略的测试数据和开关的动作行为证明了2取2或2取1策略的正确性和可靠性，但是试验中发现当A1或A2拔掉光纤或突然掉电后，智能终端延时60s后可以自动切换为2取1模式，此时只要处于运行态的装置发出失灵信号则失灵保护就可以动作。

6.2.5 交换机环网时产生网络风暴对保护动作特性的影响

交换机环网特性测试是智能变电站过程层网络三网合一的一个重要试验项目，本次动模试验针对交换机环网、RSTP（快速生成树协议）和网络风暴等项目进行了全面的测试，对何家智能变电站过程层网络的可靠性进行了全面的验证测试。

交换机环网时，产生网络风暴对保护动作特性的影响试验内容包括以下两个方面：

（1）将过程层交换机自环，保护测控报SV同步异常，智能终端本体显示对时异常，保护装置各间隔链路SV同步位置0，此时模拟母线故障，保护闭锁，将交换机快速生成树算法打开后网络风暴消失，失步信号复归，此时模拟故障，保护动作。

（2）将站控层A网、B网合环，监控显示A网、B网断链，模拟母线故障，母差保护动作，后台网络风暴时死机，将站控层交换机快速生成树算法打开后监控恢复正常并且收到母线保护动作报文。

通过交换机环网测试，对何家智能变电站过程层网络的可靠性得出了以下结论：

（1）当交换机的快速生成树协议未开启时，交换机形成环网时会造成网络风暴。

（2）过程层交换机出现网络风暴时智能终端出现对时异常，保护闭锁。

（3）站控层交换机出现网络风暴时对过程层网络没有影响，不影响保护动作特性，监控系统会出现死机现象。

（4）交换机的快速生成树算法可以消除由于意外环网造成的网络风暴。

6.2.6 正常运行时二次网络交换机端口背景流量测试

何家智能变电站的过程层网络采用 GOOSE、SV、IEEE 1588 三网合一的组网技术，为了保证过程层网络交换机背板和端口流量的冗余度，运行设计要求各端口容量使用率应不超过 40%。二次网络交换机端口流量测试的过程层组网结构如图 6-11 所示。

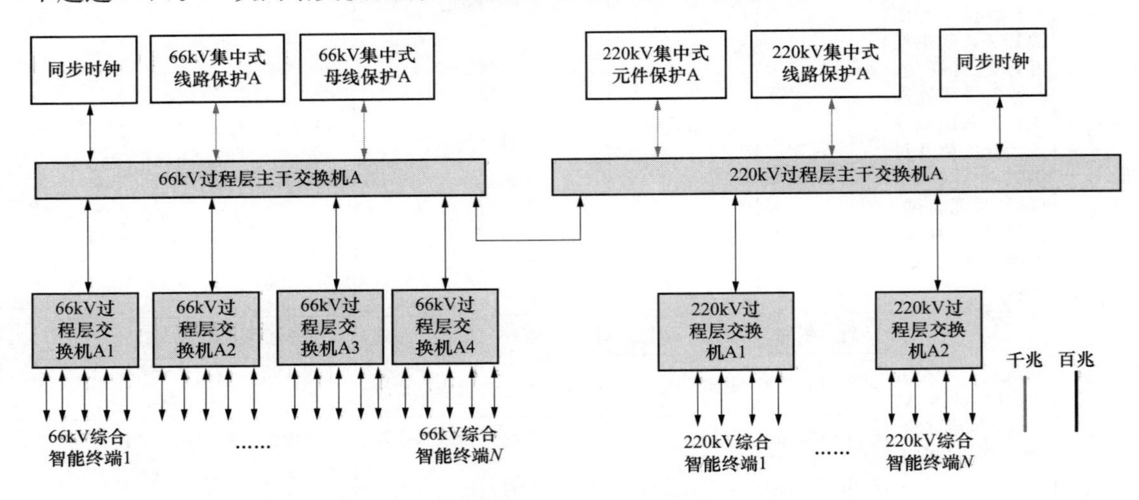

图 6-11 二次网络交换机端口流量测试的过程层组网结构

表 6-6、表 6-7 为何家智能变电站交换机与交换机及交换机与设备间的网络流量测试。

表 6-6 何家智能变电站交换机与交换机间的网络流量测试

交换机各端口流量	220kV 中心交换机到间隔交换机 A1（百兆）	220kV 间隔交换机 A3 到中心交换机（百兆）	220kV 间隔交换机 A4 到中心交换机（百兆）	220 中心交换机到 66kV 中心 A1	66kV 中心 A1 到间隔 A2
总流量（Mbit/s）	5.624＋3×12（扩建线路 6、7、8）	46.344 ＋ 12（扩建线路 5）	24.136＋8.152（扩建主变压器高压侧）	21.6＋8（扩建主变压器低压侧）	8.2
交换机各端口流量	百兆	百兆	百兆	百兆	百兆

表 6-7 何家智能变电站交换机与设备间的网络流量测试

交换机各端口流量	220kV 元件集中式保护到中心交换机	220kV 线路集中式保护到中心交换机	220kV 中心交换机到元件集中式保护	220kV 中心交换机到线路集中式保护	220kV 间隔交换机到柳河 2 智能终端
SV 报文分析仪显示(Mbit/s)			A1:92.784＋16.152（扩建主变压器）＋4×8（扩建线路） A2:92.646＋16.152（扩建主变压器）＋4×8（扩建线路）	A1:46.984＋4×12(扩建线路) A2：46.872（扩建线路）	
GOOSE 报文分析仪显示（Mbit/s）	A1：0.008 A2：0.009	A1：0.0160 A2：0.0158	A1：0.086＋0.012（扩建主变压器） A2：0.086＋0.012（扩建主变压器）	A1:0.080＋0.005（扩建线路） A2:0.084＋0.005（扩建线路）	0.156
交换机端口容量	千兆	千兆	千兆	千兆	百兆

何家智能变电站过程层网络交换机各端口的网络流量监测和计算的结果是除220kV中心交换机A2到间隔交换机A3级联口流量超过40Mbit/s（40%的额定端口流量）外，其余端口流量均符合端口容量使用率不超过40%的要求。考虑新增扩建间隔智能终端也会增加交换机级联口的容量，为了保证二次网络的安全稳定运行，因此建议将变电站实际运行中所有交换机级联口更换为千兆口。

6.2.7 GOOSE流量加入对二次网络及保护动作特性影响

为了保证GOOSE报文网络传输的可靠性，特进行不同流量下GOOSE报文传输及保护动作可靠性测试，主要是使用网络报文发生器模拟不同类型、不同流量的GOOSE报文，并发送至网络中，全面考核二次系统的可靠性，测试结果见表6-8。

表6-8 何家智能变电站加入不同流量时对保护及测控动作的影响测试

分项 加入背景流量	交换机返回流量	是否带VLAN标签	优先级	智能终端	监控遥控	SV同步	保护是否闭锁
100Mbit/s	93Mbit/s	是	0	无影响	无影响	无影响	否
100Mbit/s	100Mbit/s	是	4	网络异常	无影响	无影响	否
100Mbit/s	93.6Mbit/s	否	—	无影响	无影响	无影响	否
200Mbit/s	100Mbit/s	是	4	网络异常	无影响	无影响	保护动作，部分智能终端未收到跳闸GOOSE
500Mbit/s	100Mbit/s	是	4	网络异常	有时无法遥控	无影响	保护动作，部分智能终端未收到跳闸GOOSE
800Mbit/s	100Mbit/s	是	4	网络异常	无法遥控	元件间隔报SV同步异常	是
1000Mbit/s	100Mbit/s	是	4	网络异常	无法遥控	SV同步异常	是
1000Mbit/s	100Mbit/s	否	—	无影响	无影响	无影响	否
64Mbit/s实际背景流量(4条扩建线路+3号主变压器SV、GOOSE)	—	—	—	无影响	无影响	无影响	否

6.2.8 何家变电站时钟检修策略验证试验

集中式网络采样对时钟同步的要求较高，一旦外部同步信号丢失，合并单元同步位置为无效，保护装置就会闭锁。何家智能变电站时间同步系统由一台主时钟、一台备用主时钟和网络交换机构成，主、备时钟IEEE 1588分别接入A、B两个网络，每台主时钟同时接收GPS、CBD和主备间IRIG-B码。为了保证采用集中式保护网络采样的何家智能变电站运行的坚强性，制订了主时钟异常和检修策略，通过主时钟—备时钟—网络交换机—主时钟跟随网络交换机—主时钟缓慢跟随卫星源的全过程时钟同步策略，确保了网络采样的保护装置在时钟丢失、恢复、检修等不同情况下，不会闭锁并准确、可靠的动作，测试过程和测试结果见表 6-9。

表 6-9　　何家智能变电站时钟策略测试结果

<table>
<tr><th>序号</th><th>试验项目</th><th>试验步骤</th><th>结论</th></tr>
<tr><td>1</td><td>主时钟重新加入网络</td><td>接上除 PTPSLAVE、GPS、CBD 天线外的所有连接线，主备时钟通过 IRIG _ B 码同步，在装置 PTP 输出口 T1、T2 有 PTP 报文输出后接入 A、B 网；接上 GPS、北斗天线，系统选中 GPS 或北斗，系统恢复正常；利用抓包软件确认 A、B 网交换机收到主时钟发出的 PTP 报文</td><td rowspan="5">主、备时钟分别重新加入网络时没有造成智能终端失步；主、备时钟同时重新加入网络时没有造成智能终端失步；主、备时钟可以实现无缝切换，切换时没有造成智能终端失步；主、备时钟同时断电，利用交换机授时，智能终端不会失步</td></tr>
<tr><td>2</td><td>备时钟重新加入网络</td><td>对于备时钟 IRIG _ B 码优先级高于 GPS、CBD 天线优先级，所以不用拔天线直接恢复上电即可；主备时钟通过 IRIG _ B 码同步，在备时钟 PTP 输出口 T1、T2 有 PTP 报文输出后接入 A、B 网</td></tr>
<tr><td>3</td><td>主、备时钟同时重新加入网络</td><td>拔掉主、备时钟天线、B 码对时光纤，关掉电源，模拟主、备时钟同时冷启；将 A 网交换机输出 PTP 到主钟的 PTPSLAVE 端口；将 B 网交换机输出 PTP 到备钟的 PTPSLAVE 端口；主时钟 LOCALTIME 通过 PTPSLAVE 同步到 A 网交换机，备时钟 LOCALTIME 通过 PTPSLAVE 同步到 B 网交换机，从设备前面板按“＋”键观察“WMD:”行的状态值，直到它从 SLAVE 状态变成 MASTER 或 UNCLBRT 状态；去掉主时钟 PTPSLAVE，PTP 输出口接入 A 网交换机，接上 GPS、CBD 天线；去掉备时钟 PTPSLAVE，PTP 输出口接入 B 网交换机，接上 GPS、CBD 天线，此时主、备时钟 LOCALTIME 和外部天线同步，等到主、备时钟显示屏上“WMD:”行的状态值变为 MASTER 后，说明时钟内部 LOCALTIME 已和外部天线同步；通过抓包工具来看网络报文，确定 A 网交换机收到主时钟 1588 对时报文，B 网交换机收到备时钟 1588 对时报文；将主备时钟 IRIGB 码进行互备方式连接，接入主时钟 B 网交换机对时光纤，接入备时钟 A 网交换机对时光纤，时钟恢复完成</td></tr>
<tr><td>4</td><td>主、备时钟切换试验</td><td>主时钟电源掉电，瞬时切换到备时钟，通过抓包软件可以发现主时钟断电后 5s 左右备时钟开始输出对时报文</td></tr>
<tr><td>5</td><td>时钟丢失</td><td>将主、备时钟电源断掉，交换机授时，综合智能终端处于同步状态，30min 后模拟故障，保护正确动作</td></tr>
</table>

6.2.9　时钟授时精度及设备同步精度测试

时钟精度测试主要包含主、备时钟时间同步精度、守时精度、综合智能终端同步精度及守时精度的测试内容。为了保证测试结果正确合理，测试前调试好时钟系统状态：主时钟应锁定 GPS（或北斗）1h 以上，测试时应每秒采样一次，连续测量至少 30min 以上。何家智能变电站时钟精度测试结果见表 6-10。

表 6-10　　何家智能变电站时钟精度测试结果

被测设备	被测信号源类型	指标要求	测试结果（max）
主时钟	IEEE 1588	小于 1μs	340ns（GPS）
备时钟	IEEE 1588	小于 1μs	115ns（北斗）
综合智能终端	1pps	小于 1μs	300ns

通过对主时钟、备时钟和智能终端的同步精度和守时精度测试，根据试验中记录的数据结果可得出如下结论：

（1）主备时钟的时间同步精度满足要求；

（2）被测智能终端满足《IEC 61850 工程继电保护应用模型》的对时精度为±1μs 的要求。

6.2.10　网采网跳模式下采样值 SV 抖动误差测试

综合智能终端发送的采样值帧间隔离散性要求：帧间隔为 250μs，采样周期为 1s，帧间隔离散性为±10μs。本次测试使用网络报文分析设备对各综合智能终端 SV 采样帧间隔进行统计，计算帧间隔相对误差，并利用网络报文分析设备对各综合智能终端 SV 采样帧间隔误差和采样周期进行统计，统计结果见表 6-11。

表 6-11　　何家智能变电站智能终端 SV 离散性测试（经网络交换机）结果

测试项目	被测智能终端（标准间隔：250μs，标准周期：1s）								
	何锦线	柳河 2 线	何南线	柳河 1 线	1 号主变压器高压侧	2 号主变压器高压侧	母联	220kV 母线 TV	66kV 何巴 1 线
最小间隔	191μs	163μs	178μs	169μs	193μs	195μs	193μs	170μs	182μs
最大间隔	309μs	340μs	352μs	339μs	304μs	305μs	305μs	329μs	318μs
平均间隔	249μs	249μs	249μs	250μs	249μs	250μs	249μs	250μs	249μs
标准周期	1s	1s	1s	1s	1s	1s	1s	1s	1s
最小周期	999 987μs	999 956μs	999 932μs	999 977μs	999 957μs	999 957μs	999 955μs	999 993μs	999 995μs
最大周期	1000 012μs	1000 022μs	1000 045μs	1000 046μs	1000 045μs	1000 045μs	1000 023μs	1000 007μs	1000 003μs
平均周期	1000 001μs	1000 002μs	999 992μs	1000 002μs	1s	1s	1s	1s	999 999μs
周期总数	8	9	9	9	17	17	17	66	20
±10μs 及以上	68.84%	74.7%	84.76%	76.08%	66.55%	85.27%	69.14%	0.20%	0.22%
±10μs 以内	31.16%	25.3%	15.24%	23.92%	33.45%	14.73%	30.86%	99.8%	99.78%
帧间隔最大值	309μs	340μs	352μs	339μs	304μs	295μs	305μs	329μs	318μs
帧间隔最小值	191μs	163μs	178μs	169μs	193μs	208μs	193μs	170μs	182μs
帧间隔平均值	249μs	249μs	249μs	250μs	249μs	249μs	249μs	250μs	249μs

通过对何家智能变电站的过程层设备综合智能终端的采样值发送离散性测试、统计和分析，得出了以下结论：

（1）66kV 线路、220kV 母线 TV，SV 采样帧间隔分布相对误差较小，220kV 间隔智能终端采样帧间隔分布相对误差较大。

（2）经统计，柳河 2 线本侧智能终端最小帧间隔为最小值 163μs，与标准帧间隔差为 87μs，何南线本侧智能终端帧间隔为最大值 352μs，与标准帧间隔差为 102μs，平均帧间隔为 253.538 461 5μs，与标准帧间隔差为 3.538 461 5μs，采样值帧间隔抖动在合理范围内，保护计算时的 SV 编号一致，不会造成保护误动或拒动。

6.2.11　运行方式及可靠性评价

6.2.11.1　集中式继电保护可靠性评价及运行方式建议

（1）双套保护运行方式。集中式保护运行方式见表 6-12。

表 6-12　　集中式保护运行方式

序　号	集中式保护运行方式	优　　点	缺　　点
1	正常运行状态为一运一备	与正常方式一致	当运行设备故障退出时，备用设备将检修压板退出需要一定时间，在这段时间内将失去一套保护
2	正常运行状态为双运，双套运行，智能终端采用2取1跳闸出口方式	一套设备故障退出时，不影响系统性能	与正常方式不同
3	正常运行状态为双运，双套运行，智能终端采用2取2跳闸出口方式，当一套退出时自动切换为2取1模式	一套设备故障退出时，不影响系统性能，有较强的防误动能力	与正常方式不同，存在当两套功能投退及定值不一致情况的拒动可能

(2) 集中式保护的运行维护。集中式保护将多间隔功能集于一身，装置的检修影响范围增大。双套方案创新性地解决了集中式保护运维过程中的这个问题。能够在不影响其他间隔的前提下完成对单间隔的维护工作，能够在扩建过程中不影响运行间隔功能，能够按照间隔进行程序升级而不影响运行间隔。

典型运维方式有以下几种：

1) 首先将置检修状态设备进行维护、扩建等操作。

2) 在检修状态下，进行链路检查及跳闸传动。

3) 投入运行状态。

4) 将另一套置检修状态，进行维护、扩建等操作。

5) 在检修状态下，进行链路检查及跳闸传动。

6) 恢复正常运行状态。

这种检修方式在第一部分中提到的三种运行方式下都适用。可以说双套的方式，弥补了集中式运维的缺点，提高了其运行的可靠性，使集中式保护具备了推广应用的典型模式。

6.2.11.2　网络可靠性评价及运行方式建议

(1) 网络结构。目前采用星形网络结构：星形网络中心交换机损坏，失去全部功能。建议采用环形网络，一台交换机损坏失去部分功能。

(2) 组播方式。目前采用 VLAN 方式，新增间隔需要重新更新各个端口设置，交换机各个端口的配置均不相同，交换机的配置复杂。建议采用 GMRP 动态组播方式，可靠性与 VLAN 相同，但安全性高于 VLAN。交换机各端口设置相同，交换机配置简单。

6.2.11.3　对时系统运行可靠性评价及建议

在 Q/GDW 441—2010《智能变电站继电保护技术规范》中 4.6 项规定“保护装置应不依赖于外部对时系统实现其保护功能”。

由于何家变电站的线路光纤纵差保护与对侧的同步放在智能终端上完成，智能终端将与对侧同步后的双侧采样值通过网络送给线路保护。因此纵差保护的实现不依赖于保护装置与智能终端间的同步，也不依赖于智能终端间的同步，满足规范要求。

何家变电站采用网络采样技术，母线及变压器保护应用的同步技术依赖于 MU 间的同步。但何家变电站的时钟系统非常健壮，即便两台主时钟损失后，也可以由网络中的一台交换机继续维持 MU 间的同步。而这台交换机损失后，采样值及 GOOSE 报文通道中断保护闭锁。此时智能终端虽然也失去了同步，但并不是导致保护闭锁的主要因素。

首先保证时钟的切换、退出与恢复均不会造成时间的跳变，因此不会导致 MU 的序号不连续造成的保护闭锁。在时钟源头保证时间连续可靠。

其次 MU 的对时策略能够躲过无论是来源于主时钟还是交换机的短时异常；避免了西径变电站曾经出现的全站保护闭锁情况；实现了关键对时设备对时间短时异常的容错。即便发生了时间不连续的情况也能够完全应对，不会影响保护的连续正确运行。

最终何家变电站的对时系统稳定可靠能够满足继电保护的可靠性要求，不会因为对时系统影响继电保护功能的实现。而这个方案具备推广的意义和价值。

6.2.11.4　纵联通道连接至智能终端模式评价

纵联通道连接至智能终端，不仅降低了集中式保护同步压力及通道板卡数量的问题，这种模式最重要的意义在于，在智能终端进行与对侧采样值的同步后，使得保护装置不需要与智能终端保持同步，解除了保护装置对外部对时的依赖。这种模式的另一个重要的意义是使双套保护运行成为可能。如果纵联通道连接到保护装置，将无法实现双套运行。这种模式的两套保护在检修和运行态切换过程中仍然能够与对策保护配合完成线路纵差保护功能。

这种模式不但解决了集中式线路保护的可靠性问题，同时解决了独立式线路保护网采可靠性的重要问题。这个变化将吹响继电保护适应网络技术伟大变革的号角，将会对网络保护的推广起到重大推动作用，极具推广价值。

6.3　经济效益分析

6.3.1　二次设备高度集成，大幅降低造价

该工程二次设备的高度集成，主要体现在“五个首次”，即首次实现集中式保护测控装置按电压等级一体化布置，建筑面积减少 51%（见表 6-13）；首次实现全站二次设备应用小尺寸屏柜（600mm×600mm），屏柜数量减少 62%（见表 6-13）；首次在 220kV 变电站内实现合并单元与智能终端二合一应用，交换机光口减少 67%（见表 6-13），220kV 避雷器绝缘监测装置全部采用光伏供电系统，实现全无线缆安装，节省线缆用量和空间（见表 6-13）；首次依托工程研制了变压器“一拖二”油色谱在线监测装置，采用“六分阀”专利技术，解决了两台变压器共用一台油色谱装置的混油难题；首次实现了设备端子箱和汇控柜的整合，电缆用量减少 50%，光纤用量减少 67%（见表 6-13）。因此，也降低了变电站的造价（见表 6-14～表 6-16）。

表 6-13　典型常规智能变电站与何家智能变电站对比

项　目	常规同规模智能变电站	何家智能变电站	占比（%）
场区占地面积（m^2）	25 887.5	19 466	75
建筑面积（m^2）	430	210	48.8
控制保护屏（面）	80	30	37.5
控制电缆（km）	20	10	50.0
光纤（km）	40	13	32.5
交换机（台）	40（16 口）	24（9 口）	60.0
光口（个）	1100	360	32.7

表 6-14　　与同规模常规智能变电站对比分析

项目	同规模常规智能站	本站	占比（%）	资金比较（万元）		
				单价	小计	合计
建筑面积（m^2）	350	210	60	0.38	−53.2	减少 158.58
控制保护屏（面）	43	10	23.3	1.0	−33	
光纤（km）	30	11.5	38.3	0.9	−16.65	
交换机（含站控层/台）	40（16 口）	24（9 口）	60.0	3/4	−24	
光口（个）	1100	360	32.7	0.002	−1.48	
控制电缆（km）	13	0.9	6.92	2.5	−30.25	

表 6-15　　与同规模常规智能变电站造价对比

变电站名称	总造价（万元）	主控楼造价（万元）
何家	12 132	79
常规智能站	12 605	133

表 6-16　　与同规模常规智能变电站二次系统造价对比（万元）

变电站名称	监控系统	保护测控	直流系统	图像监视	火灾报警	通信系统	远动计量	数据网及安防	小计
何家	86	637	53	36	15	37	10	90	964
常规智能站	271	753	49	31	15	35	38	86	1278

6.3.2　智能化技术应用，提高运维效率

该工程减少了运维人员的参与程度，运维工作量减少显著。首次应用手持配置终端，实现繁琐配置工作的自动化、多重化。增加继电保护动作出口表决机制功能，既提高了装置整体的防拒动和误动能力，又使运行更灵活、维护更简单；采用屏下电缆、屏上光缆的分层布线方式，有效减少光缆、电缆交叉，不仅降低相互间干扰，而且便于施工维护。

全站变电设备状态监测系统层次清晰简洁，实现了监测信息的规范化，集中存储、展示、查询、分析、预警五位一体的功能，提高了系统信息接入效率，减少了系统投资，并易于检修维护。

6.3.3　关键技术突破，助推新技术工程应用

首次在 HGIS 上整站应用外卡式磁光玻璃互感器，推动光原理互感器工程应用。

创造性地将纵联光纤通道接入合并单元，解除了线路纵联保护网络采样对同步系统的依赖。在合并单元中采用高容错能力的对时策略以及主时钟系统无缝切换策略，消除了主时钟同步系统失效对母线及变压器保护的影响，提高了跨间隔继电保护网络采样可靠性，极大地推动了继电保护网络化工程应用。

首次实现无线通信技术与状态监测系统的真正融合，提高了集成化程度，推动了无线通信技术在变电站中的应用。

6.4　实际的运维检修处理策略

在何家变电站的正式运行中，集中式保护测控采用了“1＋1”运行模式，其运行方式是 A1 装置为运行，A2 装置作为热备用。在投运的第一年间，通常正值变电站投运后所

经历的故障、缺陷高发期，是运维检修发现问题、验证技术方案的最重要的时期；何家变电站也不例外，前后共发生几次设备故障，主要设备故障包括外卡式光学电流互感器故障和集中式保护测控装置故障等。本节主要结合何家变电站投运的第一年间所遇到的典型设备故障及其处理方案与过程，介绍何家变电站二次设备故障的检修处理策略。

6.4.1　外卡式光学互感器故障处理

何家智能变电站的 220kV 系统部分的一次设备采用的是 HGIS 组合电器；其电流互感器采用的是外卡式光学电流互感器（简称外卡式 OCT），它是应用法拉第磁光效应原理的新一代电流互感器。由于外卡式 OCT 创新设计的独特的物理结构和安装工艺，因此在互感器本体故障时可实现一次设备不停电检修，提高了 220kV 系统运行可靠性，开创了互感器运行维护模式之先河。我们在实际运行中就处理过一次外卡式 OCT 的本体故障，印证了一次设备不停电更换外卡式 OCT 的互感器本体的检修。

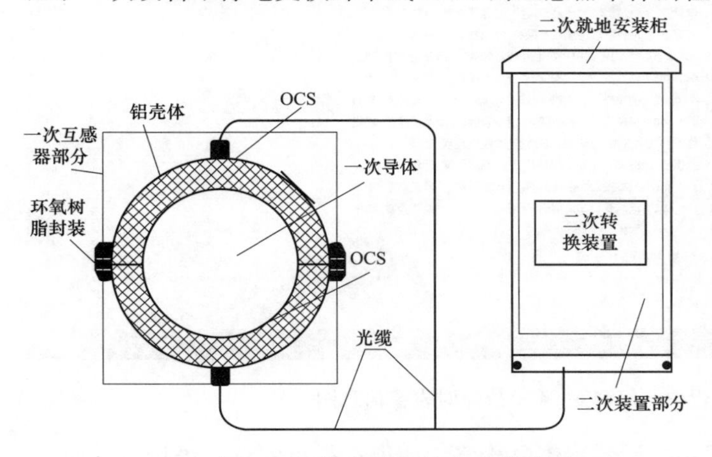

图 6-12　外卡式 OCT 整体结构图

（1）外卡式 OCT 总体结构。外卡式 OCT 整体结构由互感器本体、光缆及二次转换装置三部分构成，其整体结构如图 6-12 所示。其中，互感器本体采用两只半环对接套在 HGIS 设备外部，二次转换装置安装于现场智能控制柜内，两部分之间用光缆连接。

互感器本体主要包括铝壳体和光学传感器。光学传感器由结构对称的两组光学电流互感器（简称 OCS）组成，每个 OCS 包含两个光学电流传感单元，其光信号传输链路也为独立链路。二次装置部分主要是二次转换器装置，实现一个电气间隔的 A、B、C 三相一次互感器部分的电流信号采集和处理，并实现与合并单元之间的通信。

（2）OCT 异常现象。2013 年 8 月 4 日，何家智能变电站发生“220kV 柳何 2 号线 A1、A2 套保护 C 相 TA 品质异常”及“220kV 母线 A1、A2 套保护电流品质异常”的告警信息，220kV 柳何 2 号线 A 套保护及 220kV 母线 A 套保护闭锁，告警信息如图 6-13 所示。

经检修试验人员现场查看得知，220kV 柳何 2 号线 C 相 A 套 SV 报文的品质位为“1”，采样值无效，A 套线路保护及 A 套母线保护闭锁。220kV 柳何 2 号线 C 相 A 套采集器装置告警，初步判断为 220kV 柳何 2 号线 C 相 A 套 OCT 故障。现场采取措施为“退出 220kV 柳何 2 号线 A 套保护及 A 套母线保护”。

（3）OCT 故障定位及处理。在变电站实际运行中，电流采样异常后，应首先判别故障相别，再确定具体是哪一只 OCT 故障，缩小故障范围，然后对 OCT 的故障点进行定位检测。故障定位可采用替代法对 OCT 三部分逐一替换排查，辅以光功率检测进行故障定位。待故障点查明后可直接更换故障部分的备件，及时消除设备缺陷。

因 OCT 不再是载流体，并采用外卡式结构，互感器本体的检修不再需要对 HGIS 组合电器解体，在不破坏 HGIS 结构的情况下就可以进行检修及更换，巧妙地解决了设备集

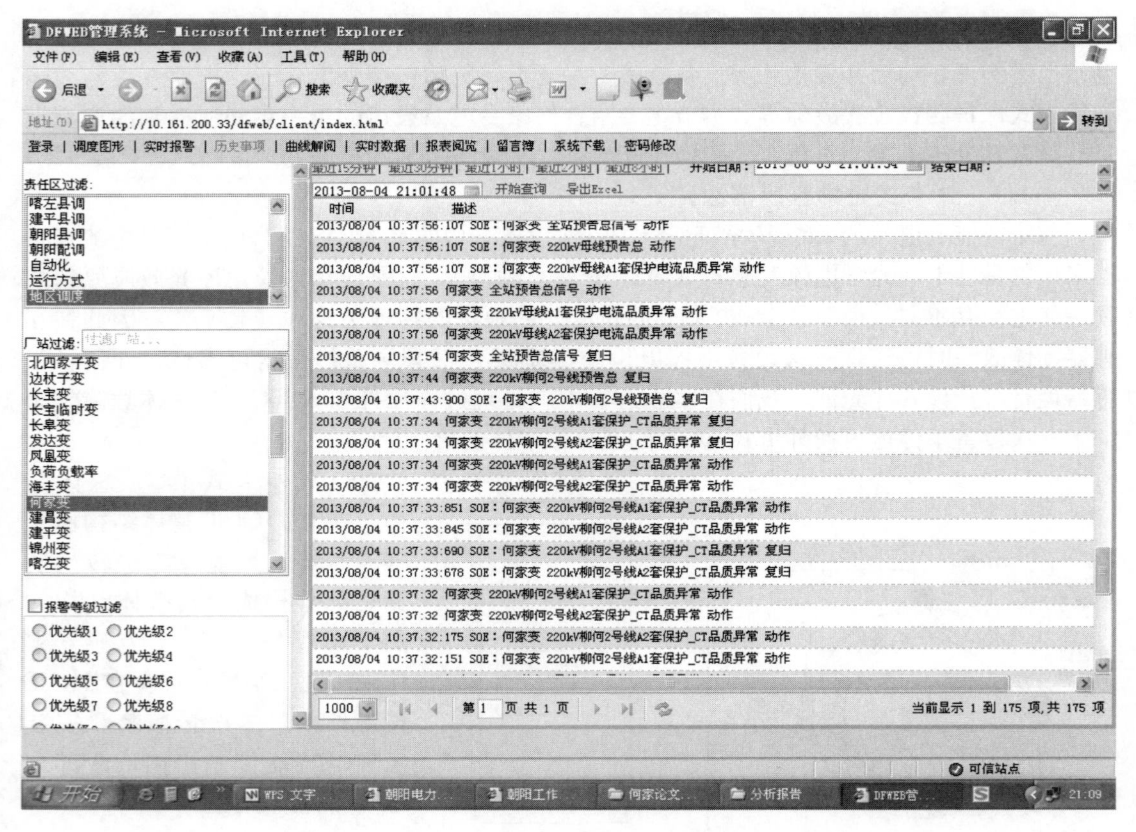

图 6-13 运行中的何家变 OCT 故障时告警信息图

成度高与检修便利的矛盾，可实现一次设备不停电检修，使得运行更安全、维护更方便。

1）现场检修条件。由于 OCT 采用磁旋光效应原理，其一次互感器卡在 HGIS 设备的外部，与一次设备无直接的电气连接，故可进行带电作业，实现一次设备不停电检修，此项检修作业只需要满足以下检修条件：

a. 停用相关保护（线路保护及母线保护）；

b. 检查 HGIS 设备的外壳接地是否可靠；

c. 作业人员与带电部位保持足够的安全距离；

d. 作业设专职监护人员，监督工作人员的动作行为；

e. 至少具有一套完好的 OCT 备件（一次互感器、二次转换装置及光缆）、光功率计及配套的软件工具，以备检测和更换。

2）故障定位方法及处理流程。经现场初步分析后，故障处理流程图如图 6-14 所示。

图 6-14 中替代法（1）——将同一套的非故障相 OCT 光纤与故障相 OCT 的采集器相连，若故障消除，则采集器无异常；若故障依然存在，则证明采集器故障。

例：第一套 A 相 OCT 故障，可将第一套 B 相或 C 相的光纤与 A 套采集器连接。

图 6-14 中替代法（2）——检测备用光纤完好，用备用光纤替代原用光纤，若故障消除，则光纤故障；若故障依然存在，则证明光纤无异常。

图 6-14 中替代法（3）——先将与互感器本体相连的航空插头拔出，然后与备用互感

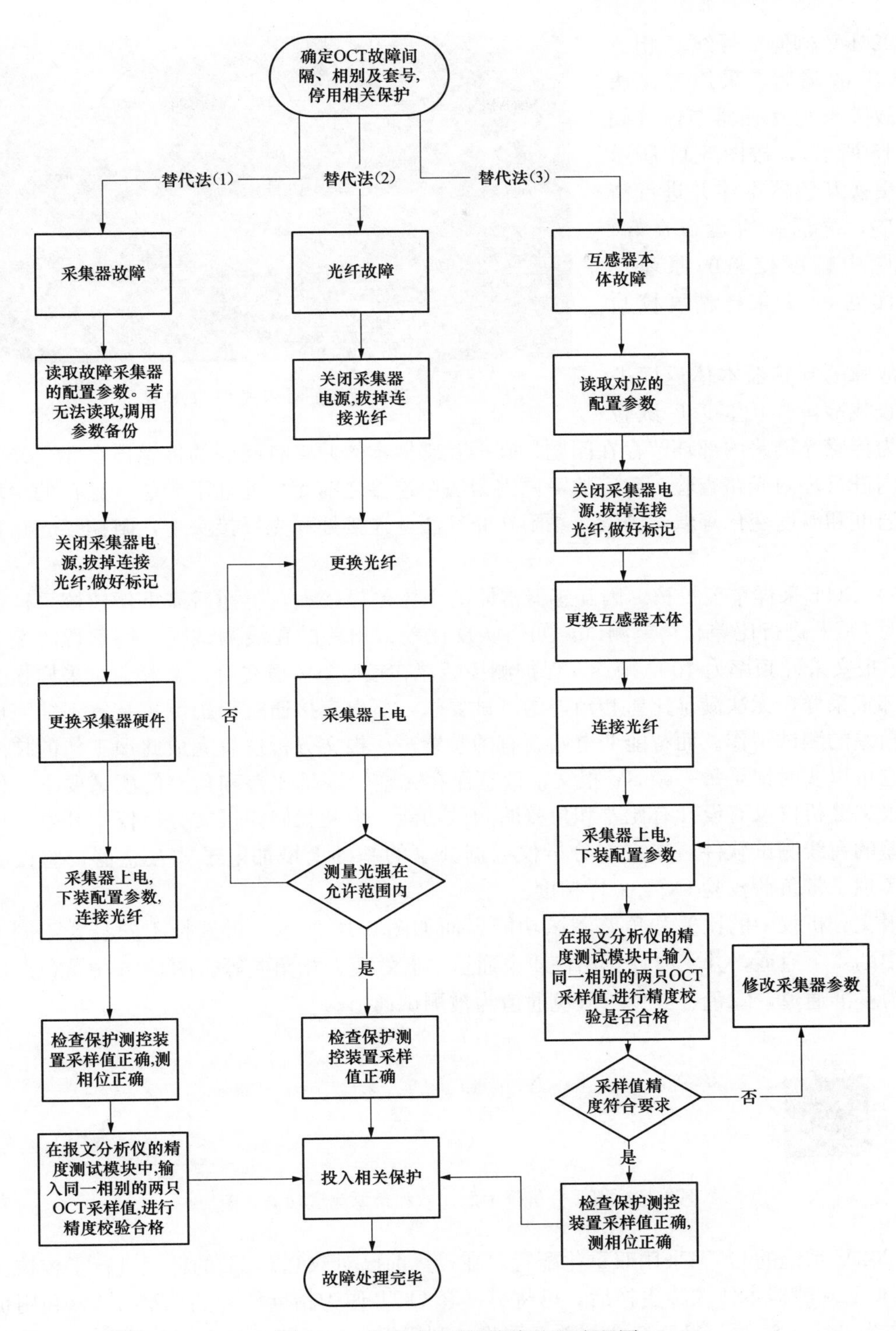

图 6-14　外卡式 OCT 故障处理流程图

器本体连接，若故障消除，则证明该互感器本体故障；若故障未消除，则证明互感器本体无异常，检测其他器件。

220kV 柳何 2 号线 C 相 A 套 OCT 故障后，采用替代法查出故障点为互感器本体（如图 6-15 所示），按图 6-14 所示流程更换互感器本体并进行精度校验，之后一直运行良好。流程图中精度校验的原理及结果详见 OCT 采样精度校验部分。

图 6-15　现场的外卡式 OCT 本体

故障的互感器本体返厂进一步查找故障原因。返厂试验确定为传感光链路内部环节存在问题，破拆互感器本体并将有问题的传感器在无尘光学试验室内进行环内光路查验，确定故障原因为法兰连接之前无尘处理不到位，存在的尘埃随环境温度和湿度变化等偶然因素，黏附在光纤法兰连接处和光纤接头上，阻挡了光路正常传输。

3）OCT 采样精度校核。因互感器本体的个体差异较大，更换后需重新校核采样值精度，对 OCT 进行比差、角差测试，如何实现比差、角差的在线测试呢？何家智能变电站的 SV 报文采样频率为 4000 帧/s，保护测控装置在接收 SV 报文后，装置会对采样报文进行内部重采样，无法满足比差和角差的测试要求，所以直接通过保护测控装置不能完成比差和角差的测试工作。而智能变电站新有的装置——报文分析仪有完成此项工作的技术条件，它可以实时记录每一帧 SV 报文，信息保存完整，满足比差和角差的测试要求。但现有的报文分析仪没有设计有比差和角差的测试功能，为此我们在报文分析仪中开发了比差和角差的在线测试软件，在报文分析仪数据共享的基础上增加电子式互感器校验仪的功能，实现了带负荷校验 OCT 采样精度。

报文分析仪中的比差和角差测试功能界面如图 6-16 所示，可选择不同装置不同 MU 信号中的 4 个通道，并实时计算出该 4 个通道的有效值、相角差等。图 6-16 中黄色对应的通道为基准通道，绿色、红色与灰色通道为被测试通道。

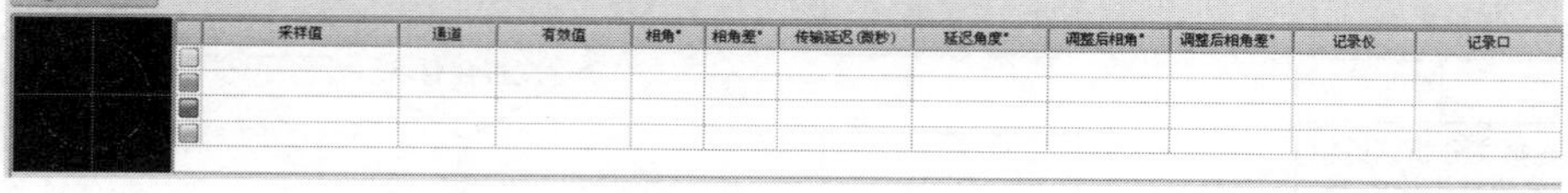

启动监视

	采样值	通道	有效值	相角°	相角差°	传输延迟（微秒）	延迟角度°	调整后相角°	调整后相角差°	记录仪	记录口

图 6-16　报文分析仪中的比差和角差测试功能界面

220kV 系统的 OCT 采用双重化配置，在投运前已对双套 OCT 的精度进行了校核。当一套 OCT 互感器本体故障更换后，可将另一套 OCT 作为精度校验的标准 TA，利用负荷电流作为一次电流源，且两套合并单元同步，利用报文分析仪的精度校验模块来校验互感器的精度，OCT 精度校验原理如图 6-17 所示。

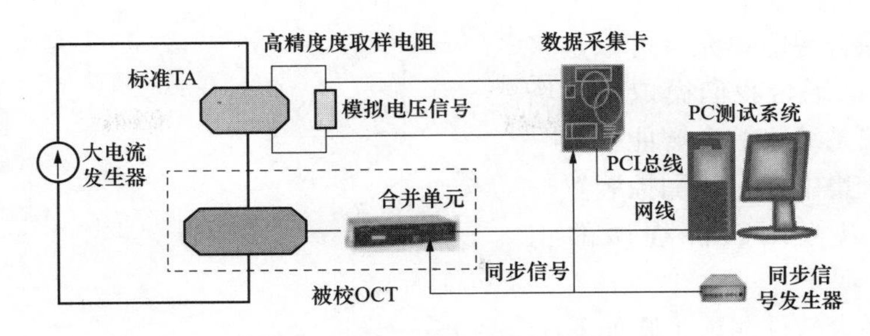

图 6-17　OCT 精度校验原理图

220kV 柳何 2 号线 C 相 A 套互感器本体更换后，对其进行精度校验的结果见表 6-17。更换互感器本体后的 A 套 OCT 电流采样波形与 B 套 OCT 电流采样波形对比如图 6-18 所示。

表 6-17　　A 套 OCT 采样精度校验结果

单元	通道号	二次输出	准确度	误差类别	额定电流百分值（%）		
					1	5	20
C 相 A 套	6	保护	5P	比差（%）	—	—	0.17
				角差（′）	—	—	6
	7			比差（%）	—	—	0.07
				角差（′）	—	—	2
	10	计量	0.2S	比差（%）	0.29	−0.13	0.13
				角差（′）	4	−9	7

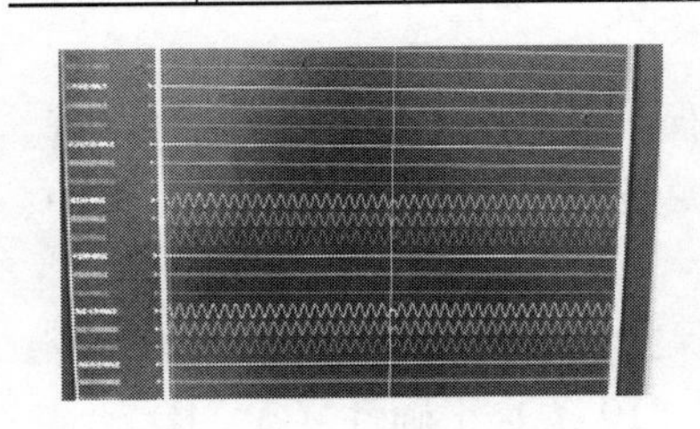

图 6-18　220kV 柳何 2 号线 A、B 套 OCT 采样波形图

6.4.2　集中式保护测控装置平台软件升级

在何家智能变电站运行过程中，逐渐发现了保护测控装置的平台软件存在技术不足，需要对保护测控装置的平台软件进行升级以消除发现的缺陷。由于何家智能变电站采用“1+1 无缝切换”技术，此次软件升级采用保护测控装置依次轮流升级的方案，即一次只升级一台保护测控装置，确保在升级过程中始终保持运行中各间隔有两套保护的同时存在，保证集中式保护测控系统的可靠性。

为了确保软件升级后保护功能的正确性及稳定可靠运行，特制订了软件升级的实施与验证方案。测试验证主要分为两部分，第一部分为软件程序的完整测试，采用单体调试试验方案；第二部分为现场装置升级及程序抽验。

（1）平台软件程序测试。平台软件程序测试不在现场进行，在实验室内利用何家变电站的备品备件搭建一个测试平台，测试升级后的保护测控软件程序的正确性，并检测软件与硬件的兼容性，为现场升级做好准备，测试平台连接如图 6-19 所示。

通过测试平台，可以利用备份的监控系统程序配置完成后台的监控功能，用来完成“四遥”测试。一台 BDH-801 型保护测控装置可先后搭载 220kV 线路保护测控程序、220kV 元件保护测控程序、66kV 线路保护测控程序及 66kV 元件保护测控程序，数字试验仪用来模拟综合智能单元（可以是多间隔）。通过测试平台我们模拟了现场运行的保护测控系统：综合智能单元—过程层交换机—集中式保护测控装置—监控系统，可以检测软件程序的正确性。

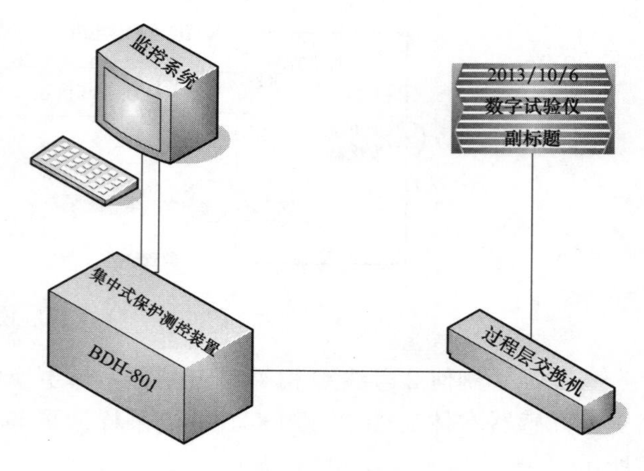

图 6-19 测试平台连接示意图

保护测控平台软件测试步骤如下：

1）搭建测试平台，试验装置上电；

2）检验各装置新程序的 ICD 文件与原程序 ICD 文件的一致性，一致性通过后方可继续进行后续步骤；

3）下装 220kV 线路保护测控新程序，装置重新上电，确保装置正常运行；

4）调试监控系统，完成装置与后台的通信（若不用何家服务器，需安装监控系统程序）；

5）按何家变电站定值单整定装置定值（手持终端）及压板状态（手动），保证与现场运行状态一致；

6）按标准化作业指导书所列项目逐项进行保护试验（A1、A2、B1、B2），检验各线路保护模块（4 条线路）动作逻辑正确性；

7）利用手动对点方式检验遥信正确性，结合保护试验验证遥测正确性，从后台遥控软压板及断路器、隔离开关（数字试验仪配置开关、隔离开关的 GOOSE 虚端子），验证遥控正确性；

8）卸载 220kV 线路保护测控程序，下装 220kV 元件保护测控程序，装置上电运行。执行上述 4)～7）步，检验 220kV 元件保护测控程序中各变压器保护（2 个）、母线保护、母联模块动作正确性（A1、A2、B1、B2）；

9）卸载 220kV 元件保护测控程序，下装 66kV 线路保护测控程序，装置上电运行。执行上述 4)～7）步，检验各 66kV 线路保护测控程序模块（10 条）正确性（A、B）；

10）卸载 66kV 线路保护测控程序，下装 66kV 元件保护测控程序，装置上电运行。执行上述 4)～7）步，检验 66kV 元件保护测控程序（A、B）中所用变压器保护、电容器保护（4 组）、母线、母联、备自投模块动作正确性。

（2）现场装置升级。在硬件试验平台上完成平台软件的测试后，进行现场装置升级。目前现场保护测控装置的运行方式为：220kV 系统 A1 和 B1 正常运行，A2 和 B2 处于热备用状态；66kV 系统 A 套运行，B 套热备用。因此，220kV 系统先升级 A2 和 B2，升级完毕后投入运行，将 A1 和 B1 退出运行，继续对 A1 和 B1 升级。66kV 系统先升级 B 套装置，运行正常后再升级 A 套装置。现场装置升级具体操作过程如下：

1）备份原保护装置的程序（电脑备份），并记录装置的运行状态（纵联码、重合闸状态、检修压板、MU 压板、出口压板、出口矩阵、测控定值和压板、开关间隔名称及编号、线路名称等）；

2）拔掉装置的光纤和网线，与系统断开连接；

3）下载最新的升级程序；

4）装置上电，确定装置运行正常；

5）检验各保护测控模块的版本号与新程序版本是否一致；（验证程序下装完整性）

6）修改装置LD名称、线路名称；

7）利用手持终端下装定值，按记录手工修改压板、纵联码、重合闸状态等，确保与升级前状态的一致性；

8）装置重新上电；

9）保护装置连接交换机及数字试验仪，对装置进行简单精度、保护测控逻辑抽验；

10）退出各出口软压板，确定“检修压板”投入状态，恢复光纤及网线，装置接入运行系统；

11）检查各路采样值及差流正确，通过GOOSE心跳报文检查GOOSE连接的正确性；

12）手动对点开出几项GOOSE报文，检验监控系统信息正确性；

13）投入各出口软压板，装置投入运行，A2、B2程序升级完毕；

14）切A2、B2保护为“运行”态，核对装置中每个保护都在非“检修态”，并在报文记录仪上检查每个保护的报文的TEST位为“0”态，A2、B2保护装置投入运行；

15）将A1、B1投入“检修态”，对A1、B1装置进行升级更换，操作步骤重复上述的1)～13）步骤。

16）将A1、B1投入“运行态”，A2、B2投入“检修态”，A、B网保护装置升级完毕；

17）66kV系统先升级B套保护，按1)～13）步执行。66kV系统B套保护升级完毕后，投入运行，退出A套保护，对A套进行升级，重复B套升级步骤。

实施完成平台软件的升级工作之后，何家220kV智能变电站的集中式保护测控系统运行一直良好。

参 考 文 献

[1] 余贻鑫，栾文鹏. 智能电网述评 [J]. 中国电机工程学报，2009，29（34）：1-5.

[2] 李兴源. 坚强智能电网发展技术的研究 [J]. 电力系统保护与控制，2009，37（17）：1-4.

[3] 何大愚. 关于未来智能电网的特征 [J]. 中国电力，2012，45（2）：9-11.

[4] 林宇锋，钟金，吴复立，等. 智能电网技术体系探讨 [J]. 电网技术，2009，33（8）：1-5.

[5] 宋卫东，周原冰. 欧美智能电网发展的特点及启示 [N]. 中国电力报，2010-01-25（4）.

[6] 白明月，刘甲男，张雪萍，等. 欧盟智能电网发展及启示 [J]. 中国电力，2012，45（1）：6-9.

[7] 何大愚. 智能电网发展历程中的问题、成效及其思考 [J]. 中国电力，2012，45（8）：37-40.

[8] 夏明超，黄益庄，吴俊勇. 变电站自动化技术的发展和现状 [J]. 北京交通大学学报，2007，31（5）：95-98.

[9] 曾庆禹. 变电站自动化技术的未来发展（一）电力市场与协调型自动化 [J]. 电力系统自动化，2000.

[10] 曾庆禹. 变电站自动化技术的未来发展（二）集成自动化 寿命周期成本 [J]. 电力系统自动化，2000.

[11] 胡学浩. 智能电网—未来电网的发展态势 [J]. 电网技术，2009，33（14）：1-5.

[12] 赵亮，钱玉春. 适应集约化管理的地区电网调度集控一体化建设思路 [J]. 电力系统自动化，2010，34（14）：96-99.

[13] 杜贵和，王正风. 智能电网调度一体化设计与研究 [J]. 电力系统保护与控制，2010，38（15）：127-129.

[14] 姚建国，严胜，杨胜春，等. 中国特色智能调度的实践与展望 [J]. 电力系统自动化，2009，33（17）：16-20.

[15] 罗涛，何海英，吕洪波，等. 基于全寿命周期理论的电网调控一体化管理模式评价 [J]. 华东电力，2011，39（2）：172-174.

[16] 丁道齐. 复杂大电网 MCS 升级改造面临的严峻挑战 [J]. 中国电力，2010，43（7）：1-7.

[17] 丁道齐. 复杂大电网安全性分析 [M]. 北京：中国电力出版社，2010.

[18] 张保会. 智能电网继电保护研究的进展（一）故障甄别新原理 [J]. 电力自动化设备，2010，30（1）：1-5.

[19] 张保会，郝志国. 智能电网继电保护研究的进展（二）保护配合方式的发展 [J]. 电力自动化设备，2010，30（2）：1-5.

[20] 张保会，郝志国. 智能电网继电保护研究的进展（二）保护功能的发展 [J]. 电力自动化设备，2010，30（3）：1-5.

[21] 周良才，张保会，雷俊哲. 高可靠性的变电站集中式后备保护 [C/CD]. 中国高校电力系统及其自动化专业第 25 届年会. 长沙：湖南大学，2009.